## 点検・確認

### ◆工具の点検

欠け・ひびなどの破損がないか確認

### ◆工作機械の点検

・緊急停止ボタンの位置を確認
・潤滑油や作動油の量や汚れを確認
・手動や無負荷で運転を行い，動作や音に異常がないか確認

## 作業時の注意事項

### ◆作業分担と連携を確認する

### ◆工具を正しく使う

適切な大きさ，形状のものを用いる

### ◆切削工具・工作物の固定状態の確認

確認よし！

### ◆回転しているものを無理に止めない

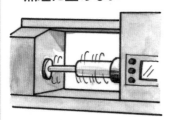

### ◆作業に集中する

よそ見をしたり，みだりに自分の持ち場を離れたりしない

### ◆危険を予知する

音・振動・異臭・光・変色などの異常や変化に気を付ける

### ◆換気などによる環境保全

### ◆工具・測定器具などの整理整とん

工具などが作業台からはみ出さないようにする

### ◆気付いたことは，記録をとる

細かい指導内容や，実習するときに気付いたことを記録する

## 事故の原因と緊急連絡

加工後の工作物にすぐに
さわらない

事故が発生した場合，すみやか
に教員に連絡し，指示を受ける

## 実習後

◆工具類は所定の場所に
戻す

◆機械・実習室の清掃を
行う

◆切りくずなどの廃棄物
は分別して所定の容器
に入れる

◆工作機械の保全
・工作機械を使用前と同じ状態とする。
・潤滑油や作動油の量や汚れを確認。
・手動や無負荷で運転を行い，動作や音に異常
 がないか確認。

◆報告書の作成
・実習の経過と結果を忠実に記録する。
・結果についての考察・感想を加える。
・決められた期日までに提出する。

# 機械実習
# 3

材料試験・熱処理
工作測定
内燃機関
流体機械
電気電子
シーケンス制御
総合実習

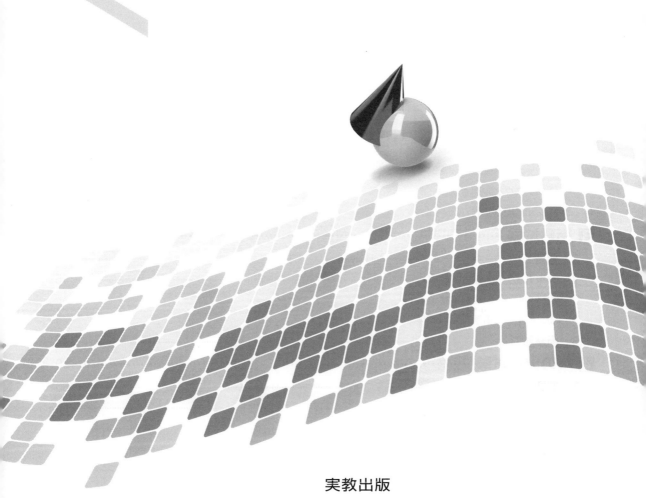

実教出版

# 目次

## 実験実習にあたっての心得

## 第11章 材料試験・熱処理

# 第12章 工作測定

# 第13章 内燃機関

## 第14章 流体機械

# 第15章 電気・電子

# 第16章 シーケンス制御

# 第17章 総合実習

# 第11章 材料試験・熱処理

# 第12章 工作測定

# 第13章 内燃機関

# 第14章 流体機械

# 第15章 電気・電子

# 第16章 シーケンス制御

# 第17章 総合実習

## QR 掲載資料

右の QR コードから，第 15 章，第 16 章，第 17 章の各種動画やデータを
ダウンロードできます。

# はじめに

　　最近の技術の進歩はめざましいものがあり，最先端技術はますます高度なものとなっている。このような最先端技術は基本的な技術に支えられており，基本的な技術を身に付けることがたいせつである。座学で各技術分野の知識や理論を学ぶとともに，関連する基本的な実験実習を行うことでさらに理解が深まる。また，これまで学んできた要素実習を組み合わせた総合的な実習を行うことにより実践的な技術者としての実力を身に付けることができる。

　　このように，実験実習では，基本的な実験を行うことにより，理論を体験的に理解し把握すると同時に，目的に沿った実験が行えるような計画を立てることがたいせつである。本書は，実験実習などを効果的に学習できるように，実験実習・総合実習の手引き書として編修されたものである。

　　実験実習などとして取り上げたのは，

1）材料試験・熱処理　　　　2）工作測定　　　　3）内燃機関　　　4）流体機械
5）電気・電子　　　　　　　6）シーケンス制御　　7）総合実習

であるが，これらのなかで行う実験実習はいろいろな項目が考えられる。また，実験に使用する機器には各種各様のものがある。ここで取り上げた実験実習項目は，従来からよく行われている基本的なものから最近の技術進歩に沿った新しいものまで取り入れてある。学校によって使用する機器が異なる場合も考えられるが，実験実習の目的が同じならば，方法が異なっても本書の方法を参考にして実験を行うことができる。

　　実験実習にあたっては，その目的や関連する理論を予習によってじゅうぶんに理解し，使用する機器，各種測定器・計器類などの構造・性能をよく知っておかなければならない。しかし，綿密な準備をしていても実験実習において目標や予想と異なる結果となる場合がある。まず，その結果が失敗であるかをじゅうぶんに検討して見きわめることがたいせつである。たとえ失敗しても「失敗は成功のもと」といわれるように，失敗から多くのことを学ぶことができる。そこで，なぜ失敗したかを検討し，その原因を解明することが，問題解決の学習の基本である。そのようにすれば，実験実習を通じて応用と創造の能力を養い，研究的な姿勢を培うことができる。また，失敗を防止する観点から，実験実習における作業や測定のときに手順などをチェックすることはもとより，できるかぎりその場でデータを表やグラフに表示して再測定などが必要であるかを随時判断することを心がけたい。

　　実験実習報告書の提出や発表することは，実験実習にかぎらず取り組みの成果という点で重要である。実験実習が終わったら，データの整理をし，結果をまとめた報告書を作成し，提出期限までに提出する。報告書を作成することは，技術的な文章を書く練習にもなる。また，提出日を守ることは，実社会に入って定められた日時までに物事を完成させるという基本的な姿勢を養うことになる。

　　以上，述べてきたようなことがらを心がけて，実験実習や総合実習を通してすぐれた機械技術者となるように努められることを期待する。

# 実験実習にあたっての心得

実験・試験・測定は，理論や仮説が正しいか否か，示された性質や性能が保持されているか，形状・寸法などがどのようになっているかなどを科学的に調べるために行う。したがって，これらについて実習するときには，その目的を明確に把握したうえで，科学的に進められるように機材を準備し，細心の注意と真剣な態度で実習してデータを採り，それを適正に処理することが必要である。さらに，実験の目的・方法・過程・結果などをわかりやすく整理して報告書を作成すること，そして発表することが望まれる。

 ## 実験実習の準備

実験実習の目標に到達するためには，本書の実験実習項目をよく読み，その概要を把握して，目的をよく理解することが大切である。また，これに関連のある事項，すなわち使用する機器の構造・機能・特性・操作法や，対象となる試料の規格・性質などについても，教科書・JIS・カタログ・参考書などを参照して調べ，実験実習の項目の全体像を把握したうえで，正確に実験実習を進めることが，目標達成への道である。

さらに，実験実習を安全にしかも的確に進めるためには，そのなかで生じるさまざまな現象を予知しておくことも不可欠である。

また，当該の実験実習項目をすでに終えた生徒がいる場合には，その実験実習を行ったときの状況などを聞いておくことも参考になる。

 ## 実験実習

実験実習は，担当教員の指示や本書または指導票などに示された順序・方法により，細心の注意を払って行い，必要事項を漏れなく実施して結果を記録する。

また，実験実習中は，じゅうぶんに集中し，そのなかで生じるさまざまな現象などを漏らさずに観察し，実習ノートなどに書きとめておく。さらに，使用した機器や実験方法などについても，気が付いたことがあれば同様に書きとめておく。これらのメモは，実験実習終了後に，それが正しく行われたか否かを判断するための資料としてきわめて有用である。

### ■ 実習中の留意事項

実習中は，実験ごとに示された注意事項を厳守することはもとより，次に示す一般的な注意事項も遵守する。

**(1)機器や試料の取り扱い**　使用する機器や試料は，ていねいに取り扱い，あらかじめよく点検する。また，温度などの測定雰囲気に配慮して測定場所を定める。なお，異常を見いだした場合には，ただちに担当教員に連絡し，その指示に従って対処する。

**(2)測定値の読取り**　実習にはいるまえに，測定値を読み取る練習を繰り返し行い，正確にしかもすみやかに読み取れるようにしておく。なお，表示がディジタル式の場合は，最小読取り値までの値を読み取り，アナログ式の場合は，視差やメニスカス(p.153参照)に注意して，目量の$\frac{1}{10}$までの値を読み取るのが一般的である。

　なお，アナログ式計測器の指示部の目盛には，その一部もしくは全体が不等間隔な不等間隔目盛のものがあるので，読み取るさいには注意が必要である。また，指示に遅れがある場合には，整定を待ってその値を読み取る。

### 視差

　アナログ式の指示器では，指示部を見る角度によって読取り値に差異が生じる。これを視差(parallax)という。視差の大きさは，目盛面と指針または測定点とのへだたり，および目盛面を見る角度の影響を受ける。図1は，この視差を示したものである。視差$f$[mm]を解消するためには，測定点$A$を通り，目盛面に対して垂直な視線にする。すなわち，視線$E$が垂線$P$に重なるようにする。

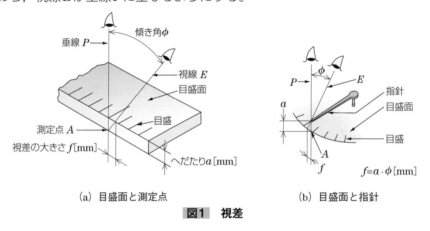

(a) 目盛面と測定点　　　　　　(b) 目盛面と指針

**図1　視差**

**(3)単位の付記**　単位のある測定値には，必ず単位を付記する。

**(4)連携の確認**　複数の測定項目を同時にはかる場合には，じゅうぶんな連携をとって，協調して実験実習を行う。そのためには，開始・終了などの合図を決め，進行係は，明確な合図を出す。また，各測定担当者や記録担当者の応答を確認したのち，次の測定に進むように担当者に連絡する。

**(5)測定の反復**　測定は，時間の許す限り繰り返して行うようにする。共同して実験実習をする場合には，測定項目などの担当箇所を交互に替えることがあるが，一つの測定中に交代してはならない。

**(6)注意事項の遵守**　各実験実習項目にあげられている諸注意をじゅうぶんに守って行う。

**(7)異常時の連絡**　実験実習中に異常を感じた場合は，ただちに担当教員に連絡する。

## 目量

　アナログ式計測器の指示部に刻まれた隣り合う目盛線，すなわち一目盛が表す量を，目量という。図2に示したアナログ式テスタの交流電圧（ACV）の指示部は，等間隔目盛で，その目量は，0〜12Vは0.2V，0〜60Vは1V，0〜300Vは5Vである。一方，抵抗値（×Ω）の指示部は，不等間隔目盛で，測定範囲0〜10kΩについての目量は，測定範囲によって異なる。測定範囲が0〜80Ωまでは2Ω，それを超えて100Ωまでは5Ω，200Ωまでは10Ω，400Ωまでは20Ω，700Ωまでは50Ω，1kΩまでは100Ω，2kΩまでは500Ω，5kΩまでは1kΩ，それを超えると2.5kΩである。

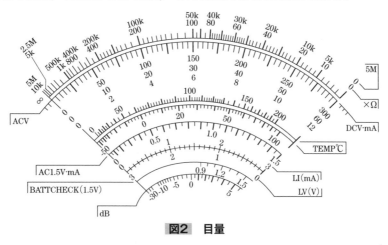

**図2　目量**

### 2 実習後の留意事項

　実習後は，使用した機器を清掃したのち点検し，整備してから所定の場所に整頓して格納する。なお，点検時に異常を発見した場合は，ただちに担当教員に連絡し，その指示に従う。

## ◆3 測定値の取り扱い

　測定量の正しい値を真の値というが，この値を求めることはできない。しかし，目量の小さな測定器や感度の高い測定器を使えば，より真の値に近い値を求めることができる。たとえば，目量1mmのスケールを用いて求めた値168.3mmと，最小指示値0.001mmのディジタル式測定器を用いて求めた値168.254mmを比較すると，168.254mmは小数第4位以下の値が不明なので真の値ではないが，168.3mmよりは真の値に近い。

　次に，測定値取り扱い上の注意を示す。

### 1 単位の換算

　測定値の単位を換算するときは，数値の精度を表す有効数字を変化させてはならない。たとえば1700mmは，合計4桁が有効数字なので1.700mにするのはよいが，1.7mにしてしまうと有効数字が2桁に減ってしまうのでふつごうである。一方1.7mは，小数第1位までの合計2桁が有効数字なので，$1.7 \times 10^3$mmにするのはよいが，1700mmにしてしまうと有効数字が4桁に増えてしまうのでふつごうである。

## 有効数字

測定結果などを表す数字のうち，位取りを示すだけの数字0を除いた，意味のある数字を有効数字という。たとえば，210.0の有効数字は小数第1位までの4桁である。しかし2100は，尾の側の0が意味のある数字ならば有効数字は4桁だが，位取りを示すだけのものならば2桁である。この場合，$2.100 \times 10^3$ または $2.1 \times 10^3$ と表せば有効数字が明確になる。また，0.02460の有効数字は4桁である。この例のように頭の側にある0は，位取りを示す数字なので，有効数字には関係しない。

### 2 数値の丸め方

測定値などを，定められた整数や小数あるいは桁数で表すことを，数値を丸めるといい，その数値を丸めた数値とよぶ。JISでは，引張強さは整数に，降伏伸びは小数第1位に，ブリネル硬さ値は有効数字3桁に丸めることなどを定めている。次に数値の丸め方を示す。

**(1)与えられた数値に最も近い整数倍が一つしかない場合**

この場合には，それを丸めた数値とする。

例1　丸めの幅0.1

| 与えられた数値 | 丸めた数値 |
|---|---|
| 12.223 | 12.2 |
| 12.251 | 12.3 |
| 12.275 | 12.3 |

例2　丸めの幅10

| 与えられた数値 | 丸めた数値 |
|---|---|
| 1222.3 | 1220 |
| 1225.1 | 1230 |
| 1227.5 | 1230 |

**(2)与えられた数値に等しく近い二つの隣り合う整数倍がある場合**

この場合には，偶数倍のほうの数値を丸めた数値とする。

例3　丸めの幅0.1

| 与えられた数値 | 丸めた数値 |
|---|---|
| 12.25 | 12.2 |
| 12.35 | 12.4 |

例4　丸めの幅10

| 与えられた数値 | 丸めた数値 |
|---|---|
| 1225.0 | 1220 |
| 1235.0 | 1240 |

**(3)丸めの段数**　丸めは，つねに一段階で行わなければならない。たとえば，丸めの幅0.1で12.251を丸めるときは，一段階で12.3と丸めるべきであって，まず，12.25とし，ついで12.2としてはならない。

### ❸ 加減算

測定値の加減算は，計算したあとで，数値の精度の低いほうに合わせた値を丸めた数値とする。たとえば，20.0 kgの水に0.386 kgのエマルジョンを溶解して切削油剤をつくる場合，その値は20.0 kg＋0.386 kg＝20.386 kgと計算したのち，より精度が低い有効数字に合わせた20.4 kgが丸めた数値による合計値である。

### ❹ 乗除算

測定値の乗除算は，計算したあとで，有効数字の桁数の少ない数値に合わせた値を丸めた数値とする。たとえば，長辺が65.4 mm，短辺が8.2 mmの長方形の面積は，65.4 mm×8.2 mm＝536.28 mm$^2$と計算したのちの2桁の有効数字$5.4 \times 10^2$ mm$^2$が丸めた数値による面積である。

## ④ 線図のつくり方

測定値や計算結果からつくった表や線図は，実験結果の把握にきわめて有効である。とくに線図は，特性の把握に不可欠である。線図は，横軸に独立変数をとり，縦軸に従属変数をとってかくのが一般的である。その一例を図3に示す。

次に線図のつくり方を示す。

**(1) 変数の決定**　はじめに横軸に設ける変数すなわち独立変数と，それにともなって変化する値，すなわち縦軸に設ける従属変数を決める。

**(2) 用紙の選択**　用紙は普通方眼紙とし，その大きさは，測定値などを表す点を打点することを考えると，変数の有効数字の末尾の桁の1位が，方眼紙の1目になるものを選ぶのが理想である。なお変数に応じて，片対数方眼紙や両対数方眼紙を用いる。

**(3) 図名の記入**　線図の内容を端的に表

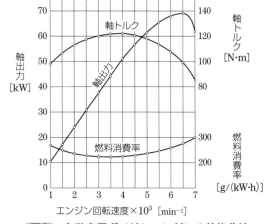

**図3**　自動車用ガソリンエンジンの性能曲線

す図名を，図の下方の中央に記入する。また，線図を理解するのに必要な実験条件なども，図中の空いたところに記入する。

**(4) 両軸の記入**　用紙の適当な位置に縦軸・横軸を引き，各軸の名称・量記号・単位・目盛線を記入する。目盛線に記入する数字は，1・2・5などを選び，2.5・3・4・6などは用いない。なお，両軸に記入する数字は，適当な間隔をおいて，きりのよい数字だけを記入し，その目盛線だけを太くしたり長くしたりすると読みやすくなる。また，測定値が0に達していない場合も，誤った印象を与えないためには，0から目盛をとるのがよい。

**(5)複数の縦軸**　複数の従属変数がある場合には，それに対応した縦軸を設け，軸の名称・量記号・単位・目盛線を記入する。

**(6)符号の記入**　測定値などをグラフの上に示す点を素点といい，素点を中心とした大きさ2mm程度の〇などの符号で記入する。そのさい，測定値などは併記しない。なお，従属変数が複数の場合や実験条件が異なる場合には，◎・□・×などの符号を用いて区別する。

**(7)線の引き方**　線は，各符号を結ぶ直線または滑らかな曲線で引く。このとき，素点の位置を明確にしておくために，符号を貫通しないように線を引く。なお，素点のばらつきのためにこれらの線が引けないときは，素点が線の両側に等しく分布するように線を引く。この例を図4に示す。

**(8)特異点**　ごく少数の素点が，線から異常にかけ離れているときは，それらを特異点として扱い，その点を無視した線を引く。しかし，特異点は，測定値の読取りや記録の誤り，計算の誤りなどによることも少なくないので，もう一度念入りに検討する必要がある。特異点を無視してつくった線図を図5に示す。

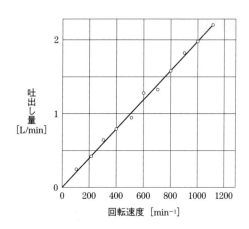

**図4**　軸偏心ポンプの性能曲線

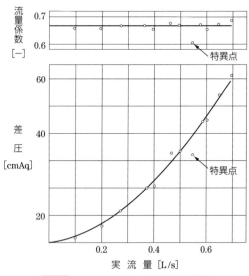

**図5**　管内オリフィスの特性曲線

**報告書**

　報告書は，必要事項を漏らすことなく，かつ簡明に書く。とくに実験実習のまとめは，データ表・線図・考察などの表現にくふうをこらすとともに，実習中に書きとめたメモなども活用して，第三者にもその内容が正確に伝わるようにまとめる。表1に，一般的な報告書記載事項と記入するおもな内容を，図6に実習報告書の例を示す。

**表1　報告書記載事項と記入するおもな内容**

| 1) 名称 | 実験実習の名称を記述する。 |
|---|---|
| 2) 名前 | 実験実習者や共同実習者の名前を記述する。 |
| 3) 年月日・天候 | 実験実習年月日・天候・温度・湿度を記述する。 |
| 4) 目的 | 実験実習を行うことによって，何を学び，何を理解し，習得するかを記述する。 |
| 5) 原理・理論 | 実験実習の原理・理論や公式を調べ，簡潔にまとめる。 |
| 6) 使用機器・供試材・消耗品 | 使用した機器・工具は，名称・型名・規格(定格)・製造会社名・製造番号・備品番号などを記録する。供試材は，名称・製造会社名・材質・寸法・個数・分量などを記録する。消耗品は，名称・製造会社名・材質・寸法・個数・分量などを記録する。 |
| 7) 方法・手順 | 実験実習の方法・手順については，簡潔にだれにでもわかる表現で記述する。 |
| 8) 結果のまとめ | 実験実習で得られたデータを，どのような公式などを使って計算したか，また計算結果を処理したかを記述する。実験・実習中に記録したデータをまとめて，表やグラフにして整理する。教科書にまとめかたの例がある場合は参考とする。 |
| 9) 考察 | 得られたデータや結果の意味を考え，実験・実習のまえに，予測していた結果と比較・検討する。予測していた結果と異なる場合は，なぜそのような結果を得たか，その原因を考察し，学んだことをまとめる。 |
| 10) 感想 | 実験実習の全体を振り返って，感じたこと，興味をもったこと，うまくいったこと，創意くふうしたこと，むずかしかったこと，失敗したこと，気づいたこと，反省すべき点などを具体的にまとめるとよい。また，手順や方法などで改善点があれば記述する。 |
| 11) 参考文献・資料 | 実験実習や報告書作成にあたり，参考・引用した文献・資料を記載しておく。引用するさいは，必ず引用した文献・資料について，著者名，著書名，出版社，出版年号などを記述する。 |

# シーケンス制御実習

| 提出者 | 年 組 番 名前 | | 検 |
|---|---|---|---|
| 共同実習者名 | | | 0000.00.00 |
| 実習日 | 年 月 日（ ）実験室 | | |
| 天候 | 温度 ℃ 湿度 % | | 実教 |
| 提出日 | 年 月 日（ ）提出期限 月 日（ ） | | 検印欄 |

## 1.目的

1. シーケンス図とその実際の機器を対応させ，回路結線のあらましを理解する。
2. 基本的な回路を結線し，その動作状況を確認し理解する。

## 2.使用機器

| 機器の名称 | 機器番号 | 定格など |
|---|---|---|
| 押しボタンスイッチ | | |
| … | | |

## 3.実習方法

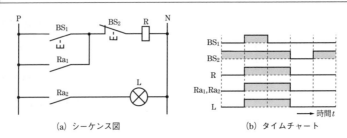

(a) シーケンス図　　　　　(b) タイムチャート

図　自己保持回路とインタロック

1. 図に示す回路のシーケンス図に従い，結線を行う。
2. 押しボタンスイッチを操作して，ランプが点灯・消灯するようすを確認し，その動作内容を記録する。
3. 確認した動作をもとに，タイムチャートを作成し確認する。

## 4.考察

1. 得られた実習結果から考察したことを記述せよ。
   リレーが誤動作を起こした原因を調べて，a接点とb接点の誤結線が原因だとわかった。
2. インタロック回路は，どのように利用されているか考えよ。
   インタロック回路は，たとえば，早押しゲームなどの優先順位回路に利用されている。

## 5.感想

　シーケンス図をもとに結線を行うさいには，結線ミスがないように共同実習者にもじゅうぶんに確認してもらうことがたいせつだと思った。

## 6.参考資料

富永一利，わかりやすいシーケンス制御，実教出版，2024

**図6　実習報告書の例**

# 第11章

# 材料試験・熱処理

////////////////////////////////////////

　材料試験は，製品や部品に使われる材料の性質を調べるための試験である。その結果は，機械設計や品質管理のための基礎資料として用いられる。材料が適切に使われるには，製品に求められる性質を把握し，それが満たされるかの判断が必要である。

　また，材料試験は一般に各種の試験片と試験機によって規格化された方法で行われる。材料試験では，試験機器の原理・構造・取り扱いや試験方法をじゅうぶんに理解するとともに，試験結果の整理，報告書の作成要領などを習得することがたいせつである。

　金属材料の熱処理は，金属組織を変化させるために加熱と冷却を行う工程で，機械的性質などを向上させる目的のために行われる。

# 1 引張試験

 ## 概　要

　材料が，外からの力にどれだけ耐えられるかという性質を，機械的性質または機械的特性という。これは，製品の品質や耐久性に影響するとともに，加工の難易に関係する重要な性質である。

　引張試験は，機械的性質を調べる最も代表的な方法で，丸棒または板状の試験片を軸方向に引張り，破断までの力と伸びの関係を測定することにより強さや伸びなどを知ることができる。その数値は材料の静的な強さや靭性を表しており，機械の設計・製作の基準値として使用される。

## 引張試験で得られる性質

　図1に示すように，あらかじめ加工した引張試験片に引張試験力（荷重ともいう）をかけると，それにともなって変形する。引張試験では材料が破断するまでの試験力$F$と伸び$\Delta l(= l - l_0)$の関係を調べ，グラフ化する。このとき試験力は試験片の太さ（断面積）に影響されるので，試験力$F$を原断面積$A_0$で除して応力$\sigma$を求める（式(1)）。また，伸びは試験片の長さに影響されるので，伸び$\Delta l(= l - l_0)$を原標点距離$l_0$で除してひずみを求める（式(2)）。

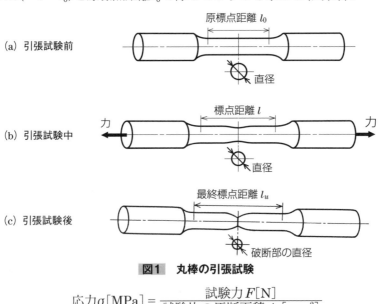

図1　丸棒の引張試験

$$応力\sigma[\mathrm{MPa}] = \frac{試験力F[\mathrm{N}]}{試験片の原断面積A_0[\mathrm{mm^2}]} \tag{1}$$

$$ひずみ\varepsilon = \frac{伸び（変形量）l - l_0[\mathrm{mm}]}{試験片の原標点距離l_0[\mathrm{mm}]} \tag{2}$$

　なお，$1\mathrm{MPa} = 1\mathrm{N/mm^2}$である。

このようにして，試験によって得られた試験力ー伸び線図をもとにして図2のような応力ーひずみ線図が得られる。応力ーひずみ線図から，次のような特性がわかる。

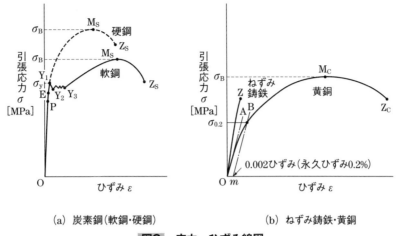

(a) 炭素鋼（軟鋼・硬鋼）　　　　　　(b) ねずみ鋳鉄・黄銅

**図2　応力ーひずみ線図**

## 1) 降伏点と耐力

　図2(a)は炭素鋼の，図2(b)はねずみ鋳鉄・黄銅を引張試験した場合の応力ーひずみ線図である。軟鋼の場合，試験開始からP点の間は直線で，応力σとひずみεの間に比例関係が成り立ち，このP点を比例限度という。

　この比例関係をフックの法則といい，式(3)が成り立つ。

$$\sigma = E\varepsilon \tag{3}$$

$E$：縦弾性係数（ヤング率）[MPa]または[GPa]

　比例限度を超えたすぐ近くのE点を弾性限度といい，それ以上変形すると除荷しても永久ひずみが残る。ただしE点は，応力ーひずみ線図から判定することは困難であるので，降伏開始の$Y_1$点をあきらかに塑性変形しはじめる点とする。このときの引張試験力$F$[N]を原断面積$A_0$[mm²]で除した応力を降伏点（または上降伏点）あるいは降伏応力$\sigma_y$[MPa]といい，代表的な引張特性である。

　なお，一般に，軟鋼以外の多くの材料には$Y_1$～$Y_3$のような降伏が現れず，図2(b)のようになる。このような場合は，降伏点（降伏応力）の代わりの性質として，永久ひずみの値が0.2％のときの応力，すなわち0.2％耐力$\sigma_{0.2}$[MPa]を求める。0.2％耐力を求める方法は，一般に，$m$点を通り縦弾性係数の傾きの直線$\overline{OA}$に平行な直線$\overline{mB}$を描き，応力ーひずみ線図との交点の応力値を求めるオフセット法による。

## 2) 引張強さ

　点$M_S$ならびに$M_C$は最大試験力，すなわち最大の引張応力を示す点である。このときの引張力[N]を原断面積[mm²]で除した応力を引張強さ$\sigma_B$[MPa]といい，最も代表的な引張特性である。これにより材料の強さがわかる。

### 3) 破断伸びと絞り

最大試験力$M_S$あるいは$M_C$を過ぎるころから，試験片の一部がくびれ，試験力に耐えきれずに$Z_S$，$Z_C$で破断する。

破断伸びと絞りは，材料の塑性変形性能がわかる機械的性質であり，応力－ひずみ線図によらず試験前後の試験片(図1(a)，(c))を測定することで求めることができる。

破断伸びは，破断した試験片を図1(c)のように，中心線が一直線上にあるように注意して破断面を突き合わせて測定した標点間の長さ$l_u$を，試験前後で伸びた標点間の変形量$(l_u - l_0)$を原標点距離で除して求める(式(4))。なお，破断伸びは各材料の特性値として扱うように，紛らわしくないときには，たんに伸びということがある。また，絞り$\phi$はくびれて破断した試験片の最小断面積$A_u$から算出する(式(5))。

$$\delta = \frac{l_u - l_0}{l_0} \times 100 \tag{4}$$

$\delta$ ：破断伸び[%]

$l_u$ ：試験片の両破断片の中心線が一直線上にあるように注意して破断面を突き合わせて測定した標点間の長さ[mm]

$l_0$ ：試験片の原標点距離[mm]

$$\phi = \frac{A_0 - A_u}{A_0} \times 100 \tag{5}$$

$\phi$ ：絞り[%]

$A_u$ ：試験片の破断面を注意して突き合わせ測定した最小断面積[mm$^2$]

$A_0$ ：試験片の原断面積[mm$^2$]

引張試験に関するJISは次のように規定されている。

| 金属材料引張試験方法 | JIS Z 2241:2022 |
| --- | --- |
| 鉄鋼用語(試験) | JIS G 0202:2013 |
| 鉄鋼材料及び耐熱合金の高温引張試験方法 | JIS G 0567:2020 |

**万能試験機（引張試験機）の構造**

　引張試験に用いる試験機は，万能試験機といわれ，引張試験のほかに圧縮試験・曲げ試験・抗折試験などを行うことができる。万能試験機には，負荷をねじによって与えるものと，油圧によって与えるものとがある。

　引張試験機に関するJISは次のように規定されている。

　　引張・圧縮試験機－力計測系の校正・検証方法　　JIS B 7721:2018

**図3　油圧式万能試験機**

　図3に油圧式万能試験機およびその操作部，図4に負荷装置の拡大図を示す。試験機には，上部および下部クロスヘッドがあり，それぞれ試験片をつかむためのチャックを取り付ける。上部クロスヘッドは油圧によって上昇し，下部クロスヘッドは支持部となる。

　なお，圧縮試験は，下部クロスヘッドとテーブルの間で行い，下部クロスヘッドを支持部とし，テーブルを油圧で上昇させることで試験を行う。

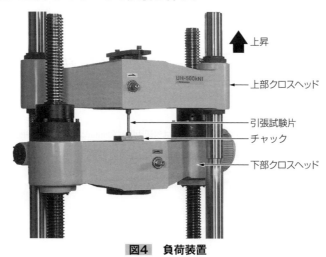

**図4　負荷装置**

最近では，小荷重の装置を中心に，ねじ式の万能試験機も増えており，等速で変位を変化させる。試験力の検出には図5に示すロードセルを用いることも多い。ロードセルは，力をひずみに置き換えるもので，はかりなどにも広く用いられている。アンプなどを併せて用いることにより，電気信号として荷重を計測することが可能であり，コンピュータで応力－ひずみ線図を容易に作成することができる。

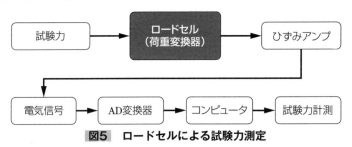

**図5** ロードセルによる試験力測定

 # 引張試験片

金属材料引張試験片については，JIS Z 2241:2022に規定されており，種類として1号から14号まである。図6に，一般的な試験片を示す。伸びはそれぞれ定められた標点距離を基準に測定する。図6(a)，(c)，(d)は定形試験片であり，試験片の主要部の形状寸法が一定に定められている。図6(b)は比例試験片であり，平行部の断面積から平行部の長さを求める必要がある。表1に試験片の使用区分を示す。それぞれ材料の形状や寸法により試験片の種類を選ぶ。

| 幅 | $W$＝40または25mm |
| 標点距離 | $L$＝200mm |
| 平行部の長さ | $P$＝約220mm |
| 肩部の半径 | $R$＝25mm以上 |
| 厚さ | $T$は，もとの厚さのままとする。 |

(a) **1号試験片**　この試験片は，主として板材・条材・帯材の引張試験に用いる。

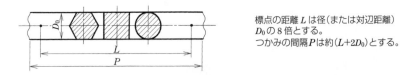

標点の距離$L$は径（または対辺距離）$D_0$の8倍とする。
つかみの間隔$P$は約$(L+2D_0)$とする。

(b) **2号試験片**　この試験片は，材料の呼び径（または対辺距離）が25mm以下の棒材の引張試験に用いる。

**図6** 金属材料引張試験片の例

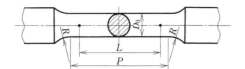

| | |
|---|---|
| 径 | $D_0 = 14$mm |
| 標点距離 | $L = 50$mm |
| 平行部の長さ | $P = $約60mm |
| 肩部の半径 | $R = 15$mm以上 |

(c) **4号試験片** この試験片は，主として棒材・板材・管材・鋳造品・鍛造品の引張試験に用いる。

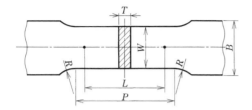

| | |
|---|---|
| 幅 | $W = 25$mm |
| 標点距離 | $L = 50$mm |
| 平行部の長さ | $P = $約60mm |
| 肩部の半径 | $R = 15$mm以上 |
| 厚さ | $T$は，もとの厚さのままとする。 |

(d) **5号試験片** この試験片は，主として板材・条材・帯材・管材の引張試験に用いる。

**図6** 金属材料引張試験片の例（2）

**表1** 試験片の使用区分

| 材料の形状及び寸法 | | 試験片 | | 適用 |
|---|---|---|---|---|
| 製品の区分 | 寸法 | 比例 | 定形 | |
| 板・平・形・帯 | 板厚40mmを超えるもの | 14A号 | 4号，10号 | 棒状試験片採取の場合 |
| | | 14B号 | ― | 板状試験片採取の場合 |
| | 板厚20mmを超え40mm以下 | 14A号 | 4号，10号 | 棒状試験片採取の場合 |
| | | 14B号 | 1A号，1B号 | 板状試験片採取の場合 |
| | 板厚6mmを超え20mm以下 | 14B号 | 1A号，1B号，5号，13A号，13B号 | 板状試験片採取の場合 |
| | 板厚3mm以上6mm以下 | | 5号，13A号，13B号 | |
| | 板厚0.1mm以上3mm未満 | ― | | |
| 棒・線・線材 | 径又は対辺距離25mmを超えるもの | 14A号 | 4号，9A号，9B号，10号 | ― |
| | 径又は対辺距離4mm以上25mm以下 | 2号，14A号 | 4号，9A号，9B号，10号 | ― |
| | 径又は対辺距離4mm未満 | ― | 9A号，9B号 | ― |
| 管 | 外径が小さいもの | 14C号 | 11号 | 管状試験片採取の場合 |
| | 外径50mm以下 | 14B号 | 12A号 | 円弧状試験片採取の場合 |
| | 外径50mmを超え170mm以下 | | 12B号 | |
| | 外径170mmを超えるもの | | 12C号 | |
| | 外径200mm以上のもの | 14B号 | 5号 | 板状試験片又は円弧状試験片採取の場合 |
| | 肉厚のもの | 14A号 | 4号 | 棒状試験片採取の場合 |
| 鋳造品 | ― | 14A号 | 4号，10号 | ― |
| | ― | ― | 8A号，8B号，8C号，8D号 | ― |
| 鍛造品 | ― | 14A号 | 4号，10号 | ― |

（JIS Z 2241:2022）

# 材料試験1　引張試験

......................................................................................................

## 目　標

**1.** 万能試験機の構造・機能を理解し，取り扱い方を習得する。

**2.** 金属材料の引張試験方法を習得する。

**3.** 金属材料の引張強さ・降伏点・伸び・絞りなどについて理解する。

## 使用機器・材料

**1.** 油圧式万能試験機(ねじ式も可)，4号試験片

**2.** 標点距離測定台(またはVブロック)，ノギス，標点分割機またはポンチ・ハンマ・トースカン，けがき針，けがき用塗料，記録用紙

## 準　備

☐1 試験片の準備

① 材料の種類，試験片の規格を確認する。

② 試験片の仕上がり程度を確認する。きず，仕上げ面の表面性状や寸法誤差は試験に影響を与えることもあるので注意する。

③ 試験片の形状を測定する。試験片平行部の直径は，直交する2方向について測定し，その平均値をとる。試験片平行部は，標点付近と中央部の3か所で直径を測定する。平行部の断面積は，各測定部の平均値とする。断面積を記録する。

④ 試験片に，標点分割機またはVブロック，けがき針，トースカンを使って，試験片の標点間を5または10 mm間隔に分割し，標点に刻印する。

☐2 試験機の準備

① 試験機のメインスイッチと油圧ポンプスイッチを入れる。

② 試験機の操作方法を確認し，さらに動作確認する。

③ 試験機の最大秤量の推定を行い試験機の設定を行う。最大秤量は，試験片の材質より推定した引張荷重の1.5倍くらいになるように決める。

④ 試験力−伸び線図の自動記録用紙を装着，またはコンピュータの準備をする。

☐3 試験片の取り付け

① 試験片の形状・大きさに適したつめを選定し，チャックに一組ずつ取り付ける。

② チャックをクロスヘッドの上部と下部に取り付ける。

③ 指針を0点に合わせ，置き針を指針に重ねる。自動記録装置が正しく作動するように調整・確認する。

④ 上部のチャックに試験片を取り付ける。次に，下部のチャックに試験片を取り付ける。試験片は上下同じ長さだけつかむようにする。

⑤ 試験片チャックハンドルを一人がつかんだ状態で，負荷速度制御弁つまみをopenにして，ゆっくり補助指針が中央に達するまで続ける。このとき，つめがつかみ部にくい込んだことを示す。

### 方　法

1. 負荷速度制御弁を，負荷速度を調整しながら静かに開く。

負荷速度については，JISでは次のように定めている。

1) **降伏点または耐力**：JISの材料規格における既定値に対応する力の$\frac{1}{2}$までは適宜の速度で力を加えてもよいが，$\frac{1}{2}$を超えたあとは，降伏点または耐力までの平均応力増加率が，鋼では$3 \sim 30$ MPa・sとし，アルミニウムとその合金では30 MPa・s以下とする。

2) **引張強さ**：鋼では引張強さに対応する荷重の$\frac{1}{2}$までは適宜の速度とし，そのあとは試験片平行部のひずみ増加率が$20 \sim 50$ %/minになるようにする（降伏点または耐力の測定を終わったのちもこれと同じ）。

2. 軟鋼では降伏点が現れると，指針が一時戻り，置針が停止する。このとき置針により試験力を読み，記録する。

3. 降伏点を過ぎると，ふたたび試験力が増加する。針の動きがしだいに遅くなり，やがて動かなくなると最大試験力を示す。このとき，試験片の一部に局部断面収縮を起こすので，その様子を観察する。最大試験力を過ぎると断面減少により試験力が減少し，その後破断する。最大試験力は置針を読み取り，記録する。

4. 試験片および記録用紙を取りはずす。

5. 負荷速度制御弁を閉じ，ラムを降下させ，試験機を停止する。

### 結果のまとめ

1. 破断された試験片を標点距離測定台，またはVブロックに載せて，破断部の切り口を正しく突き合わせ，ノギスで最終標点距離$l_u$を測定する。

2. ノギスで破断部の直径を測定する。直径はたがいに直交する2方向で測定し，平均値$d$を求めて，破断部の最小断面積を算出する。

3. 試験片の破断部の様子を観察する。

4. 試験力－伸び線図をかく。

5. 測定値から次の計算を行う。

$$\cdot 降伏点 \quad \sigma_y = \frac{F_y}{A_0} \, [\text{MPa}]$$

$\sigma_y$：降伏点[MPa]　　$F_y$：降伏点の荷重[N]

$A_0$：試験前の原断面積$[\text{mm}^2]$

$$\cdot 引張強さ \quad \sigma_B = \frac{F_{\max}}{A_0} \, [\text{MPa}]$$

$\sigma_B$：引張強さ[MPa]　　$F_{\max}$：最大引張荷重[N]

$A_0$：試験前の原断面積$[\text{mm}^2]$

- 破断伸び　　$\delta = \dfrac{l_u - l_0}{l_0} \times 100\,[\%]$

　　　　　$\delta$：破断伸び[%]　　　$l_u$：破断後の標点距離[mm]

　　　$l_0$：原標点距離[mm]

- 絞り　　$\phi = \dfrac{A_0 - A_u}{A_0} \times 100\,[\%]$

　　　　$\phi$：絞り[%]　　　$A_u$：破断部の最小断面積[mm²]

　　　$A_0$：試験前の原断面積[mm²]

**注** 数値については，JIS Z 8401:2019によって整数に丸める。ただし伸びは標点距離が100 mmを超える場合には，さらに詳細に求めることが望ましい。

**6.** 破断位置の確認

標点距離の中心から，標点距離の$\dfrac{1}{4}$を超えたところで破断した場合は，JIS Z 2241:2022を参照して処理する。

引張試験結果

| 試料 | 試験前に測定 | | | 測定項目 | |
|---|---|---|---|---|---|
| | 原標点距離 $l_0$[mm] | 直　径 $d_0$[mm] | 原断面積 $A_0$[mm²] | 降伏点の荷重$F_y$ [N] | 最大荷重$F_{max}$ [N] |
| | | | | | |

| | 試験後に測定 | | | 引張試験結果の整理 | | | |
|---|---|---|---|---|---|---|---|
| | 最　終 標点距離 $l_u$[mm] | 最小直径 $d_u$[mm] | 最　小 断面積 $A_u$[mm²] | 降伏点$\sigma_y$または 0.2%耐力$\sigma_{0.2}$ [MPa] | 引張強さ $\sigma_B$ [MPa] | 破断伸び $\delta$[%] | 絞り $\phi$[%] |
| | | | | | | | |

**考　察**

**1.** 材料の種類によって，応力－ひずみ線図がどのように異なるか，またその理由について考察せよ。

**2.** 材料の種類によって，試験片の破断面の特徴がどのように異なるか，整理せよ。

**3.** 破断するときの荷重がわかる装置の場合，破断後の最小断面積を用いて，真破断応力を算出せよ。また，原断面積を用いて算出した破断応力と比較し，考察せよ。

**4.** 許容応力はどのようにして決まるか，安全率を考慮して検討せよ。

# 2 硬さ試験

## 1 概　要

　一般に，硬い材料は，強くて耐摩耗性が大きいが，伸びや絞りが小さいという傾向がある。このように，硬さと靭性は両立がむずかしいが，その両方をもち合わせた強靭な材料が求められている。材料の硬さを測定することによって，およその機械的性質を知ることができる。

　JISで規定されている4種類の硬さ試験を表1に示す。硬さ試験には，JISでブリネル・ビッカース・ロックウェル・ショアの4種類の硬さが規定されている。このうち，ブリネル・ビッカース・ロックウェルは，試料に規定の試験用圧子を一定の試験力で押し込んだときのくぼみの大きさで判断する押し込み硬さであり，ショアは，一定の高さからハンマを落としたときのはね上がり高さを測定して判定する。ロックウェル硬さやショア硬さは測定値が直読できるため，硬さ表が不要であることから比較的手軽な試験法といえる。

表1　硬さ試験のJIS

| 分類 | 試験機 | 試験方法 | 硬さ表 |
|---|---|---|---|
| ブリネル硬さ（HBW） | JIS B 7724:2017 | JIS Z 2243-1:2018 | JIS Z 2243-2:2018 |
| ビッカース硬さ（HV） | JIS B 7725:2020 | JIS Z 2244-1:2020 | JIS Z 2244-2:2020 |
| ロックウェル硬さ（HRB，HRC） | JIS B 7726:2017 | JIS Z 2245:2021 | － |
| ショア硬さ（HS） | JIS B 7727:2000 | JIS Z 2246:2022 | － |

　硬さ試験で得られた値は，所定の装置と試験方法で得られた独自の値であり，ほかの単位を持つ数値に換算することもできない。そのため，値のあとに単位はつけず，硬さ試験法に由来する硬さ記号を用いる。表1の（　）内にそれぞれの硬さ記号を示す。

## 2 試　料

　硬さ試験に使用する試料は，試験結果が不正確にならないように，次の点に注意して準備する。

1)　原則として試験面は平面で試験力に直角であること。

2)　試験面は滑らかで清浄であること。

3)　硬さ試験の精度を保つために，試料の最小厚さや測定の最小間隔については表2のようにJISで定められている。

表2 試料の最小厚さと測定の最小間隔

| 硬さ試験の種類 | くぼみの中心から縁までの距離 | くぼみの中心間距離 | 試料の厚さ | 備 考 |
|---|---|---|---|---|
| ブリネル硬さ（HBW） | 2.5d 以上 | 3d 以上 | くぼみの深さの8倍以上 | |
| ビッカース硬さ（HV） | 鋼・ニッケル合金・チタン合金・銅および銅合金 2.5d 以上 軽金属（チタン合金を除く）・鉛・すずおよびそれらの合金 3d 以上 | 鋼・ニッケル合金・チタン合金・銅および銅合金 3d 以上 軽金属（チタン合金を除く）・鉛・すずおよびそれらの合金 6d 以上 | くぼみの対角線の長さの1.5倍以上 | |
| ロックウェル硬さ（HRC, HRB） | 2.5d 以上 | 4d 以上 | 材料の裏面に目に見える変形がないようにする（備考参照） | ダイヤモンド圧子10h または 0.02(100−H) 球 圧子15h または 0.03(100−H) |
| ショア硬さ（HS） | 4mm 以上 | 1mm 以上（打痕相互の距離） | 硬さ測定に，試料受台の硬さが影響しない厚さ | 試料の質量0.1kg 以上 |

注. $d$：くぼみの直径。ただし，ビッカースでは，くぼみの対角線長さの平均とする。
$h$：永久くぼみ深さ[mm] $H$：硬さ値

 ## 硬さ試験の種類

### 1 ブリネル硬さ試験

ブリネル硬さ試験は，規格化された硬さ測定法としては最初のものであり，くぼみが大きいので安定した値が得やすいが，小さいものや薄板などには適さない。図1にブリネル硬さ試験機を示す。硬さ記号はHBWである。試験方法は，超硬合金球の圧子に試験力を加えて試料に押し付け，できたくぼみの大きさを測定して求める。

ブリネル硬さは，式(6)のとおり試験力をくぼみの表面積で割った値で表し，単位はつけない。硬さ記号はHBWで示す。なお，ブリネル硬さを表す定義式内の定数0.102(=1/9.80665)は，試験力$F$が従来単位[kgf]であった旧定義式と一致させるためである。

$$\text{HBW} = 0.102\frac{F}{S} = 0.102 \times \frac{2F}{\pi D(D-\sqrt{D^2-d^2})} \tag{6}$$

$F$：試験力[N]    $S$：くぼみの表面積[mm²]    $D$：圧子の直径[mm]
$d$ ：くぼみの平均直径[mm]

**図1　ブリネル硬さ試験機**

　ブリネル硬さ試験は，表3から試料の材質と硬さに対応する$0.102 \cdot F/D^2$の値を選び，使用する圧子の直径を決めて，表4からこの2条件に合う試験力で試験を行う。

**表3　材質および硬さに対する$0.102\,F/D^2$**

| 材質 | ブリネル硬さ（HBW） | $0.102\,F/D^2$ |
|---|---|---|
| 鋼・ニッケル合金・チタン合金 | — | 30 |
| 鋳鉄 | ＜140 | 10 |
| | ≧140 | 30 |
| 銅および銅合金 | ＜35 | 5 |
| | 35～200 | 10 |
| | ＞200 | 30 |
| 軽金属およびそれらの合金 | ＜35 | 2.5 |
| | 35～80 | 5，10，15 |
| | ＞80 | 10，15 |
| 鉛，すず | — | 1 |

**表4　硬さ記号およびその条件**

| 硬さ記号 | 圧子の直径$D$[mm] | $0.102\,F/D^2$ | 試験力$F$ |
|---|---|---|---|
| HBW　10/3 000 | 10 | 30 | 29.42 kN |
| HBW　10/1 500 | 10 | 15 | 14.71 kN |
| HBW　10/1 000 | 10 | 10 | 9.807 kN |
| HBW　10/500 | 10 | 5 | 4.903 kN |
| HBW　10/250 | 10 | 2.5 | 2.452 kN |
| HBW　10/100 | 10 | 1 | 980.7 N |

　ブリネル硬さの表示

　　　200　　HBW　10/1 000
　　　硬さ値　記号　球圧子の直径・試験力

（JIS Z 2243:2008による）

## ❷ ビッカース硬さ試験

ビッカース硬さ試験法は，広範囲の硬さの試料について測定でき，試験力による硬さの変動がないというすぐれた特徴がある。試験力が小さくくぼみが小さいので，小さいものや薄板などにも適する。図2にビッカース硬さ試験機を示す。硬さ記号はHVである。試験方法は，正四角すいのダイヤモンド圧子に試験力を加えて試料に押し込み，できたくぼみの大きさを測定して硬さを求める。

ビッカース硬さは，くぼみの対角線の長さを，試験機に付属する顕微鏡ではかり，その長さをもとにして計算により硬さを算出するか(p.39図6式参照)，換算表から硬さを読み取る。

表面硬化層などの硬さの測定には，小さな試験力($0.2452 \sim 9.807\,\mathrm{N}$)で測定することができるマイクロビッカース硬さ試験機が用いられている。

ビッカース硬さは，顕微鏡を覗いて付属のマイクロメーターにより長さを測定するため，測定者の読み取り誤差があり，測定に要する時間が多いなどのデメリットもあったが，近年ではカメラから取り込んだ画像をコンピュータで画像処理することで自動測定・自動計算する装置が開発され，普及が進みつつある。

## ❸ ロックウェル硬さ試験

ロックウェル硬さ試験法は，計算や換算表を用いることなく硬さを直読できるため比較的手軽に用いることができる特徴がある。ただし，測定可能な硬さの範囲を広くするために，圧子や荷重を変化させて測定する「スケール」という概念がある。図3にロックウェル硬さ試験機を示す。硬さ記号はHRのあとにスケールを付与し，BスケールであればHRBである。

ロックウェル硬さは，圧子を試料に，二段階の試験力で押し込んだあと，はじめの試験力に戻したときのくぼみの永久変形量を測定して求める。スケールは，直径$1.5875\,\mathrm{mm}$の鋼球または超硬合金球を用いるBスケールと，頂角$120^\circ$，先端の曲率半径$0.2\,\mathrm{mm}$のダイヤモンド円すいを用いるCスケールが標準になっているが，超硬合金球(Wスケール)を使用するJIS改訂の予定がある。

鋼球圧子(Bスケール)は，軟鋼・りん青銅・鋳鉄などのあまり硬くない材料の試験に使い，ダイヤモンド圧子(Cスケール)は，焼入れ鋼・合金鋼・超硬合金など，硬い材料の試験に使う。硬さ記号は，それぞれHRB，HRCで示す。

表面硬化材や薄板などの試験に対応するため，全試験力を147.1，294.2，441.3Nと小さくしたときのロックウェル硬さをロックウェルスーパフィシャル硬さとよぶ。

## 4 ショア硬さ試験

　ショア硬さ試験法は，硬さ値を直読できるうえに，試験機の持ち運びが可能で，大きなものが測定できる。また，硬さ測定の範囲も広く，ほかの押し込み硬さ測定法にない特徴をもっている。図4にショア硬さ試験機を示す。硬さ記号はHSで示す。

　ショア硬さ試験は，先端がダイヤモンドでできているハンマを試験面上に一定の高さから落とし，そのはね上がり高さで硬さを測定する。

　この試験は，はね上がりのばらつきがあるため，試料のショア硬さは連続して測定した5点の平均値とする。

**図2**　ビッカース硬さ試験機

**図3**　ロックウェル硬さ試験機

**図4**　ショア硬さ試験機

# 材料試験2　ブリネル硬さ試験

### 目　標

1. ブリネル硬さ試験機の原理・機能を理解する。
2. ブリネル硬さ試験の試料のつくり方を理解する。
3. ブリネル硬さの試験方法を理解する。
4. 金属材料の硬さを知る。

### 使用機器・材料

1. ブリネル硬さ試験機，測定顕微鏡
2. 試料，研磨布紙

### 準　備

1. 試料の大きさや厚さが，JISの規定を参照して適切であるかどうか確かめる。
2. 試料の試験面を研磨布紙でみがき，さびや油などを除く。
3. 試験機の圧子の直径と試験力を，表3・4によって決める。

### 方　法

1. 試料の材質により，適当な圧子とおもりを選び，試験機に取り付ける。
2. 試料を試料台の上に置き，上下ハンドルを回して試料を圧子に押し付ける。
3. レリーズバルブを閉じ，プランジャポンプのレバーを小きざみに働かせて，シリンダ内の圧力を静かに高める。
4. 圧力計の指針が所定の試験力に達すると，おもりが浮き上がり圧子に試験力がかかる。
5. おもりを10〜15秒浮き上がらせたままにしてから，レリーズバルブを静かに開いて油圧を除く。おもりが下がり，圧力計の指針が0となる。
6. 上下ハンドルを回して，試料を圧子から離し，試料をとる。
7. くぼみの直径を，直交する2方向について測定顕微鏡で測定する。

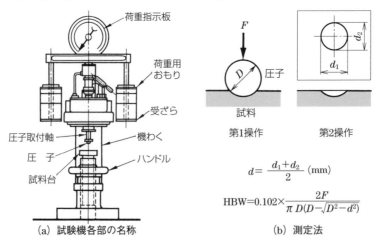

$$d = \frac{d_1 + d_2}{2} \ (\mathrm{mm})$$

$$\mathrm{HBW} = 0.102 \times \frac{2F}{\pi D (D - \sqrt{D^2 - d^2})}$$

(a) 試験機各部の名称　　　(b) 測定法

**図5　ブリネル硬さ試験**

### 結果のまとめ

**1.** くぼみの直交する2方向の直径を測定し，算術平均したくぼみの直径を求める。

**2.** 算出式を用いて，ブリネル硬さを求める。このとき，有効数字3桁に丸める。

**3.** 硬さを表すには，記号HBWのまえに硬さ値を表示し，そのあとに圧子直径・試験力・試験力保持時間（規定の時間と異なる場合）などの試験条件を示す。

（例）　1.　ブリネル硬さ600。直径1mmの球圧子を用い試験力294.2Nを20秒かけて測定。

→　600HBW1/30/20

2.　ブリネル硬さ250。直径10mmの球圧子を用い試験力29.42kNを10～15秒かけて測定。

→　250HBW10/3 000

3.　球圧子の直径10mm，試験力29.42kNのときは(10/3 000)を表示しなくてもよい。

→　250HBW

### 考　察

**1.** 試験後の試験面を研磨布紙でみがき，くぼみの盛り上がりぐあいを観察せよ。

**2.** 同一材料の試料を，試験力を変えて試験し，同じ結果がでるかどうか試してみよ。

**3.** くぼみの直径を次式に代入して，ブリネル硬さを求めてみよ。

$$\mathrm{HBW} = 0.102 \times \frac{2F}{\pi D(D - \sqrt{D^2 - d^2})}$$

$F$：試験力[N]　　　$D$：球圧子の直径[mm]　　　$d$：くぼみの直径[mm]

**ブリネル硬さ測定結果**

| 試料 | 試験力 $F$[N] | 球圧子の直径 $D$[mm] | 試験力保持時間 [s] | くぼみの直径 $d$[mm] | ブリネル硬さ [HBW] |
|---|---|---|---|---|---|
|  |  |  |  |  |  |

# 材料試験3　ビッカース硬さ試験

## 目　標

1. ビッカース硬さ試験機の原理・機能を理解する。
2. ビッカース硬さ試験の試料のつくり方を理解する。
3. ビッカース硬さの試験方法を理解する。
4. 金属材料の硬さを知る。

## 使用機器・材料

1. ビッカース硬さ試験機
2. 試料，研磨布紙

## 準　備

1 試料の大きさや厚さが適切であるかどうか確かめる。試料の厚さは，くぼみの対角線の1.5倍以上であるとよい。また，試料の材質と厚さにより試験力の大きさを決める。試験力のめやすを表5に示す。

2 試料の試験面を研磨布紙でみがき，さびや油などを除く。なお，顕微鏡で測定するときに影響のないように研磨傷の浅い仕上げとする。

注 試験面は平面とする。

### 表5　試験力の大きさ

| 試料の材質 | 試料の厚さ [mm] | 試験力 $F$[N] |
|---|---|---|
| 鋳鉄・鋳鋼・組織の粗い合金鋳物 | 0.5 以上 | 980.7 |
| 炭素鋼・合金鋼・超硬合金 | 0.5 以上 | 490.3 |
| 焼入れ鋼 | 0.5 以上 | 490.3 |
| | 0.25以上 | 196.1 |
| 窒化鋼・浸炭鋼 | ―――― | $49.03 \sim 98.07$ |
| 薄板(軟質) | 0.25以上 | 98.07 |
| | 0.1 以上 | 49.03 |
| 薄板(硬質) | 0.1 以上 | 98.07 |

## 方　法

1 圧子の取り付け部に正四角すいのダイヤモンド圧子を取り付ける。
2 測定顕微鏡に対物レンズを取り付け，試料に照明するランプを点灯する。
3 試験力をかけてから除去するまでの時間が10～15秒になるように調節する。
4 試料台に試料を置く。試料の形状によっては，支持台を使う。
5 試料台をゆっくり上昇させ試験面を圧子に近づける。
6 対物レンズを慎重に移動し，試料の真上にする。
7 試料台をゆっくり下降させピントを合わせる。試験面がはっきりみえるようにする。
8 圧子を試験面上に移動させる。

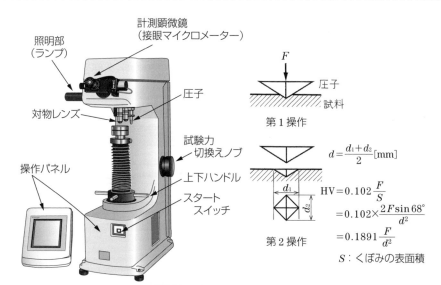

**図6　ビッカース硬さ試験**

9　試料の材質に適した試験力$F$を選び，試験開始の状態にする。

10　スタートスイッチを押し，試料に試験力をかける（図6の第1操作）。試験力が自動的に除かれると，スイッチのランプが消灯する（図6の第2操作）。

11　試験力が除去されたら，対物レンズを試料の上に移動させる。

12　スタートスイッチを押し，試料に試験力をかける。試験力が自動的に除かれると，スイッチのランプが消灯する。

13　微動調節を行って，くぼみにピントを合わせる。

14　接眼マイクロメータを回転させ，くぼみの対角線と標線を平行にし，左側の標線を移動させてくぼみの頂角に合わせる（図7①）。

15　右側の標線を移動させ，相対する頂角に合わせ（図7②，③），マイクロメータの目盛によって，くぼみの対角線の長さ$d_1$を読み取る。

> **注** 試験力は，くぼみの対角線の長さが，計測目盛で200〜500になるとよい。圧痕が小さすぎる場合や視野からはみ出すほど大きい場合は試験力が適切でないので，試験力を再設定し測定しなおす。

16　接眼マイクロメータを90°回転させ，もう一方の対角線の長さ$d_2$を測定する。

17　これで1回の試験は終わりである。次に備えて試験機をもとの状態に戻す。

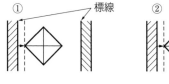

**図7　標線の合わせ方**

## 結果のまとめ

**1.** 試験機に付属している換算表により，くぼみの対角線の長さからビッカース硬さを求める。

**2.** 硬さの表示は，硬さ値，硬さ記号，試験力[N]の順に表示する。

（例）　　220 HV 30

試験力の保持時間が10～15秒以外のときは，時間[s]の数字を硬さ記号のあとに書く。

（例）　　220 HV 30/20

**表6　硬さ記号と試験力の対応**

| 硬さ記号 | 試験力[N] | 硬さ記号 | 試験力[N] |
|---|---|---|---|
| HV 1 | 9.807 | HV 30 | 294.2 |
| HV 5 | 49.03 | HV 50 | 490.3 |
| HV 10 | 98.07 | HV 100 | 980.7 |

## 考　察

**1.** 同じ試料を数か所で試験し，結果を比較してみよ。

**2.** ビッカース硬さ試験の特徴をあげよ。

**3.** 同じ試料の硬さをほかの試験方法で測定し，換算表を使って比較せよ。

**4.** 試験機の構造を図解してみよ。

**ビッカース硬さ測定結果**

| 試料 | 試験力[N] | 試験力保持時間[s] | | くぼみの対角線長さ $d_1$[mm] | くぼみの対角線長さ $d_2$[mm] | くぼみの平均対角線長さ $d$[mm] | ビッカース硬さ HV | ビッカース硬さの平均 HV |
|---|---|---|---|---|---|---|---|---|
| | | | 測定1 | | | | | |
| | | | 測定2 | | | | | |
| | | | 測定3 | | | | | |

# 材料試験4　ロックウェル硬さ試験

## 目　標

**1.** ロックウェル硬さ試験機の原理・機能を理解する。

**2.** ロックウェル硬さ試験の試料のつくり方を理解する。

**3.** ロックウェル硬さ試験の方法を理解する。

**4.** 金属材料の硬さを知る。

## 使用機器・材料

**1.** ロックウェル硬さ試験機

**2.** 試料，研磨布紙

## 準　備

1 試料の大きさや厚さが，JISと照合し適切であるかどうか確かめる。

2 試料の試験面を研磨布紙でみがき，さびや油などを除く。

3 試料の材質によってスケール，すなわち圧子と全試験力の組み合わせを決める。

> **注** Bスケールは，軟鋼など比較的柔らかい金属材料の試験に用い，圧子は鋼球または超硬合金球で全試験力は980.7Nである。

> **注** Cスケールは，焼入れ鋼など比較的硬い金属材料の試験に用い，圧子はダイヤモンド円錐で全試験力は1471Nである。

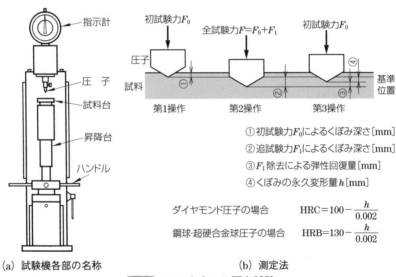

① 初試験力$F_0$によるくぼみ深さ[mm]
② 追試験力$F_1$によるくぼみ深さ[mm]
③ $F_1$除去による弾性回復量[mm]
④ くぼみの永久変形量$h$[mm]

ダイヤモンド圧子の場合　　$HRC = 100 - \dfrac{h}{0.002}$

鋼球・超硬合金球圧子の場合　$HRB = 130 - \dfrac{h}{0.002}$

(a) 試験機各部の名称　　　　　　(b) 測定法

**図8**　**ロックウェル硬さ試験**

### 方法

1. 試料の材質により，BスケールまたはCスケールに相当する圧子とおもりを取り付ける。
2. 試料台を試験機に取り付け，試料台の上に試料を密着させておく。
3. 試料台を上げ，試料と圧子を接触させる。引き続いて試料を押し上げ，ダイヤルゲージの短針が初試験力標示点まで移動したら止める。このとき，長針は真上方向に対して，左右5目盛以内に入るようにする。これで初試験力98.07Nがかかっている。
4. ダイヤルゲージの目盛板を回転させ，目盛のsetの矢印を長針に一致させる。
5. 除負荷ハンドルを操作して，全試験力980.7Nまたは1471Nをかける。
6. ダイヤルゲージの長針が静止するまで待ってから，除負荷ハンドルを操作して全試験力を除く。

   **注** このとき，初試験力はそのままである。

7. ダイヤルゲージの長針が示す硬さを，0.2HR以下まで読み取る。
8. 測定が終わったら試料台を下げ，試料を試料台から取る。

### 結果のまとめ

1. ロックウェル硬さの数値は，0.2HR以下まで読み取る。
2. 硬さは，硬さ値，硬さ記号，試験力[N]の順に表示する。

   なお，球圧子を用いた場合の硬さ記号には，鋼球のときは"S"を，超硬合金球のときは"W"を追加する。

   （例）　1. Cスケールで硬さ値59のとき。

   　　　　　59HRC

   　　　2. Bスケールで超硬合金球を使用し，硬さ値が60のとき。

   　　　　　60HRBW

### 考察

1. Bスケール，Cスケールの選択が適切であったか検討してみよ。
2. 全試験力が適切であったかどうか確認してみよ。
3. この方法は製品の直接試験を行うのに適しているか。
4. ロックウェル硬さ試験の特徴をあげてみよ。
5. 試験機の構造を図解してみよ。

**ロックウェル硬さ測定結果**

| 試料 | スケール | 圧子 | 初試験力[N] | 全試験力[N] | 全試験力保持時間[s] | ロックウェル硬さ(HR) | | | |
|---|---|---|---|---|---|---|---|---|---|
| | | | | | | 1 | 2 | 3 | 平均 |
| | | | | | | | | | |

# 材料試験5　ショア硬さ試験

### 目　標

**1.** ショア硬さ試験機の原理・機能を理解する。

**2.** ショア硬さ試験の試料のつくり方を理解する。

**3.** ショア硬さ試験の方法を理解する。

**4.** 金属材料の硬さを知る。

### 使用機器・材料

**1.** ショア硬さ試験機

**2.** 試料，研磨布紙

### 準　備

1 試料の大きさや厚さが，JISと照合し適切であるかどうか確かめる。

2 試料の試験面を研磨布紙でみがき，さびや油などを除く。

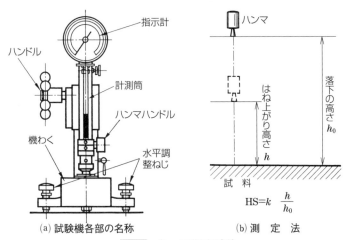

(a) 試験機各部の名称　　　(b) 測　定　法

$$HS = k\,\frac{h}{h_0}$$

**図9　ショア硬さ試験**

### 方　法

1 試験機の下げ振りをみながら，試験機の計測筒が垂直になるように調整する。

2 試料を試料台の上に置き，ハンドルを回して計測筒を下げ，試料に押し付けてそのまま手をゆるめない。

3 ハンマハンドルをカチッと音がするまで約半回転させると，計測筒内のハンマが落下して試料を打つ。

4 ハンマハンドルを静かに戻すと，ハンマのはね上がった高さにより，ショア硬さが指示計内の指針で示される。

5 ゲージの目盛は，原則として0.5目盛まで読み取る。

6 測定は数か所で行い，平均値を測定値とする。有効測定回数の標準は5回である。

## 結果のまとめ

ショア硬さは，硬さ値，硬さ記号の順に表示する。

　　（例）　25 HSC，50 HSD

　　　　　（試験機の形式　目測形C，指示形D）

　　　試験機の形式は省略してもよい。

　　（例）　25 HS，50 HS

## 考　察

**1.** 数回の結果を比較してみよ。

**2.** ショア硬さ試験の特徴をあげよ。

**3.** 試験機の操作上の要点は何か。

**4.** 同じ試料の硬さをほかの試験方法で測定し，換算表を使って比較せよ。

**5.** 試験機の構造を図解してみよ。

**ショア硬さ測定結果**

| 試料 | ショア硬さ(HS) | | | | | |
|---|---|---|---|---|---|---|
| | 1 | 2 | 3 | 4 | 5 | 平均値 |
| | | | | | | |

# 3 衝撃試験

## 1 概　要

　一般に，機械材料は，引張試験や硬さ試験のような静的な荷重を受けた場合と，衝撃力を受けた場合では，異なる性質を示す。たとえば，硬い材料ほど衝撃力に弱い傾向がある。衝撃力に対する材料の抵抗力を調べる試験が衝撃試験であり，材料の靭性を判断する。靭性が低いことを，脆性(もろさ)という。衝撃試験法にはシャルピー試験法とアイゾット試験法があるが，金属材料はシャルピー試験法で評価するのが一般的である。

## 2 シャルピー衝撃試験

　シャルピー衝撃試験は，試験片の一面にV字型やU字型のノッチ(切欠)を入れ，反対面に振りおろされたハンマを衝突させて試験片を曲げ破壊させ，材料の靭性を調べる試験である。シャルピー衝撃試験に関するJISは，次のように規定されている。

　　金属材料衝撃試験方法　JIS Z 2242:2018

　　シャルピー振り子式試験機の検証　JIS B 7722:2018

### 1 シャルピー試験機の構造

　シャルピー衝撃試験機は，図1のように，ハンマ・指針・置針・目盛板，ハンマ持上げ機構，試験片支持台・ブレーキなどからなっている。

　ハンマには，ハンマの質量，ハンマの重心までの距離，刃の中心までの距離が刻印されている。

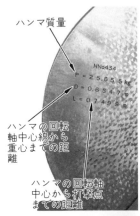
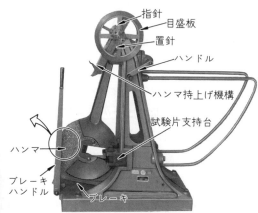

**図1　シャルピー衝撃試験機の構造**

## 2 シャルピー衝撃試験の原理

図2のように，ハンマで試験片に衝撃力を加えて，破断する方法が用いられている。図のように，試験片破断前のハンマのもつ位置エネルギー$E_1$と破断後のハンマのもつ位置エネルギー$E_2$の差から，失われたエネルギーを求め，これを破断するのに要したエネルギー(吸収エネルギー)と考える。

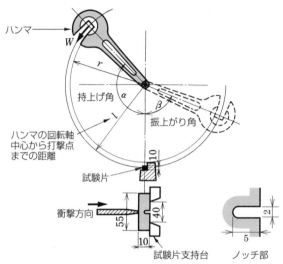

**図2** シャルピー衝撃試験の原理

試験片を破断するのに要したエネルギー$K$は，

$$K = E_1 - E_2 - L$$
$$= Wh_1 - Wh_2 - L = W(r - \cos\alpha) - W(r - \cos\beta) - L$$
$$= M(\cos\beta - \cos\alpha) - L \quad [\text{J}]$$

$K$：試験片を破断するのに要したエネルギー[J]

$E_1,\ E_2$：破断前と破断後のハンマのもつ位置エネルギー[J]

$h_1,\ h_2$：破断前と破断後のハンマの高さ[m]

$\alpha$：ハンマの持上げ角[°]

$\beta$：試験片破断後のハンマの振上がり角[°]

$M$：ハンマの回転軸周りのモーメント[N·m]

$M = Wr$[N·m]

$W$：ハンマの質量による負荷[N]

$r$：ハンマの回転軸中心から重心までの距離[m]

$L$：ハンマが運動中に失ったエネルギー[J]

**注** $K$の値をとくに詳しく必要としない場合，$L$は考えない。

# ③ 衝撃試験片

　金属材料衝撃試験片は，JIS Z 2242:2018に規定され，図3および図4に標準試験片の形状と寸法を示す。試験片は，ノッチ部の形状により衝撃値に影響があるので正しく製作しなければならない。

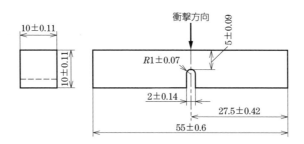

**図3**　衝撃試験片の形状（Uノッチ試験片）

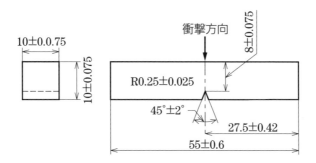

**図4**　衝撃試験片の形状（Vノッチ試験片）

# 材料試験6　シャルピー衝撃試験

### 目　標

1. シャルピー衝撃試験の原理を把握し，衝撃値の意味を理解する。
2. シャルピー衝撃試験機の構造を知り，試験方法を修得する。
3. おもな金属材料の衝撃値を知り，他の機械的性質との関係を調べる。

### 使用機器・材料

1. シャルピー衝撃試験機，試験片位置決め用ゲージ，ノギス・マイクロメータ
2. 試験片

### 準　備

1　試験片の材質，熱処理，形状の確認，各部の寸法を測定し，試験片ノッチ部(図5)の断面積$A\,[\mathrm{cm^2}]$を求める。

2　持上げ装置にハンマを確実につかませ，試験片が置けるまで持ち上げる。

　注　必要以上に持ち上げると危険である。

3　試験片のノッチ部が打撃の中央となるように，試験片位置決めゲージで試験片の位置を決め，受け台に密着させる。

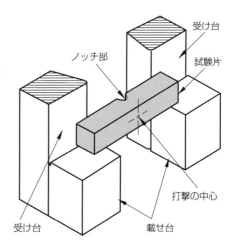

図5　試験片の位置

### 方　法

1　ハンマを試験機所定の持上げ角$\alpha\,[°]$まで徐々に持ち上げる。

2　ハンマが落下するとき，置針が動くように指針に密着させる。

3　支持レバーを押してハンマを落下させる。このときブレーキに接触しないように注意する。

4　ブレーキでハンマを徐々に制止する。

5　ハンマが試験片を破断したあとの振上がり角$\beta\,[°]$を，置針により読み取る。

　注　ハンマを持ち上げるときや振りおろすとき，周囲にじゅうぶん注意して事故防止につとめること。また，試験片が破断後に飛ぶことがあるから，ハンマの振りおろし方向に人がいないことを確かめること。

6　試験機に表示されている$W\,[\mathrm{N}]$，$r\,[\mathrm{m}]$，$\alpha\,[°]$の値を記録する。

### 結果のまとめ

**1.** 試験片の吸収エネルギーを，次の式から計算する。

$$K = W(r\cos\beta - \cos\alpha)$$

    $K$：試験片を破断するのに要したエネルギー[J]

    $W$：ハンマの質量による負荷[N]

    $r$：ハンマの回転軸の中心から重心までの距離[m]

    $\alpha$：ハンマの持上げ角[°]

    $\beta$：破断後のハンマの振上がり角[°]

**2.** 次式によって衝撃値(シャルピー吸収エネルギーをノッチ部の原断面で除した値)を計算し，結果は小数第1位に丸める。

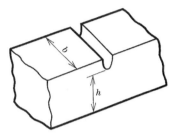

ノッチ部の原断面積[cm²]
$= b[\text{cm}] \times h[\text{cm}]$

**図6　ノッチ部の原断面積**

    衝撃値　$\rho = \dfrac{K}{A}\,[\text{J/cm}^2]$

      $K$：吸収エネルギー[J]

      $A$：ノッチ部の原断面積[cm²]

### 参　考

破面率を求める場合は，試験片を観察し(図7)次の式によって求める。

    脆性破面率　$B = \dfrac{C}{A} \times 100\,[\%]$

      $A$：破面の全面積[cm²]

      $C$：脆性破面の面積[cm²]

    延性破面率　$S = \dfrac{F}{A} \times 100\,[\%]$

      $A$：破面の全面積[cm²]

      $F$：延性破面の面積[cm²]

**図7　試験片の破面**

### 考　察

**1.** 試験片の破断面を観察してスケッチし，破面の特徴をとらえよ。

**2.** 同種の試験片で，持上げ角を変えて，試験結果を比較してみよ。

**3.** 鋼中の炭素量や熱処理によって衝撃値がどのように変化するか観察せよ。

**4.** 衝撃値と硬さとの間にはどのような関係があるか調べてみよ。

**シャルピー衝撃試験結果**

| 試験片 No. | 試験片寸法 断面積$A$ $= b \times h$ [cm²] | ハンマの質量による負荷 $W[\text{N}]$ | 中心から重心までの距離 $r[\text{m}]$ | 持上げ角 $\alpha[°]$ | 振上がり角 $\beta[°]$ | 吸収エネルギー $K[\text{J}]$ | 衝撃値 $\rho[\text{J/cm}^2]$ |
|---|---|---|---|---|---|---|---|
|  |  |  |  |  |  |  |  |

# 4 鋼の火花試験

 ## 概 要

　保管中の鋼材などで材種が不明な場合，それを活用するために鋼材の種類を知りたいときがある。このようなときに，短時間で簡易的に鋼材の種類を推定する方法として，火花試験が利用される。

　火花試験においては，鋼の化学成分によって研削盤で生じる火花の特徴が異なるため鋼種を推定することができる。

　なお，鋼の火花試験方法は，JIS G 0566:2022に規定されている。

 ## 試 料

### 1 試験品

　試験品は，鋼種を推定する材料のことで，脱炭層・浸炭層・窒化層・ガス切断層・スケールの有無をはっきりさせておく。これらの層があると，火花の放出のしかたが母材と異なるので鋼種の推定を誤るおそれがある。

### 2 標準試料

　標準試料は，化学成分がはっきりしているものでなければならない。また，試験品と同じ製造履歴のものがよいが，一般に，焼なましか焼ならしの状態がよい。

 ## 研 削

### 1 研削盤

　火花を発生させ，安全に研削や観察ができるものを使用する。

**a. 種類**　電動形・圧縮空気形，固定式・移動式のいずれでもよい。

**b. 砥石**　ビトリファイド砥石，粒度…36か46，結合度…PかQ，使用周速度…20 m/s以上とする。

### 2 研削方法

　試験品や標準試料と砥石の圧力は，一定にしなければならない。

火花の方向は，水平か，約30°斜め上方に放出させると観察がしやすい。また，観察は，前方に火花を飛ばして流線の後ろから観察する(見送り式)か，流線を横から観察する(傍見式)ようにする。

# ④ 火 花

## 1 火花の名称

火花には，図1に示すような名称がつけられている。

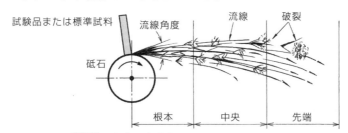

**図1** **火花の名称**(JIS G 0566:2022より)

## 2 火花の種類と特徴

鋼中の化学成分の種類・量・組み合わせによって火花の形に特徴がある。図2は，炭素鋼の火花の特徴，図3は，合金元素による火花の特徴を示したものである。

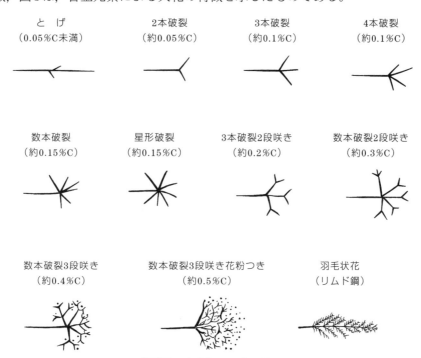

|とげ<br>(0.05%C未満)|2本破裂<br>(約0.05%C)|3本破裂<br>(約0.1%C)|4本破裂<br>(約0.1%C)|

数本破裂<br>(約0.15%C)　星形破裂<br>(約0.15%C)　3本破裂2段咲き<br>(約0.2%C)　数本破裂2段咲き<br>(約0.3%C)

数本破裂3段咲き<br>(約0.4%C)　数本破裂3段咲き花粉つき<br>(約0.5%C)　羽毛状花<br>(リムド鋼)

**図2** **炭素鋼の火花の特徴**

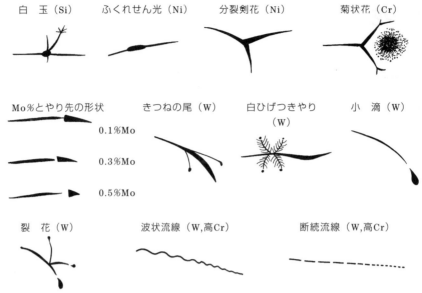

白玉（Si） ふくれせん光（Ni） 分裂剣花（Ni） 菊状花（Cr）

Mo%とやり先の形状 きつねの尾（W） 白ひげつきやり（W） 小滴（W）
0.1%Mo
0.3%Mo
0.5%Mo

裂花（W） 波状流線（W,高Cr） 断続流線（W,高Cr）

**図3** 合金元素による鋼の火花の特徴

 **鋼種の推定**

　試験品の火花について，火花の根本・中央・先端の流線(色・明るさ・長さ・太さ・数)，破裂(形・大きさ・数・花粉)の特徴をつかみ，火花のスケッチをする。根本でC(炭素)，Ni(ニッケル)を，中央の流線の明るさと花粉の形状や数によってC，Ni，Cr(クロム)，Si(ケイ素)を，先端では，流線の先の形状，色，破裂からC，Mo(モリブデン)，W(タングステン)，Crをみ分けることができる。このスケッチと標準試料の火花やスケッチ例とを比較して鋼種を判定する。

# 材料試験 7　鋼の火花試験

### 目　標

1. 鋼材の化学成分と火花の名称・形状などを調べ，その関連について理解する。
2. 火花を観察して鋼種を推測する方法を習得する。

### 使用機器・材料

1. 研削盤，保護めがね(無色)，ドレッサ
2. 標準試料，試験品

### 準　備

1　試験品の準備

① 履歴を調べる。

② 表面の脱炭層・浸炭層・窒化層・ガス切断層・スケールの有無を確認する。

注 試験は，内部の材質で行う。

2　研削盤の点検

① 砥石が規定のものか確認する。

② 砥石に傷・欠損・変形などがないことを確認する。

③ 砥石の取りつけ，安全カバーが確実であることを確認する。

④ 試験前に，1分以上試運転を行い，異常音や振動がないことを安全な位置で確認する。

⑤ ドレッシングを行う。

注 保護めがねを使用すること。

3　押し圧力の確認

0.2％Cの炭素鋼(S20C)で，火花が500mmくらいの長さになる押し圧力をつかむ。

注 保護めがねを使用すること。

### 方　法

1　試験品を研削して火花試験を行う。

① 火花は，水平または斜め上方に飛ばし，観察は原則として流線の後方または横から行う。

② 火花は，根本・中央・先端の各部分にわたり，次の項目にもとづいて注意深く観察する。

a) 流線(色・明るさ・太さ・数)

b) 破裂の特徴(形・大きさ・数・花粉)

c) 手ごたえ

注 風や直射光線が当たるときは，つい立てや暗幕などを用いて，この影響を防ぐ。

2　火花の状態をスケッチする。

3　標準試料の火花を観察する。

結果のまとめ

**1.** 試験品の名称・履歴などを記録する。

**2.** 火花のスケッチの特徴をまとめる。

**3.** スケッチ例や標準試料の火花と，試験品のスケッチを比較して，試験品の鋼種を判定する。

考 察

**1.** 標準試料を用いて,C[%]の増減によって炭素鋼の火花がどのように変化するか調べてみよ。

**2.** 同じようにして，炭素鋼と合金鋼との火花の特徴を調べてみよ。

**3.** このほかに火花試験は，どのようなものに利用できるか考えてみよ。

# 5 鋼の熱処理

## 1 概　要

　鋼はいろいろとすぐれた性質をもっているが，炭素量や加工の程度によってもその性質は変わる。さらに，加熱や冷却の操作によってより使用目的に適した性質を得ることができる。

　ここでは，熱処理によって生じる硬さや組織の変化から材料の性質がどのように変化したかを調べ，また，熱処理の方法について学ぶ。

## 2 熱処理炉

　熱処理炉は，目的によっていろいろな炉が使われている。実験室で使われる炉は，おもに抵抗式電気炉である。

### 1 電気炉

　電気炉は，温度調節が容易であり，また，炉内温度の分布が比較的均一であることなどの特徴がある。

**a. 電気炉の種類**　　図1に一般に実験用に使われる抵抗式電気炉を示す。抵抗式電気炉のうち発熱体が露出していないタイプをマッフル炉という。また，表面硬化を目的とする高周波熱処理炉などがある。

**b. 発熱体**　　発熱体には，ニクロムやタンタルなどの金属発熱体や，炭素や炭化けい素などの非金属発熱体が用いられている。

**図1　抵抗式電気炉**

**c. 温度調節装置**　　温度の調節には，温度を測定しながら精密な温度制御が可能な温度制御装置が使われる。温度制御装置には，ON-OFF制御型や自動制御型などがある。

**d. 熱電対**　　温度の測定には，熱電温度計がおもに使われている。熱電温度計に用いる熱電対は，二つの異なる金属線を接続して回路としたもので，二つの接合点の温度差によって，この回路に電流が流れるようになっている。このさいに発生する熱起電力は，両接合点の温度差と二つの金属の種類によって決まり，線の太さや長さには影響されない特徴がある。熱電対には，白金やロジウムといった融点の高い金属を使用した貴金属熱電対があり，それらは高温での使用に適している。

　表1はJISに定められている熱電対の種類の代表的なものを示す。R熱電対は貴金属熱電対の代表的なものであり，高温まで測定可能かつ精度がよく，ばらつきや劣化が少ないため，標準熱電対として利用されている。K熱電対は温度と熱起電力の関係が直線的であり，実用的な測定温度範囲であることから最も広く使われている。

表1　熱電対の種類（抜粋）

| 記号 | 構成材料 | | 素線径 [mm] | 常用温度 [℃] |
| --- | --- | --- | --- | --- |
| | ＋　脚 | －　側導体 | | |
| R | ロジウム(Rh)13％を含む白金 (Pt)ロジウム合金 | 白金(Pt) | 0.50 | 1400 |
| K | ニッケル(Ni)およびクロム (Cr)を主とした合金 | ニッケル(Ni)およびアルミニ ウム(Al)を主とした合金 | 3.20 1.60 | 1000 850 |
| J | 鉄(Fe) | 銅(Cu)およびニッケル(Ni)を 主とした合金 | 3.20 1.60 | 600 500 |
| T | 銅(Cu) | 銅(Cu)およびニッケル(Ni)を 主とした合金 | 1.60 | 300 |

注. ＋脚とは，熱起電力をはかる計器の＋端子へ接続すべき脚をいい，反対側のものを－脚という。

（JIS C 1602:2015 による）

#  熱処理条件の選定

熱処理炉を行う場合，目的に応じて，加熱温度・加熱速度・保持時間・冷却方法を検討・選択する必要がある。

## 1 加熱温度

図2に，炭素鋼の加熱温度範囲を記したFe-C系状態図の一部を示す。炭素鋼の加熱温度は変態点に着目し，一般に，焼なまし・焼入れでは$A_3 \sim A_1$以上，焼ならしではAcm以上とし，焼戻しでは$A_1$以下としている。

たとえば，機械構造用炭素鋼鋼材(S-C材)は，炭素量が0.20〜0.55％程度のものがよく使われている(表3参照)が，状態図のとおり炭素量によって$A_3$温度が異なるため，適切な加熱温度を選定するように注意する。

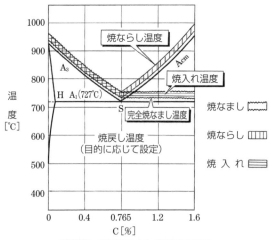

図2　炭素鋼の加熱温度範囲

## 2 加熱速度

　加熱速度が速すぎると，変態するために必要な時間が足りないため変態が不完全となることがあるので注意する。また，試料の大きさが大きいとき内部の温度上昇が遅れることもある。一般に，高周波焼入れは加熱速度が速い。

## 3 保持時間

　設定温度での保持時間は，上述の理由により試料が大きいほど長くする必要がある。炭素鋼を焼き入れするときの保持時間の計算例を式(7)に示す。

$$炉内昇温保持時間[min] = 20 + \frac{直径D[mm]}{2} \tag{7}$$

## 4 冷却剤

　冷却速度は熱処理後の機械的性質に大きな影響を及ぼす。それぞれ目的に応じた冷却速度により冷却剤を使い分ける。冷却剤としては，水・油・空気・塩浴などが用いられる。焼き入れるための急冷としては，水冷・油冷がある。このほか空気中に放置して冷やす空冷や，徐冷として熱源を断った炉の中に放置してゆっくり冷やす炉冷などがあり，冷却速度は次のような序列である。

水冷　＞　油冷　＞　空冷　＞　徐冷

表2は冷却剤の冷却能力を比較したものである。

表2　冷却剤の冷却能力

| 焼入剤または鋼材の動かしかた | | 冷却能力 | | | |
|---|---|---|---|---|---|
| 焼入剤 | 鋼材 | 空気 | 油 | 水 | 食塩水 |
| 静止 | 静止 | 0.02 | 0.3 | 1.0 | 2.2 |
| 静止 | 中程度に動かす | | 0.4～0.6 | 1.5～3.0 | |
| 静止 | 激しく動かす | | 0.6～0.8 | 3.0～6.0 | 7.5 |
| 激しく動かすかまたは噴射 | | | 1.0～1.7 | 6.0～12.0 | |

注. 焼入剤・鋼材とも静止した水の場合を1.0とする。

## 5 熱処理操作

**a.焼入れ**　　図3に焼入れするさいの温度と時間の関係を示す。鋼を，A₃線またはA₁線から30～50℃高い焼入れ温度に加熱保持後急冷を行う。炭素鋼には水冷，合金鋼には油冷が一般に行われている。水焼入れのときは水の振動音(水鳴り)が止まるとき，油焼入れのときは付着した油に火がつかない程度のときに引き上げて空中放冷する。

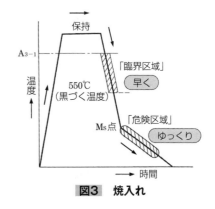

図3　焼入れ

　焼入れのこつは，臨界区域はパーライト変態しないように早く冷却し，危険区域は焼割れなどを防ぐために ゆっくり冷却することである。危険区域では，焼きがはいって体積が膨張変化をはじめ，焼割れ・曲がりが発生する温度範囲であり，この区域をゆっくり冷却することが重要である。

表3　炭素量区分による標準機械的性質と

| 記号 | 主要化学成分[%] | | 変態温度 [℃] | | 熱 処 理[℃] | | |
|---|---|---|---|---|---|---|---|
| | C | Mn | 加熱 $A_c$ | 冷却 $A_r$ | 焼ならし (N) | 焼なまし (A) | 焼入れ (H) |
| S10C | 0.08 ～ 0.13 | 0.30 ～ 0.60 | 720 ～ 880 | 850 ～ 780 | 900 ～ 950 空 冷 | 約900 炉 冷 | ― |
| S09CK | 0.07 ～ 0.12 | 0.30 ～ 0.60 | 720 ～ 880 | 850 ～ 780 | 900 ～ 950 空 冷 | 約900 炉 冷 | 1次880～920油(水)冷 2次750～800水　冷 |
| S12C S15C | 0.10 ～ 0.15 0.13 ～ 0.18 | 0.30 ～ 0.60 0.30 ～ 0.60 | 720 ～ 880 | 845 ～ 770 | 880 ～ 930 空 冷 | 約880 炉 冷 | ― |
| S15CK | 0.13 ～ 0.18 | 0.30 ～ 0.60 | 720 ～ 880 | 845 ～ 770 | 880 ～ 930 空 冷 | 約880 炉 冷 | 1次870～920油(水)冷 2次750～800水　冷 |
| S17C S20C | 0.15 ～ 0.20 0.18 ～ 0.23 | 0.30 ～ 0.60 0.30 ～ 0.60 | 720 ～ 845 | 815 ～ 730 | 870 ～ 920 空 冷 | 約860 炉 冷 | ― |
| S20CK | 0.18 ～ 0.23 | 0.30 ～ 0.60 | 720 ～ 845 | 815 ～ 730 | 870 ～ 920 空 冷 | 約860 炉 冷 | 1次870～920油(水)冷 2次750～800水　冷 |
| S22C S25C | 0.20 ～ 0.25 0.22 ～ 0.28 | 0.30 ～ 0.60 0.30 ～ 0.60 | 720 ～ 840 | 780 ～ 730 | 860 ～ 910 空 冷 | 約850 炉 冷 | ― |
| S28C S30C | 0.25 ～ 0.31 0.27 ～ 0.33 | 0.60 ～ 0.90 0.60 ～ 0.90 | 720 ～ 815 | 780 ～ 720 | 850 ～ 900 空 冷 | 約840 炉 冷 | 850 ～ 900水　冷 |
| S33C S35C | 0.30 ～ 0.36 0.32 ～ 0.38 | 0.60 ～ 0.90 0.60 ～ 0.90 | 720 ～ 800 | 770 ～ 710 | 840 ～ 890 空 冷 | 約830 炉 冷 | 840 ～ 890水　冷 |
| S38C S40C | 0.35 ～ 0.41 0.37 ～ 0.43 | 0.60 ～ 0.90 0.60 ～ 0.90 | 720 ～ 790 | 760 ～ 700 | 830 ～ 880 空 冷 | 約820 炉 冷 | 830 ～ 880水　冷 |
| S43C S45C | 0.40 ～ 0.46 0.42 ～ 0.48 | 0.60 ～ 0.90 0.60 ～ 0.90 | 720 ～ 780 | 750 ～ 680 | 820 ～ 870 空 冷 | 約810 炉 冷 | 820 ～ 870水　冷 |
| S48C S50C | 0.45 ～ 0.51 0.47 ～ 0.53 | 0.60 ～ 0.90 0.60 ～ 0.90 | 720 ～ 770 | 740 ～ 680 | 810 ～ 860 空 冷 | 約800 炉 冷 | 810 ～ 860水　冷 |
| S53C S55C | 0.50 ～ 0.56 0.52 ～ 0.58 | 0.60 ～ 0.90 0.60 ～ 0.90 | 720 ～ 765 | 740 ～ 680 | 800 ～ 850 空 冷 | 約790 炉 冷 | 800 ～ 850水　冷 |
| S58C | 0.55 ～ 0.61 | 0.60 ～ 0.90 | 720 ～ 760 | 730 ～ 680 | 800 ～ 850 空 冷 | 約790 炉 冷 | 800 ～ 850水　冷 |

**質量効果**

［参考文献：日本鉄鋼協会編「鋼の熱処理」(1969)］

| 焼　戻　し [H] | 熱処理 | 機　械　的　性　質 | | | | | | |
|---|---|---|---|---|---|---|---|---|
| | | 降伏点 [MPa] | 引張強さ [MPa] | 伸び [%] | 絞り [%] | 衝撃値(シャルピー) [J/cm²] | 硬さ [HBW] | 有効直径 [mm] |
| — | N | 206以上 | 314以上 | 33以上 | — | — | 109～156 | — |
| | A | — | — | — | — | — | 109～149 | — |
| 150～200空冷 | A | — | — | — | — | — | 109～149 | — |
| | H | 245以上 | 392以上 | 23以上 | 55以上 | 137以上 | 121～179 | — |
| — | N | 235以上 | 393以上 | 30以上 | — | — | 111～167 | — |
| | A | — | — | — | — | — | 111～149 | — |
| 150～200空冷 | A | — | — | — | — | — | 111～149 | — |
| | H | 343以上 | 490以上 | 20以上 | 50以上 | 118以上 | 143～235 | — |
| — | N | 245以上 | 402以上 | 28以上 | — | — | 116～174 | — |
| | A | — | — | — | — | — | 114～153 | — |
| 150～200空冷 | A | — | — | — | — | — | 114～153 | — |
| | H | 392以上 | 539以上 | 18以上 | 45以上 | 98.1以上 | 159～241 | — |
| — | N | 265以上 | 441以上 | 27以上 | — | — | 123～183 | — |
| | A | — | — | — | — | — | 121～156 | — |
| 550～650急冷 | N | 284以上 | 471以上 | 25以上 | — | — | 137～197 | — |
| | A | — | — | — | — | — | 126～156 | — |
| | H | 333以上 | 539以上 | 23以上 | 57以上 | 108以上 | 152～212 | 30 |
| 550～650急冷 | N | 304以上 | 510以上 | 23以上 | — | — | 149～207 | — |
| | A | — | — | — | — | — | 126～163 | — |
| | H | 392以上 | 569以上 | 22以上 | 55以上 | 98.1以上 | 167～235 | 32 |
| 550～650急冷 | N | 324以上 | 539以上 | 22以上 | — | — | 156～217 | — |
| | A | — | — | — | — | — | 131～163 | — |
| | H | 441以上 | 608以上 | 20以上 | 50以上 | 88以上 | 179～255 | 35 |
| 550～650急冷 | N | 343以上 | 569以上 | 20以上 | — | — | 167～229 | — |
| | A | — | — | — | — | — | 137～170 | — |
| | H | 490以上 | 686以上 | 17以上 | 45以上 | 78以上 | 201～269 | 37 |
| 550～650急冷 | N | 363以上 | 608以上 | 18以上 | — | — | 179～235 | — |
| | A | — | — | — | — | — | 143～187 | — |
| | H | 539以上 | 735以上 | 15以上 | 40以上 | 69以上 | 212～277 | 40 |
| 550～650急冷 | N | 392以上 | 647以上 | 15以上 | — | — | 183～255 | — |
| | A | — | — | — | — | — | 149～192 | — |
| | H | 588以上 | 785以上 | 14以上 | 35以上 | 59以上 | 229～285 | 42 |
| 550～650急冷 | N | 392以上 | 547以上 | 15以上 | — | — | 183～255 | — |
| | A | — | — | — | — | — | 149～192 | — |
| | H | 588以上 | 785以上 | 14以上 | 35以上 | 59以上 | 229～285 | 42 |

マルテンサイト化のはじまる温度$M_S$点は，鋼の化学成分によって決まる。

注 冷却剤の取り扱い
　1）　水の場合は，くみ置きの水を使い，焼入れでは水温を25℃以下に保つようにするとよい。水温が約30℃を超えると冷却能力が低下するので，水温の上昇に注意する。水の冷却能力は攪拌することにより増加する。また，塩分がはいると冷却能力が増加する。
　2）　焼入れに使う油の温度は60〜80℃が適温で，一般に石油系の油が使われている。

**b.焼戻し**　　一般に焼き入れた鋼は硬すぎて脆いので$A_1$線以下の適当な温度に再加熱して，その温度で一定の時間保持したのちに急冷などの適切な速度で冷却し靭性をもたせる。

**c.焼ならし**　　鋼を$Ac_3$線または$A_{cm}$線から30〜50℃高い温度に加熱保持後，空中放冷（空冷）によって行う。

**d.焼なまし**　　鋼を$A_3$線または$A_1$線以上30〜50℃に加熱後徐冷（炉冷）する。とくに，550℃まではごくゆっくり冷却する必要がある。そのあとは，炉から取り出して空冷・水冷してもよい（二段焼なまし）。焼なまし温度から常温まで徐冷するのを完全焼なましという。

　図4に焼なまし，焼戻しの加熱〜冷却の操作例を図示する。

　表3（p.58, 59）に機械構造用炭素鋼鋼材の一部について熱処理条件を示す。

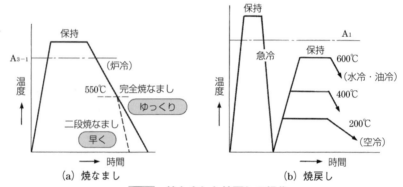

**図4　焼なましと焼戻しの操作**

# 材料試験8　鋼の焼入れ・焼戻し

## 目　標

1. 鋼の性質・組織が，熱処理によってどのように変化するかを調べる。
2. 熱処理の方法や条件について調べる。
3. 熱処理炉の構造や取り扱いについて習得する。

## 使用器表・材料

1. 熱処理炉，温度計，硬さ試験機，金属顕微鏡
2. 試料，冷却剤，研磨布紙，エッチング液など

## 準　備

1 材質を確認し，適当な大きさ・形状を考えて準備する。
2 試料の硬さや組織について調べて記録しておき，試料番号を刻印する。
3 材質や形状から熱処理の条件を決める。一般には，JISに規定されている場合が多い。

## 方　法

1 試料を熱処理炉に入れて加熱する。
2 規定温度まで上昇したら，一定時間その温度を保つ。
3 試料を取り出して，あらかじめ計画した冷却を行う。
　　a.水冷，　b.油冷，　c.空冷，　d.炉冷（炉の中で徐冷する）
4 焼戻しを行う試料は，水冷後，再度焼戻し温度まで加熱して冷却する。
5 水冷・油冷の場合は，試料で冷却剤を撹拌するようにして冷却する。

## 結果のまとめ

1. 熱処理の名称，加熱温度，昇温・保持時間，冷却法，冷却剤温度などを記録する。
2. 熱処理後の硬さや組織を調べる。組織はスケッチまたは写真撮影する。→**材料試験9**へ

## 考　察

焼入れ後の硬さを材料の種類別にグラフにかいてみよ。

**鋼の焼入れ結果**

| | 熱処理前 | 焼入れ後 | | 焼戻し後 | |
|---|---|---|---|---|---|
| 熱処理条件等 | 材料名： | 焼入れ温度[℃] | | 焼戻し温度[℃] | |
| | | 保持時間[s] | | 保持時間[s] | |
| | | 冷却剤 | | 冷却剤 | |
| | | 冷却剤温度[℃] | | 冷却剤温度[℃] | |
| 硬さ(HR) | | | | | |

# 6 金属組織観察

## ① 概　要

　金属の組織を調べることによって，金属の種類，熱処理や加工の状態を知ることができ，機械的性質の理由を調べることができる。

　ここでは，光学顕微鏡の一つである金属顕微鏡を使って金属組織を調べる方法を学ぶ。

## ② 金属顕微鏡の構造

### ■1 金属顕微鏡の種類

　金属材料は，光が透過しないので，光線を試料面に当て，反射させて組織を検鏡する方法がとられる。金属顕微鏡には，鏡筒の構造によってふつうの顕微鏡のように試料を下に置いて観察面を上向きにするものと，図1のように試料を上に置いて観察面を下向きにする倒立形とがある。光の経路は右側の図のようになる。倒立形のメリットは試料の観察面と裏面が平行でなくとも観察できる点にある。

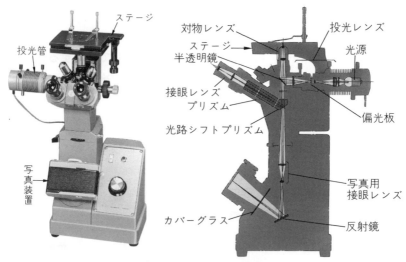

**図1　金属顕微鏡の構造**

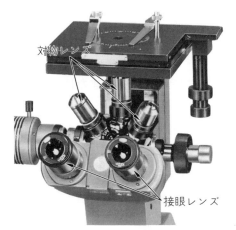

対物レンズ

接眼レンズ

**図2　対物レンズと接眼レンズ**

# ③ 試　料

## ■ 試料の採取

　金属試料全体の組織が均一であるとはかぎらないので，どの部位から試料を採取するかと，さらにどの部分を観察するかが重要である。

**a. 鋳造材**　　冷却の方向と速さの差，または位置による組織の差が大きい。たとえば，表面近くや薄肉部などは急冷され，厚肉部は徐冷されていることなどを考え，採取位置をあきらかにする。

**b. 鍛造・展伸材**　　組織は比較的均一であるが，方向性をもっていることが多いので，採取の方向に注意する。一般に長手の縦断面がよい。

**c. 熱処理した材料**　　試料の大小によって熱処理効果が違う場合がある。とくに大きい材料では，組織が表面と内部で異なる場合があるので，どの部分ではどのような組織であるかを確認する。

## ② 試料面の大きさ

　試料面の大きさは，1辺または直径が20 mm程度がよい。そのままでは，試料面が研磨できないような小さな試料を観察するときは，樹脂材などに埋め込んで取り扱いやすいようにする。図3はその例である。

試料

樹脂材

**図3　埋め込んだ試料**

## ③ 試料の切断

　試料の切断は，金のこか機械のこでもよいが，硬い材料には旋削や研削切断，放電切断などによって行われる。

　切断のときには，加工にともなう加熱によって切断面付近の組織変化やひずみが生じないように，じゅうぶんに冷却剤を与える。

**試料の研磨**

## 1 粗研磨

**a. やすりなどによる研磨**　　切断した試料は，必要に応じてやすりまたはグラインダで成形する。このとき，過熱による組織の変化を避けるように注意する。

　観察面は平面にする。また試料の外皮部を調べる以外は，試料の角を面取りすると次の作業がしやすい。

**b. 研磨布紙による研磨**　　研磨布紙は表1のようにさまざまな粒度のものがあり，粒度の数字が大きくなるほど微粉になる。試料は粗い研磨布紙から順次細かい研磨布紙で研磨するようにする。粒度の表示方法は粒度を表す数字の前にPを付けて示す。

**表1　研磨布紙の粒度の例**

| 区分 | 粒度の種類(抜粋) |
|---|---|
| 粗粒 | P60，P80，P100，P120，P150，P180，P220 |
| 微粉 | P240，P280，P320，P360，P400，P500，P600，P800，P1000，P1200，P1500，P2000，P2500 |

(JIS R 6010:2000 より作成)

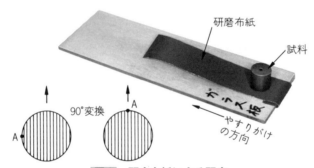

**図4　研磨布紙による研磨**

　研磨布紙による研磨の方法は，図4のようにガラス板の上に研磨布紙を置いて，試料の観察面を下にして試料を動かすことで行う。この場合，次のような点に注意する。

1)　粒度の数値の小さい研磨布紙からはじめる，たとえばP80→P120→P240→P600→P1000→P1500のように交換して進める。途中で研磨布紙の順序を大幅に省略すると，かえって手間がかかる。ただし軟質金属では，さらに省略してもよい場合がある。

2)　研磨は一方向にのみ行い，まえの条こんが消えたら次に移る。次に移るときは，まえの条こんの方向に対し90°方向を変えて行う。

3)　次に移るときに，まえの砥粒を水洗いなどでじゅうぶんに取り去る。

4)　平面になるように細心の注意をはらう。面に凹凸があると，観察のときに焦点が合いにくく観察ができない。

5)　研磨面が過熱しないように適度な力と速度で研磨する。

## ❷ バフ研磨による表面仕上げ

　研磨布紙による研磨の次に，観察面を図5のような試料研磨機を使ってバフ研磨を行い鏡面にする。試料研磨機は，回転テーブルにフェルトなどの研磨布を張って使うもので，その上に微粉末の研磨材(表2)の水溶液を滴下しながら，観察面を当てて研磨する。

　仕上げ研磨にあたっては次のことに注意する。

1)　研磨機のテーブルの回転速度は，硬質の試料ほど大きくする。

2)　研磨材は，粗仕上げで粗く，最終仕上げで細かくする。研磨布も粗仕上げ用には粗目のものを，最終仕上げでは良質の布を張って使い分ける。

3)　粗研磨では，研磨液の濃度を高めにし，強く押し付ける。最終仕上げでは，研磨液の濃度を薄くし，軽くまたは試料の重さだけで押し付ける。

4)　研磨液の滴下量に注意する。少ないと摩擦で試料面が加熱され，面に酸化皮膜ができる。また多いと鏡面にならない。

5)　試料面の研磨は，試料を回転させながら行う。

6)　試料面には手を触れないようにし，油気にはとくに注意する。

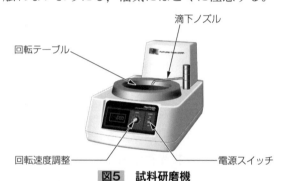

**図5　試料研磨機**

**表2　研磨材の例**

| 種　　類 | 記　号 | 用　　　　途 |
|---|---|---|
| 酸　化　鉄 | $Fe_2O_3$ | 鋼および鋳鉄など |
| 酸化マグネシウム | MgO | マグネシウムおよびアルミニウムなどの軟質金属およびその合金 |
| 酸化アルミニウム | $Al_2O_3$ | 一般用 |

## ❸ 化学研磨(エッチング)

　バフ研磨による表面仕上げの次に，研磨面をエッチング液(腐食液)で化学研磨させて組織を現出させる。

1)　異なった相(たとえば鋼の場合のフェライトとパーライト)では，化学研磨されにくい相(フェライト)と化学研磨されやすい相(パーライト)があるので区別される。

2)　樹枝状組織などでは，エッチング液の濃度が違うと，同じ相でも化学研磨の程度が異なる。

3)　結晶粒の方向(塑性変形の場合なども含む)により化学研磨の度合いが違い，濃淡ができる。同一組織でありながら結晶粒間にいろいろの相異がみられるのは，このためである。

4)　結晶粒界は，早く化学研磨されやすいので，結晶粒が見分けられる。

表3は，よく使われるエッチング液の例である。

**表3　エッチング液の例（鉄鋼材料用）**

| 腐　食　液 | 成　　　分 | 備　　　考 |
|---|---|---|
| 硝酸アルコール溶液（ナイタル） | 濃　硝　酸　　2〜5mL<br>エタノール　　　100mL | パーライトおよびフェライトの結晶粒界をあきらかに示す。<br>一般的によく使われる。<br>腐食時間数秒〜1分 |
| ピクリン酸アルコール溶液 | ピクリン酸　　　　　4g<br>アルコール　　　100mL | 硝酸アルコール溶液に比べてエッチング作用が遅く，微細な組織が現れる。<br>腐食時間数秒〜数分 |
| ピクリン酸ソーダ溶液 | ピクリン酸　　　　　2g<br>カセイソーダ　　　25g<br>（水酸化ナトリウム）<br>水を加えて100mLとする | セメンタイトなどの炭化物がエッチングされる。<br>腐食時間5〜10分（煮沸） |

# 金属顕微鏡の取り扱いと観察

## 1 金属顕微鏡の取り扱い

**a.顕微鏡の設置**　　顕微鏡は，取り扱い中に動かないようにくふうする。次にコード類・投光管が取り付けられていることを確認し，対物レンズを取り付ける。

**b.電源**　　電圧切換えハンドルにより，電源を入れる。

**c.光源**　　ハロゲン電球またはLEDが一般的である。光源による照明むらができやすいので，光源は正しい位置に調整する。調整は，投光管の視野絞りを全開にして，接眼レンズを取り付けてない鏡筒により，電球が中心にあるかを確認し，中心にないときは，光源心出しで調節する。ピントグラスがあるときは，これを使う。このとき，ステージに試料または鏡筒のふたなどを載せる。

**d.明るさの調整**　　明るさは，明るさ絞りにより調節する。

　絞っていくと暗くなるが鮮鋭度が増す。しかし，絞り過ぎると鮮鋭度が悪くなるので，最も鮮鋭度のよいところへ調整する。反射鏡のあるものは，視野絞りを調整したのち，反射鏡により調整する。

**e.視野の調整**　　視野絞りにより行う。

　絞り込んでいくと有害反射光線をさえぎり，コントラストが増してくるので，最も適切なところまで調整する。

**f.焦点の調整**　　焦点の調整は，粗動ハンドルと微動ハンドルで行う。

　一般には，調節のめやすがあるので，その近辺で焦点を合わせる。対物レンズには×10を使い，横から見ながら試料にすれすれに近づけ，接眼レンズをのぞきながら徐々に粗動ハンドルを回しながら離していき，焦点を合わせる。

以後，複数の対物レンズを取り付けたレボルバで目的の高倍率対物レンズに換え，微動ハンドルで調整する。焦点が合うところでは視野が最も明るくなる。

**g. ステージの調整**　一般にXYステージとして操作できるようになっているので，操作して目的の観察部分をさがす。

### 2 観察

**a. 倍率の決め方**　表4をめやすにして倍率を決める。

レボルバを回して対物レンズを随時切り替えて観察する。高倍率の観察をするときは100倍近い対物レンズを用いることもあるが，画質が必ずしもよくないので，50倍程度の対物レンズを使ったほうが良い場合もある。接眼レンズは，画質にほとんど関係なく，対物レンズで解像した像を拡大するだけの性能である。このため画質の劣る対物レンズに倍率の大きい接眼レンズを組み合わせても画質は向上しない。たとえば，対物レンズ×40と接眼レンズ×20の組み合わせと対物レンズ×100と接眼レンズ×8では，総合倍率は同じであるが，画質の点では後者のほうがすぐれている。

**b. フィルタ**　長時間観察するときや，明るい試料のときはフィルタを用いる。

表4　倍率の決め方

| 常用倍率 | 使用対物レンズの倍率 | 観　察　目　的 | 例 |
|---|---|---|---|
| 100〜200倍 | ×10〜30 | 概観的に観察 | 黒鉛，非金属介在物の分布，フェライトとパーライトの混合状況など |
| 300〜500倍 | ×30〜50 | 微細組織の観察 | 熱処理組織，炭化物の分布，鋳鉄のパーライトの状況 |
| 500倍以上 | ×60〜100 | 極微細組織の観察 | 粒内に析出した微細炭化物など |

**c. 観察の方法**　最初は低倍率にて全体の観察をし，その後高倍率にて細部の観察をする。また，スケッチする場合は，両眼を開いて，左の眼で観察し，右眼でスケッチする。

 ## 6 顕微鏡写真撮影

### 1 顕微鏡写真撮影装置（カメラ）

組織写真の撮影にあたってはカメラに関連する装置や機構の調整を行う。

**a. カメラ**　金属顕微鏡においてもデジタルカメラの利用が進んでいる。カメラ専用の光路に取り付けるのが一般的であるが，接眼レンズに取り付けるタイプもある。鏡筒にカメラを取りつける装置では，視度調整用として十字線があるので，鮮明にみえるように調整してから焦点を合わせる。

**b. PCとの連携**　PCとの連携で撮影可能な顕微鏡システムの場合，専用のUSBカメラを接続したPCにおけるソフトウエアにて写真撮影操作を行う。この場合は，スケールバーが付加されるように設定する。写真にスケールバーが付加されていれば，その後の写真の引き伸ばしなどにも対応できるので，とくに顕微鏡倍率を示す必要は必ずしもない。

# 材料試験 9　金属組織観察

実習

## 目　標

1. 金属の組織を実際に観察して，その組織を調べ，金属組織について理解する。
2. 金属組織と熱処理，加工状況，機械的性質などの関連を調べる。
3. 試料のつくり方および金属顕微鏡の取り扱いについて習得する。

## 使用器表・材料

1. 金属顕微鏡，金属顕微鏡写真装置とその材料，研磨布紙とガラス板，研磨バフ布
2. 試料

## 準　備

1　試料を採取する。試料が用意されているときはそれを使う。

2　観察面を鏡面仕上げする。

① 粗研磨を行う。やすり・グラインダ等で表面を一様に仕上げる。

② 観察面の研磨を行う。研磨布紙の粒度を変えながら平面に研磨する。

③ 仕上げ研磨を行う。バブ研磨機により鏡面に仕上げる。

3　試料を腐食する。

① 試料の材質，観察目的に合わせてエッチング液(腐食液)を選び，化学研磨を行う。

4　金属顕微鏡の準備

① コード類・投光管・対物レンズなどを取り付け，金属顕微鏡を準備する。

② ランプの心出し，明るさ・視野などの調整をする。

## 方　法

1　観察

① 低倍率で全体を観察し，順次高倍率にして細部まで観察する。

② 観察しながらスケッチする。

③ いろいろな試料について観察し，比較をしてみる。

2　顕微鏡写真撮影

① 写真撮影装置(カメラ等)を取り付ける。

② 光源の調整およびフィルタを取り付ける。

③ 撮影条件を決める。

④ 写真撮影を行う。ミクロスケールを撮影した同じ倍率の写真をもとにスケールバーを付加するとよい。PCと連携するシステムであればスケールバーを付加する。

**材料試験8**とあわせて，金属組織観察についての結果を次のような項目にまとめる。

① 観察日時　　② 温度・湿度　　③ 使用機器　　④ エッチング液とエッチング時間　　⑤ 試験片の番号・寸法・熱処理など　　⑥ 組織のスケッチまたは顕微鏡写真（試料の番号，対物・接眼レンズ，総合倍率，フィルタ，など）。

### 考　察

**鋼の焼入れ結果**

| | 熱処理前 | 焼入れ後 | | 焼戻し後 | |
|---|---|---|---|---|---|
| 熱処理条件等 | 材料名： | 焼入れ温度 [℃] | | 焼戻し温度 [℃] | |
| | | 保持時間[s] | | 保持時間[s] | |
| | | 冷却剤 | | 冷却剤 | |
| | | 冷却剤温度 [℃] | | 冷却剤温度 [℃] | |
| 硬さ (HR) | | | | | |
| エッチング液 | | | | | |
| 組織図 | | | | | |

次のような事項について検討してみよ。

**1.** 試料の組織を参考となる組織写真などと比較して，推定してみよ。

**2.** 鋼の炭素量と硬さおよび組織の関係をまとめてみよ。

**3.** 組織および結晶粒(形・大きさ・分布など)について特徴をまとめてみよ。

**金属顕微鏡による鋼の組織写真**

図6に鋼の標準組織を，図7に焼入れした鋼の組織の組織写真の例を示す。

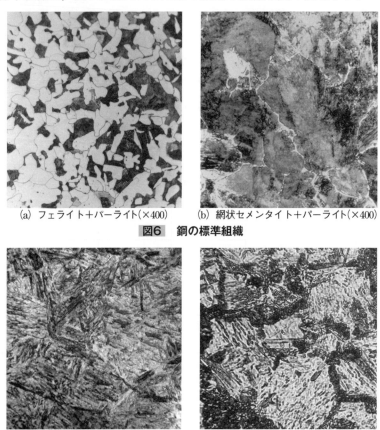

(a) フェライト＋パーライト(×400)　　(b) 網状セメンタイト＋パーライト(×400)

**図6　鋼の標準組織**

(a)マルテンサイト（×600）　　(b)マルテンサイト＋微細パーライト
(×600)

**図7　鋼の焼入れ組織**

# 第12章

# 工作測定

////////////////////////////////////////////

　工作測定とは，加工中または加工後の部品や完成品を測定し，寸法，形状，面の凹凸などが目標とした品質標準のとおりにできているか，製品の良否を検査することである。工作測定は工業生産において重要であり，加工品質の向上や生産性の向上に欠くことのできない工程である。

　この章では，機械工作・機械実習で学習した内容をふまえ，代表的な測定機器・装置を使用して実習を行い，工作測定の技術を深めることとする。

# 1 ノギスによる長さ測定

## ① 概　要

　機械工作で行う測定は，おもに長さの測定で，なかでもスケール・ノギス・マイクロメータで測定することが多い。これらの測定機器は基準となる尺度目盛をもつもので，直接測定を行うことができる。ここでは，一般に広く使われているノギスによる長さ測定を取り上げる。

## ② ノギスの種類とバーニヤの使い方

### 1 ノギスの種類

　ノギスは，パスとスケールを組み合わせた測定器であり，図1に示すM形は最も広く利用されているものである。スライダは，本尺に沿って滑り動くようになっている。目盛は，本尺とスライダに刻まれたバーニヤ（副尺）にあり，1mm以上の寸法は本尺で読み，1mm未満の寸法はバーニヤで読み取ることができる。

　ノギスには，JIS B 7507:2016によりM形ノギスとCM形があり，CM形はM形のスライダに微動送りを加えたものである。また，バーニヤのかわりに測定値を指針で読み取るダイヤル付きのノギスや，ディジタルカウンタで読み取るディジタル式ノギスなどがある。

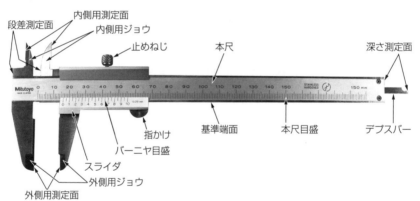

**図1**　M形ノギス各部の名称

### 2 バーニヤの使い方

　図2のように，ジョウを合わせたときには、本尺の目盛0とバーニヤの目盛0が一致している。本尺の目盛は，1mmごとに刻まれていて，バーニヤの目盛は，本尺の39目盛，すなわち39mmを20等分してある。

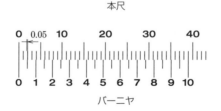

**図2**　ノギスのバーニヤと本尺の1目盛の差

したがって，本尺の2目盛とバーニヤの1目盛の差は，次のようになっている。

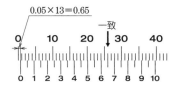

$$2\,\mathrm{mm} - \frac{39}{20}\,\mathrm{mm} = \frac{1}{20}\,\mathrm{mm}\,(0.05\,\mathrm{mm})$$

↑　　　　　↑
本尺の2目盛　　バーニヤの1目盛

**図3　ノギスの目盛の読み取り例**

一例として，図3のようにスライダをわずかに動かして，バーニヤの13目盛と本尺の26目盛が一致したときの寸法は，$0.05\,\mathrm{mm} \times 13 = 0.65\,\mathrm{mm}$である。

 ## ノギスによる各種の測定

ノギスによる測定は次の各種方法がある。

**a. 外側測定**　　外側用ジョウを使って図4(a)のように測定物をジョウの根元の近くではさむ。

**b. 内側測定**　　内側用ジョウを使って図(b)のようにジョウの内側測定面を測定物の測定面に平行にあてる。

**c. 深さ測定**　　図(c)のように測定物の端面に本尺の端面を正しくあて，デプスバーを伸ばして測定する。

**d. 段差測定**　　図(d)のように，段差を測定する面にノギスの測定部を平行にあてて測定する。

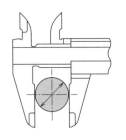 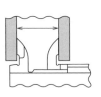 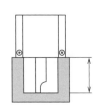 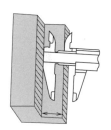

（a）外側測定　　　　　（b）内側測定　　　　　（c）深さ測定　　　　　（d）段差測定

**図4　ノギスによる測定例**

# 工作測定実習1　M形ノギスによる測定

### 目　標

ノギスの原理・構造を理解し，ノギスの正しい使い方を習得する。

### 使用機器・材料

M形ノギス(150 mm)，被測定物，ガーゼなど

### 準　備

**1.** ガーゼでノギス，被測定物の油やごみをふきとる。

**2.** ノギスのスライダを動かし，上下動がなく滑らかに動くことを確認する。

**3.** ジョウを閉じたとき本尺とバーニヤの0が一致することや，ジョウに変形がないことを確認する。

**4.** 被測定物の指示された測定箇所にバリや異常がないことを確認する。

### 方　法

1 指示された測定位置を，ノギスによる各種の測定方法を参考にして小数点以下第2位まで読み取り，表にまとめる。同じ箇所を複数回測定するときは，外側測定の場合は，小さい寸法測定値を採用し，内側測定が穴の場合は，大きな寸法測定値を採用する。

2 1と同様にして，被測定物が円筒形の場合には，90°ずらし，平行な2平面の場合には，位置をずらして2回目を読み取り，表にまとめる。

### 結果のまとめ

**測定結果のまとめ**　（単位　mm）

| 測定位置 | 1回目 | 2回目 |
|---|---|---|
| 1 | | |
| 2 | | |
| 3 | | |
| 4 | | |

### 考　察

**1.** 1回目と2回目では違いが出たか。違いが出た場合はその理由を考えよ。

**2.** 測定結果から被測定物の図面を描いてみよ。

# 2 外側マイクロメータの性能測定

## ① 概　要

　測定機器を使って測定する場合，測定した値の正確さは，測定器の取り扱いや測定方法にもよるが，測定器の精度にも影響される。マイクロメータは，精密加工されたねじのピッチを長さの基準としてその回転角を拡大して，微小な移動量を読み取るものである。ここでは，マイクロメータを外側測定に使用した外側マイクロメータについて，その性能である測定部の平行度，平面度および器差測定の方法を取り上げる。

## ② 外側マイクロメータの各部の名称

　図1に外側マイクロメータの各部の名称を示す。

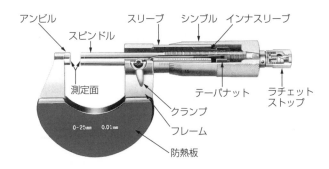

アンビル　　スピンドル　　スリーブ　シンブル　インナスリーブ
測定面　　テーパナット　ラチェットストップ　クランプ　フレーム　防熱板
0-25mm　　0.01mm

**図1　外側マイクロメータの各部の名称**

## ③ マイクロメータの原理

　図2は，マイクロメータの原理を説明したものである。

　微小の移動量$x$[mm]は次の式で表される。

$$x = p\frac{\theta}{2\pi}[\text{mm}] \tag{1}$$

$p$：ねじのピッチ[mm]

$\theta$：回転角[rad]

　したがって，半径$r$のシンブルの目盛面の動きは，スピンドル（ねじ）$x$の移動に対して$r\theta$になるので，拡大率$m$は，

$$m = \frac{指示量の変化}{測定量の変化} = \frac{r\theta}{x} = \frac{2\pi r}{p} \tag{2}$$

ねじのピッチは0.5mmで，シンブルの円周の目盛は50等分してあるので，1目盛は0.5×1/50＝0.01mmとなる。また，測定力を一定とするためにラチェットストップを使う。測定力は5～15NとJISに定められており，ラチェットストップを回すとカチッと音を立てて空回りし，測定面に適切な測定力をかけることができる。一般に，ラチェットストップは3～5回転させる。

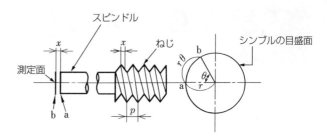

**図2　マイクロメータの原理**

 ## マイクロメータの読み方

図3に，マイクロメータのスリーブ上に目盛られた基準線と，回転するシンブルの円筒面に目盛られた目盛線を示す。まずスリーブ上に目盛られた本尺から0.5mmの単位まで読み取り，次にシンブル円筒面の50等分の目盛から読み取る。小数点以下3桁までを読むときには，図4のようにする。

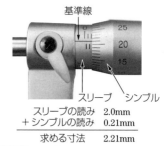

| スリーブの読み | 2.0mm |
| ＋シンブルの読み | 0.21mm |
| 求める寸法 | 2.21mm |

**図3　マイクロメータの読み方**

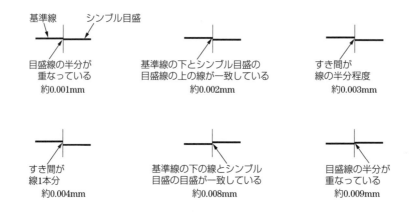

**図4　マイクロメータの小数点以下3桁**

 ## オプチカルフラット・オプチカルパラレル

### １ オプチカルフラット

比較的小さい部分の平面度を精密に測定するもので，水晶や光学ガラスで作られ，きわめて精度の高い平行平面に作られている。ここでは，白色光によってオプチカルフラットに現れる干渉じまによってアンビルやスピンドルの測定面の平面度を測定する（図5）。使用光線の波長

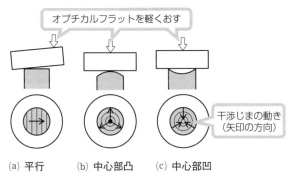

(a) 平行 　(b) 中心部凸 　(c) 中心部凹

**図5** オプチカルフラットによる干渉じまの例

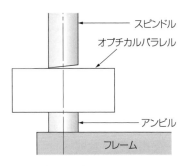

**図6** オプチカルパラレル
による測定

が0.64μmのとき，干渉じまが$n$本現れると，平面度は$0.32 \times n$ [μm] となる。図5(b)，(c) のように白色光による干渉じまの数が2本の場合，平面度は干渉じま1本を0.32μmとすると，0.32μm×2本＝0.64μmとなる。

### 2 オプチカルパラレル

二平面の平行度がきわめて精密に仕上げられている。ここでは，オプチカルパラレルを，外側マイクロメータの測定面にはさんで，平行度を測定する（図6）。アンビルに密着させスピンドル側の干渉じまを見る。

## 長さ測定とアッベの原理

精度の高い長さ測定を実現するためには，被測定物の測定軸と測定機の目盛尺の軸線を同一線上に置かなければならない。これをアッベの原理という。

高精度な長さ測定機に，測長機がある。図7(a)は，被測定物の測定軸と測定機の目盛尺の軸線が異なる場合，図(b)は，被測定物の測定軸と測定機の目盛尺の軸線が同一線上にある場合である。図(b)がアッベの原理に基づくもので，外側マイクロメータは，この原理に基づいているが，ノギスは，図(a)に相当する。

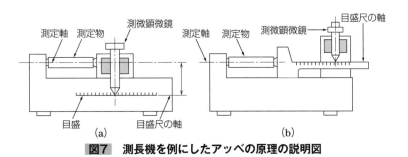

**図7** 測長機を例にしたアッベの原理の説明図

# 工作測定実習2　外側マイクロメータの性能測定

実習

### 目　標

**1.** マイクロメータの原理・構造を理解し，外側マイクロメータの器差測定について理解する。

**2.** オプチカルフラット，オプチカルパラレルの原理・機能を知り，これによる平面度・平行度の測定法を習得する。

### 使用機器・材料

　外側マイクロメータ，オプチカルフラット，オプチカルパラレル，ブロックゲージセット，上ざらばね式指示ばかり，鋼球，マイクロメータスタンド，ガーゼ，セーム皮，手袋など

### 準　備

**1.** ガーゼで外側マイクロメータの油やごみをふき取る。

**2.** 0目盛を調整する。シンブルの0線がスリーブの基線と一致していることを確かめる。一致していないときは，付属品のキーを使用して調整する。

**3.** スピンドルが滑らかに回転しないもの，ラチェットストップの回転が滑らかでないもの，測定面にさびや傷のあるものは，測定の対象にしない。

### 方　法

　測定はすべて手袋を着用して行う。

1　平面度の測定(図8)

　① 外側マイクロメータの測定面，オプチカルフラットの両面を清潔なガーゼにベンジンをしみ込ませてふく。

　② アンビル，またはスピンドルの測定面にオプチカルフラットを密着させ，しまの数が最少になるように調整し，白色光による赤色干渉じまの数を読み取る。

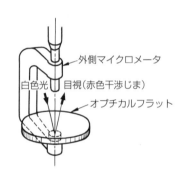

外側マイクロメータ
白色光　目視(赤色干渉じま)
オプチカルフラット

**図8　平面度の測定**

2　平行度の測定

　① 外側マイクロメータの測定範囲全長にわたって，
数箇所を測定する。厚さの異なる12.00，12.12，12.25，12.37の4個1組のオプチカルパラレルのセットを使用するか，オプチカルパラレルと寸法の異なるブロックゲージを併用する。

　② 外側マイクロメータをスタンドに取り付け，測定面をガーゼでよくふく。

　③ 寸法の異なるオプチカルパラレルを順次アンビルの測定面に密着させ，ラチェットストップで測定力をかける。

　④ スピンドルの測定面に生じた白色光による赤色干渉じまの数を，平面度測定の場合と同様にして読み取る(図9(a))。

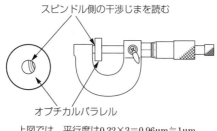

スピンドル側の干渉じまを読む

オプチカルパラレル

上図では，平行度は0.32×3＝0.96μm≒1μm

（a）オプチカルパラレルを使用

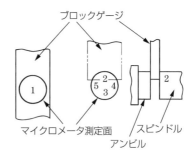

ブロックゲージ

マイクロメータ測定面

スピンドル

アンビル

（b）測定位置の違いと平行度

**図9　アンビルとスピンドルの平行度の測定**

⑤　ブロックゲージを両測定面の中央部（図9(b)点1）にはさみ，ラチェットストップで測定力をかけてそのときの目盛りを読み取る。次に，ブロックゲージを測定面の4すみ（図(b)点2，3，4，5）に順次はさみ，それぞれの位置の目盛を読み取り，その最大差を求める（測定面の数箇所について行う。図(b)）。

3 器差の測定

①　測定箇所を5，10，15，20，25mmとし，同寸法の0級または1級ブロックゲージを用意する。ブロックゲージは，セーム皮できれいにふいてガーゼの上に並べる。

②　外側マイクロメータをスタンドに取り付け，測定面をふき，0目盛を調整する。

③　ブロックゲージをマイクロメータの測定面にはさみ，ラチェットストップで測定力をかけて小数点以下3桁まで目測で読む。

4 測定力の測定（図10）

①　はかりの計量皿を水平になるように設置し，マイクロメータのスピンドルが計量皿と垂直になるようにスタンドに立てる。

②　スピンドルと皿の間に鋼球をはさんでラチェットストップを回し，はかりの指針の振れの最大値を読み取る。

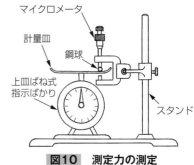

マイクロメータ

計量皿

鋼球

上皿ばね式
指示ばかり

スタンド

**図10　測定力の測定**

**結果のまとめ**

| 種別 | | | 製造番号 | | |
|---|---|---|---|---|---|
| 検査年月日 | | 年　　月　　日 | 室温 | | ℃ |

<table>
<tr><td rowspan="3">平面度</td><td colspan="2">スケッチ</td><td></td><td>しまの数[本]</td><td>平面度[μm]</td></tr>
<tr><td></td><td></td><td>アンビル</td><td></td><td></td></tr>
<tr><td>アンビル</td><td>スピンドル</td><td>スピンドル</td><td></td><td></td></tr>
</table>

<table>
<tr><td rowspan="5">平行度</td><td colspan="2">スケッチ</td><td>パラレルの厚さ</td><td>しまの数[本]</td><td>平面度[μm]</td></tr>
<tr><td colspan="2"></td><td></td><td></td><td></td></tr>
<tr><td colspan="2"></td><td></td><td></td><td></td></tr>
<tr><td colspan="2"></td><td></td><td></td><td></td></tr>
<tr><td colspan="2" style="text-align:center">ブロックゲージの厚さ(mm)</td><td></td><td></td><td></td></tr>
</table>

| アンビルの位置1～5の読みの最大差[μm] | | | | | |
|---|---|---|---|---|---|

| 器　差 | | | 器　差 | | |
|---|---|---|---|---|---|
| ブロックゲージの寸法[mm] | マイクロメータの読み[mm] | ブロックゲージとの差[μm] | ブロックゲージの寸法[mm] | マイクロメータの読み[mm] | ブロックゲージとの差[μm] |
| | | | | | |
| | | | | | |
| | | | | | |

| 測定力 | | | 備 | |
|---|---|---|---|---|
| 判　定 | | | 考 | |
| 検査者 | | | | |

注 差については，＋，－の符号をつける。

**考察**

**1.** 測定面の平行度・測定力・器差は，JIS B 7502:2016に規定する許容範囲と比較してどのようになっているか。

**2.** 手袋を着用して機器を扱う理由を考えよ。

**3.** ラチェットストップは回す回数により測定力が変わるか考えよ。また，どの程度の回転が適当か考えよ。

# 3 シリンダゲージによる測定

##  概 要

内径の測定は，外径の測定に比べてむずかしく，なれが必要になる場合が多い。シリンダゲージは，ロッドと案内板により二等辺三角形の機構をつくることにより，安定させた状態で内径を精密に測定することができる。

##  シリンダゲージのおもな構成

シリンダゲージは，測定子の動きを直角方向に変換して，長さの基準と比較することによって，ダイヤルゲージ等の指示器でその変位を読み取る内径測定器である。

その構成は，図1(a)に示すように，測定部，握りおよび指示器(ダイヤルゲージ)からなりたっている。測定部は，案内板，測定子およびロッドからなり，ロッドは測定寸法によって取り換える。また，ロッドを取り換えても測定できない寸法の場合は，換え座金をロッドの根元に入れて測定範囲を変更する。図(b)にシリンダゲージのセットの例，図(c)に測定例を示す。

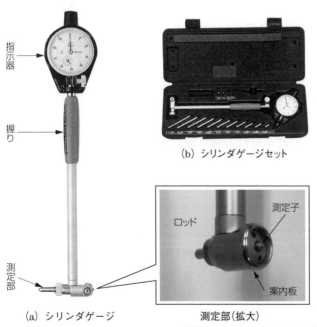

指示器

握り

測定部

(a) シリンダゲージ

(b) シリンダゲージセット

ロッド　測定子

案内板

測定部(拡大)

(c) 測定例

**図1　シリンダゲージの構成**

## シリンダゲージの使用方法と０点調整

測定する内径の寸法に合わせて，ダイヤルゲージ・換えロッド・換え座金・握りのセットを用意する（表1）。

### 1 シリンダゲージの使用方法

1) 内径の寸法に合わせたロッドを握りに取り付ける。

2) ダイヤルゲージを握り上部に取り付ける。

3) 測定子を手で押してみて，ダイヤルゲージの針が動くことを確かめる。

4) シリンダゲージの測定部を被測定物の内径測定部に入れ，測定子が接触することを確かめる（図2）。

5) 測定部が内径に届かない場合，逆に内径測定部に入らない場合は，ロッドおよび換え座金の交換で調整する。

6) ０点調整をしたあと，内径を測定し，基準寸法との差を計算する。

7) 測定は，直交する2方向について行う。深い穴の場合は，深さの異なる2〜3か所について測定する。

8) 内径の寸法は，ダイヤルゲージの針が時計方向に回れば基準寸法より小さくなり，反時計方向に回れば大きくなる。

### 2 ０点調整

1) 被測定物の内径の寸法に近い寸法をもつ基準リングを用意する。

2) 適当な基準リングがない場合，ブロックゲージセットとそのホルダを用意する。

3) 上記1)または2)がない場合，外側マイクロメータで代用する。

4) 測定に供するシリンダゲージを上記1)〜3)で得た基準の寸法に当て，ダイヤルゲージの目盛を0とする。

**表1 仕様の例**

| 測定範囲<br>[mm] | 換えロッド | 換え座金 | $A$<br>[mm] |
|---|---|---|---|
| 18〜35 | 9本 | 2個 | 100 |
| 35〜60 | 6本 | 4個 | 150 |
| 50〜100 | 11本 | 4個 | 150 |
| 50〜150 | 11本 | 4個 | 150 |
| 100〜160 | 13本 | 4個 | 150 |
| 160〜250 | 6本 | 7個 | 250 |
| 250〜400 | 5本 | 7個 | 250 |

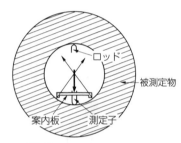

**図2 被測定物の内径測定**

# 工作測定実習3　シリンダゲージによる測定

## 目　標

1. シリンダゲージの構造・測定原理を理解する。
2. シリンダゲージを使った内径の正確な測定方法を習得する。

## 使用機器・材料

　シリンダゲージセット，基準リングまたはブロックゲージセット，エンジンのシリンダ，ノギス，スケール，ウエス，手袋など

## 準　備

1. シリンダの内面をウエスなどできれいにする。
2. シリンダの内面をあらかじめノギスで測定し，内径を確認する。
3. 内径に合わせたシリンダゲージセットを準備する。
4. 内径に合った基準リングまたはブロックゲージセットを用意する。これらがない場合は，外側マイクロメータで代用する。

## 方　法

1. 手袋を着用してバーの握りを片手で持ち，基準リング内面の壁に対してバーを少し傾けた状態で，案内板，次に測定子の順にさし入れ，握りを壁面に平行になるように立てる。
2. 手握りを少し左右に振りながら，ダイヤルゲージの目盛板を回して針が0を指示するようにセットする(図3)。
3. 測定するシリンダの内面に1と同様にしてシリンダゲージを立て，ダイヤルゲージの指示値を小数点以下3桁まで読み取り，記録する。
4. 図4のようにA部(上部)を直交方向にずらして，各方向について3回以上繰り返して測定する。次に，図のB部(中部)，C部(下部)についても深さをノギスまたはスケールで測定し，A部と同様に内径を測定して結果を表にまとめる。

**図3　シリンダゲージの0点調整**

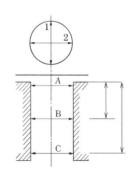

**図4　測定位置**

**結果のまとめ**

測定結果を次のようにまとめる。

| 測定値 | | | | | | 単位[mm] |
|---|---|---|---|---|---|---|
| | 上部（A） | | 中部（B） | | 下部（C） | |
| 第　　気筒 | 1方向 | 2方向 | 1方向 | 2方向 | 1方向 | 2方向 |
| 1回目 | | | | | | |
| 2回目 | | | | | | |
| 3回目 | | | | | | |
| 第　　気筒 | 1方向 | 2方向 | 1方向 | 2方向 | 1方向 | 2方向 |
| 1回目 | | | | | | |
| 2回目 | | | | | | |
| 3回目 | | | | | | |
| 第　　気筒 | 1方向 | 2方向 | 1方向 | 2方向 | 1方向 | 2方向 |
| 1回目 | | | | | | |
| 2回目 | | | | | | |
| 3回目 | | | | | | |

**考　察**

**1.** シリンダ内径の寸法測定方法には，ほかにどのような測定器があるかあげよ。

**2.** 測定結果からシリンダ内面の状況を図示せよ。

**3.** 長時間握りを素手で扱うとどうなるか，なぜ手袋を着用するのかを考えよ。

**Skill Up**

☐ 正確な測定を行うには測定子が内面測定部に垂直に当たっていることが重要で，そうでなければ測定値は大きく出るはずである。したがって，本実習では3回測定したが，3回のうち最も小さな値が求める測定値となる。3回の測定値が大きくばらつかないことも重要である。

☐ 測定値は，0.001，0.002のように，0.001mm単位で記入する。

☐ シリンダゲージの測定子が当たる部分は，セーム皮でよく清掃する。

☐ シリンダゲージの握りは手袋をした手で持ち，シリンダの軸線に平行に持つ。

☐ 指定された深さの内径測定は，ノギスまたはスケールを当てて正確に深さを求めてから行う。

# 4 空気マイクロメータの静特性測定

## ① 概　要

　空気マイクロメータは，一定圧力の空気を小さなすきま(ノズル)から大気中に流出させ，その流量の変化を拡大指示する測定器である。ブロックゲージ，マスタリングなどの基準尺と比較測定することによって測定する。

## ② 空気マイクロメータの構造と原理

### 1 構造

　図1(a)は，流量式空気マイクロメータ本体と測定ヘッドからなる構造を示している。

　工場内圧縮空気管またはコンプレッサからの空気は，コックを開けると空気取入口から本体に入り，エアフィルタを通ってごみや水分が取り除かれる。

　次に，空気はレギュレータに導かれ，そこで一定の圧力に調整してガラス製のテーパ管に送られる。テーパ管にはフロートがあり，テーパ管を通る空気の流量によって中のフロートが上下する。テーパ管の先には測定ヘッドがあり，先端のノズルから被測定物に向かって空気を噴出する(図(b))。

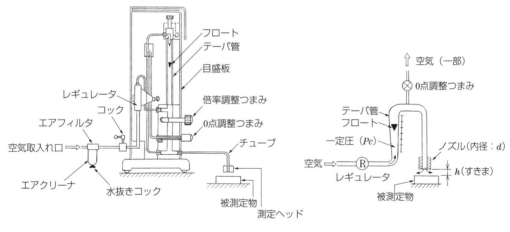

(a) 本体　　　　　　　　　　　　　　　(b) 測定機構

**図1　流量式空気マイクロメータの構造**

## ☑ 原理

　一定圧の空気をノズルから空気中に放出する場合，その流量 $V[\mathrm{m^3/s}]$ はノズルの断面積に比例する（図2）。しかし，被測定物がノズル端に接近（$h = 0.015\,\mathrm{mm} \sim 0.2\,\mathrm{mm}$）すると，流量はノズルの直径 $d[\mathrm{m}]$ と，すきま $h[\mathrm{m}]$ の円筒の面積に比例するものと考えられる（図(b)）。

　いま，ノズルの直径 $d = 2 \times 10^{-3}\mathrm{m}$，すきま $h = 0.1 \times 10^{-3}\mathrm{m}$ とすれば，断面積は $3.14 \times 10^{-6}\mathrm{m^2}$，ノズルの円筒の面積は，$S = \pi dh = \pi \times 2 \times 0.1 \times 10^{-6} = 0.628 \times 10^{-6}\mathrm{m^2}$ となり，ノズルの断面積よりも小さくなる。したがって，流量は少なくなり，流量 $V[\mathrm{m^3/s}]$ は式(3)で決まる。

$$V = \kappa \pi dh\,[\mathrm{m^3/s}] \tag{3}$$

$\kappa$：比例定数 $[\mathrm{m/s}]$

$d$：ノズルの直径 $[\mathrm{m}]$

$h$：高さ（すきま）$[\mathrm{m}]$

$\kappa$, $\pi$, d は定数であるから，流量 $V$ は $h$ に比例する。

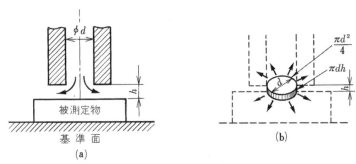

**図2　ノズルから出る空気流量**

実際には，次の理由により，図3のような特性になる。

1)　$h = 0 \sim 0.015\,\mathrm{mm}$ の間は，空気がノズル端面と測定物との間の摩擦でほとんど流出せず，$h = 0.015 \sim 0.2$ の間は $V = \kappa \pi dh$ の関係がなりたつ。

2)　$h$ が大きくなって $\dfrac{\pi}{4}d^2 = \pi dh$ になると，空気は 2mm のノズルから流出するのと同じ状態になり，$h$ をいくら増しても $V$ は変化しなくなる。

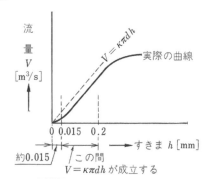

**図3　すきまと流量の関係**

### 3 流量とフロート

図1(p.85)のようなフロートを使った流量計をフロート流量計という。

図4は，フロート流量計の原理を示したものである。空気がフロートの周囲を通ってテーパ管内を下から上へ流れるときの現象は，フロートのかわりにオリフィスを使った場合と同様であり，流量 $V[\mathrm{m^3/s}]$ は，式(4)で表される。

$$V = (S_1 - S_0) C \sqrt{\frac{2(p_c - p)}{\rho}} \quad [\mathrm{m^3/s}] \tag{4}$$

$$C：流量係数[ \ \ - \ \ ]$$
$$\rho：空気密度[\mathrm{kg/m^3}]$$

フロートの質量を $W[\mathrm{kg}]$ とすると，

$$W = S_0(p_c - p) \, [\mathrm{kg}] \tag{5}$$

$W$, $S_0$ は一定であるから，$p_c - p$ が一定，したがって，流量 $V$ は $S_1 - S_0$ に比例し，$S_1 - S_0$ の変化はノズルのすきま $h$ の変化によるものである。よってすきまの変化量 $\Delta h$ は，流量の変化量 $\Delta V$ となってフロートの変位に変換指示される。

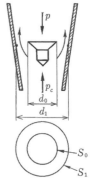

$W$：フロートの質量$[\mathrm{kg}]$

$p_c$：フロート下面静圧$[\mathrm{Pa}]$

$p$ ：フロート上面静圧$[\mathrm{Pa}]$

$d_0$：フロートの直径$[\mathrm{m}]$

$d_1$：テーパ管の内径$[\mathrm{m}]$

$S_0$：フロートの面積$[\mathrm{m^2}]$

$S_1$：テーパ管の断面積$[\mathrm{m^2}]$

**図4** フロートの原理

##  内径測定の倍率調整方法

内径測定の場合のノズルは，図5のように空気の噴出口を設け，噴出部の外径 $D[\mathrm{mm}]$ は測定しようとする穴径より $\alpha[\mathrm{mm}]$ だけ小さくつくる。$\alpha$ の量は測定部倍率によって異なる。

図6はリングマスタといい，内径測定の場合の基準となるゲージで，高精度に作られている。リングマスタは測定する穴の許容差に合わせて，大範(上の許容サイズ：$D + \gamma$)と小範(下の許容サイズ：$D + \beta$)がある。$\beta$ と $\gamma$ の値は，穴の許容差によって異なる。

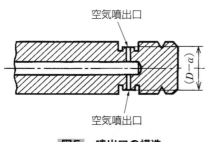

空気噴出口

空気噴出口

**図5** 噴出口の構造

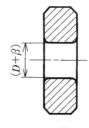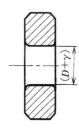

小範 　　 大範

**図6** リングマスタ

フロートの位置調整 次の寸法例に従って，フロートの位置調整について説明する。

［寸法例］　測定物穴径および許容差＝$\phi 20 \begin{smallmatrix} +0.012 \\ 0 \end{smallmatrix}$

ノズル　　　　$D-\alpha = \phi 20 \begin{smallmatrix} -0.004\,0 \\ -0.005\,0 \end{smallmatrix}$

小範（刻印呼び径$\phi 20$）　　　　$D+\beta = \phi 20 \pm 0.001$

大範（刻印呼び径$\phi 20 + 0.012$）　$D+\gamma = \phi 20 \begin{smallmatrix} +0.013 \\ +0.012 \end{smallmatrix}$

倍率　2 000倍

図7に，フロートの位置調整のようすを示す。

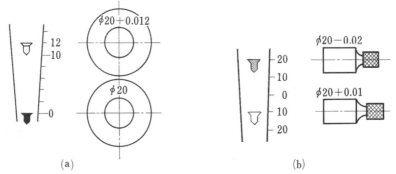

**図7　フロート位置の調整**

1)　ノズルに小範のリングマスタ（呼び径$\phi 20$）を挿入する。

2)　コックを開く。

3)　フロートが目盛の0位置にくるように調整する。フロートの位置が0位置より上にある場合はゼロ位置調整つまみを時計方向に回し，逆に下にある場合は0位置調整つまみを反時計方向に回してフロートの位置を調整する。

4)　小範リングマスタを取り除き，大範リングマスタをノズルに挿入する。

5)　フロートが目盛の12にくるように倍率調整をする。フロートの位置が目盛12の上にある場合は，倍率調整つまみを反時計方向に回し，逆に下にある場合は倍率調整つまみを時計方向に回して調整する。

6)　大範リングマスタを取り除き，ふたたび小範リングマスタをノズルに挿入する。

7)　フロートが目盛の0位置に対して過不足があるかどうかをみる。過不足がある場合は0位置調整つまみを回して調整する。

8)　以下3)〜7)の要領を繰り返す。フロートの動きが，12.0に安定したときの倍率，0位置調整が終わる。操作になれると3〜5回の調整（約1分）で調整が終了する。

# 外径測定の倍率調整方法

$\phi 20 \begin{smallmatrix} +0.01 \\ -0.02 \end{smallmatrix}$ の場合は，図7(b)のように調整する。

　内径測定の場合のフロートの上昇は，穴径が大きいことを意味するのに対して，外径測定の場合は小さいことに注意が必要である。

# 工作測定実習4 空気マイクロメータの静特性測定実験

## 目 標

**1.** 空気マイクロメータの原理・構造を理解し，測定法を習得する。

**2.** 空気マイクロメータの静特性を調べ，応用的な測定ができる素地を養う。

**3.** 試料の比較測定法を習得する。

## 使用機器・材料

流量式空気マイクロメータ，ブロックゲージセット，測定スタンド，標準ノズル，セーム皮，手袋など

## 準 備

**1.** コンプレッサおよびクリーナ内の水分をとる。

**2.** 空気の流れを安定させるため，コンプレッサの空気圧力を約0.45MPaにする。

**3.** ゲージ取り付け口に標準ノズルを取り付ける。

**4.** 定圧用のダイヤルを回して，定圧(約0.15MPa)にする。

**5.** 空気マイクロメータ本体とフィルタ・コンプレッサ・標準ノズルを接続する。

## 方 法

**1** 空気マイクロメータ本体に測定スタンドを接続し，空気を供給する。

**2** 1.49mmのブロックゲージを測定スタンドの標準ノズル(以下ノズルという)の下に入れ，ノズルの先端がゲージの測定面に軽く接触した位置で固定する。

**3** 本体のコックを開き，チューブを指でつまみ，ノズルのすきまが0のときのフロートの位置を確認する。

**4** 1.47mmと1.40mmのブロックゲージをノズルの下に交互に入れ，フロートが上側40目盛，下側30目盛を指示するように調整する。

### 使用するブロックゲージの寸法

(単位 mm)

| 初期すきま $h$ | 増加すきま $\Delta h$ | 0 | 0.01 | 0.02 | 0.03 | 0.04 | 0.05 | 0.06 | 0.07 | 0.08 | 0.09 |
|---|---|---|---|---|---|---|---|---|---|---|---|
| 1 | 0.01 | 1.48 | 1.47 | 1.46 | 1.45 | 1.44 | 1.43 | 1.42 | 1.41 | 1.40 | 1.39 |
| 2 | 0.02 | 1.47 | 1.46 | 1.45 | 1.44 | 1.43 | 1.42 | 1.41 | 1.40 | 1.39 | 1.38 |
| 3 | 0.03 | 1.46 | 1.45 | 1.44 | 1.43 | 1.42 | 1.41 | 1.40 | 1.39 | 1.38 | 1.37 |
| 4 | 0.04 | 1.45 | 1.44 | 1.43 | 1.42 | 1.41 | 1.40 | 1.39 | 1.38 | 1.37 | 1.36 |
| 5 | 0.05 | 1.44 | 1.43 | 1.42 | 1.41 | 1.40 | 1.39 | 1.38 | 1.37 | 1.36 | 1.35 |
| 6 | 0.06 | 1.43 | 1.42 | 1.41 | 1.40 | 1.39 | 1.38 | 1.37 | 1.36 | 1.35 | 1.34 |
| 7 | 0.07 | 1.42 | 1.41 | 1.40 | 1.39 | 1.38 | 1.37 | 1.36 | 1.35 | 1.34 | 1.33 |
| 8 | 0.08 | 1.41 | 1.40 | 1.39 | 1.38 | 1.37 | 1.36 | 1.35 | 1.34 | 1.33 | 1.32 |
| 9 | 0.09 | 1.40 | 1.39 | 1.38 | 1.37 | 1.36 | 1.35 | 1.34 | 1.33 | 1.32 | 1.31 |
| 10 | 0.10 | 1.39 | 1.38 | 1.37 | 1.36 | 1.35 | 1.34 | 1.33 | 1.32 | 1.31 | 1.30 |

⋯⋯⋯⋯⋯⋯⋯⋯⋯⋯⋯⋯⋯⋯⋯⋯⋯⋯⋯⋯⋯⋯⋯⋯⋯⋯⋯⋯⋯⋯⋯⋯

⑤　1.48 mmのブロックゲージをノズルの下に入れ，初期すきま0.01 mmとすれば，フロートの指示目盛は下側40目盛になるはずである。この時の指示誤差を読み取る。

⑥　1.47 mm ～ 1.39 mmのブロックゲージを0.01 mm間隔でノズルの下に入れ，それぞれの指示の誤差を読み取る。

⑦　次表に示すようなブロックゲージを使用して，初期すきま$h$，増加すきま$\Delta h$に対するフロートの指示目盛の誤差を読み取る。

### 結果のまとめ

測定結果を次表のようにまとめ，静特性曲線をかく。

**静特性測定のまとめ**　　　　　　　　　　　　［単位　μm］

| 増加すきま$\Delta h$ / 初期すきま$h$ | | 0 | 10 | 20 | 30 | 40 | 50 | 60 | 70 | 80 | 90 |
|---|---|---|---|---|---|---|---|---|---|---|---|
| 1 | 10 | | 0 | | | | | | | 0 | |
| 2 | 20 | | 0 | | | | | | | 0 | |
| 3 | 30 | | 0 | | | | | | | 0 | |
| 4 | 40 | | 0 | | | | | | | 0 | |
| 5 | 50 | | 0 | | | | | | | 0 | |
| 6 | 60 | | 0 | | | | | | | 0 | |
| 7 | 70 | | 0 | | | | | | | 0 | |
| 8 | 80 | | 0 | | | | | | | 0 | |
| 9 | 90 | | 0 | | | | | | | 0 | |
| 10 | 100 | | 0 | | | | | | | 0 | |

### 考　察

**1.** 静特性曲線から，初期すきま$h$，増加すきま$\Delta h$に対するフロートの指示誤差の関係を調べ，直線性を検討してみよ。

**2.** 空気マイクロメータは，テーパや厚さなどを測定することができる。その原理と方法を調べてみよ。

**3.** 空気マイクロメータは，試料の表面性状，大気の温度や湿度などの影響を受ける。その理由を考えてみよ。

**5** 電気マイクロメータによる変位の測定

 **概　要**

　電気マイクロメータは，微小な変位を，接触式測定子をもつ検出器を用いて，電気的な測定量に置き換えて検出する測定器である。変位を電気的信号に変換する方法は，差動変圧器式が多く用いられている。

　差動変圧器式電気マイクロメータの一般的な特徴は次のとおりである。

1)　きわめて高感度で，分解能0.1μmが一般的である。
2)　倍率が高く，切換によって異なったいくつかの倍率が得られる。
3)　変換機構に摩擦などの誤差がはいらず，精度がよい。
4)　小型で持ち運びが容易であり，製造工程中に簡単に組み入れられる。
5)　各種の自動計測や自動記録などに利用しやすい。

**② 電気マイクロメータの原理と構造**

　差動変圧器式電気マイクロメータは，図1に示すように，検出器，スタンド，テーブル，演算・表示部(指示計)などからなりたっている。

　検出器には，図1(b)に示すように可動鉄心が通る三つのコイルがあり，中央の励磁コイルには，発振器で2～3kHz程度の交流電圧が加えられている。可動鉄心がコイルの中央にあるときは，両側の二次コイルAとBに発生する。起電力EAとEBは等しく，打ち消し合うので，指示目盛は0を指す。測定子が動いて可動鉄心の位置が変わると，二次コイルAとBのインダクタンスの変化にともなって起電力EAとEBに差が生じるので，出力にはEA－EBが指示され，可動鉄心の移動量を知ることができる。指示計の目量は0.5μm～2mmで，測定範囲は10μm～200mmのものがある。

　電気マイクロメータは，検出器の構造によってプランジャ式とてこ式があり，用途によって使い分けられている。

　図1は，プランジャ式の電気マイクロメータである。プランジャ式は，テーブルの中央に垂直になるように立てられたスタンドに検出器が取り付けられている。

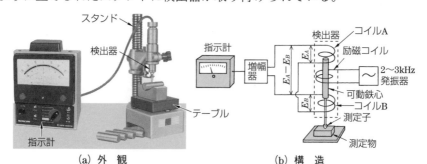

(a) 外　観　　　　　　　　　　　(b) 構　造
**図1　差動変圧器式電気マイクロメータ(プランジャ式)**

図2は，てこ式の電気マイクロメータである。取り付け方向をいろいろと変えることができるが，測定範囲は最大で数mmと狭い。

**図2　てこ式検出器**

 ## 使用上の注意事項

　電気マイクロメータは，高精度であるため，検出器をつかんだり，工作物にさわったりすると熱の影響で測定値が変わることがある。構造上，簡単に1μm前後の高い精度の測定ができるが，測定は，検出器をしっかり固定して，検出器，被測定物とも室温になるまで待つことが必要である。また，薄い工作物や小さい工作物の固定は，変形の原因となるので注意を要する。

 ## 測定器の精度検査

　測定器は，定期的に精度検査をして検出器の精度を管理することが必要である。そのためには，検査用のブロックゲージまたは電気マイクロメータ付属の検査用ブロックを用いる。

　測定範囲と同じ範囲に相当する高さの差となる検査用ブロックゲージを用意し，テーブル上にセットする。スピンドルの測定子をブロックゲージに当てて0点に調整する。つぎに段差のあるブロックゲージに移して指示計の値を読みとる。正しく段差の値を表示しなければ感度調整を行う。

# 工作測定実習 5　電気マイクロメータによる平行度の測定

### 目　標

**1.** 電気マイクロメータの原理・構造を理解し，測定法を習得する。

**2.** 電気マイクロメータの特性を調べ，段差・振れ，平行度など各種の測定法を習得するとともに，応用的な測定のできる能力を養う。

### 使用機器・材料

プランジャ式電気マイクロメータ，ブロックゲージセット，測定スタンド，ノギス，被測定物(平行台)，ウエスなど

### 準　備

**1.** テーブル，被測定物(平行台)のごみ，油分，汚れをベンジン・ウエスできれいにふきとる。

**2.** 指示計のレンジを確認し，使用するレンジ，たとえば±50μmであれば，ブロックゲージを組み合わせて50μmの段差をブロックゲージでつくる。

**3.** ブロックゲージを用いて感度調整をする。

**4.** 被測定物(平行台)にバリ，まくれ，きずなどがないことを確認し，もしあれば油砥石で取り除いておく。

### 方　法

**1** 平行台を図3のようにテーブル上に置き，一端に測定子を当てて，指針を目盛0に合わせる。

**2** 10mm間隔で平行台をずらし，そのときの指針の指示値を読み，記録する。このとき，指針の振れが小さいようであれば，高倍率のレンジに切り替え，感度・0点を調整して測定する。

**3** 次に，別の平行台についても，**2**と同様に測定し，記録する。

**4** 結果を表にまとめる。図4のように，線図を描くとともに最大値から最小値を引くと，底面を基準とする平行度が求まる。

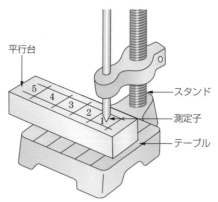

**図3　平行台の平行度の測定**

## 結果のまとめ

(単位 μm)

| 平行台 | 位置1 | 位置2 | 位置3 | 位置4 | 位置5 | 平行度 |
|---|---|---|---|---|---|---|
| 平行台A右 | | | | | | |
| 平行台A左 | | | | | | |
| 平行台B右 | | | | | | |
| 平行台B左 | | | | | | |

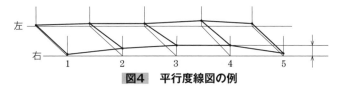

**図4** 平行度線図の例

## 考 察

**1.** 実習工場の平行台の平行度はいくらか。一般に市販されている平行台の平行度と比較してみよ。

**2.** 平行台が使われるフライス盤のテーブルの精度はどのくらいか。平行台の平行度はどのくらいでなければならないか考えてみよ。

**3.** 平行台の下にごみ一つ，小さな切りくず一つあるだけで平行度は低下する。このことから，平行台の扱いをどのようにすべきか，まとめてみよ。

**オートコリメータによる真直度の測定**

 **概　要**

　定盤，旋盤のベッド，フライス盤のテーブルなどの平面は，凹凸がなく真直であることが要求される。

　オートコリメータは，この真直度の測定に最も多く使用される光学的測定器の一つである。最近では光源としてレーザを使用するようになっている。

## ② オートコリメータの原理と構造

　オートコリメータは，光が直進し，反射する原理を応用している。

　図1にオートコリメータの構造と視野を示す。光源から出た光は，十字標のあるガラス板を通って，半透明反射鏡で反射する。一部の光は対物レンズを通って平行光線となり，測定物の平面上に置かれている反射鏡で反射し，ふたたび対物レンズを通り，目盛ガラス板上に十字標の像$S_2$を結ぶ。

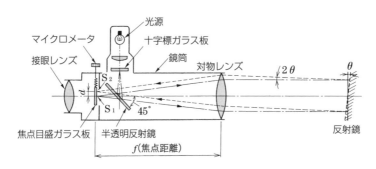

(a) 構　造

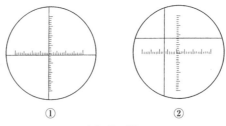

①　　　　　②

(b) 視　野

**図1**　**オートコリメータの構造と視野**

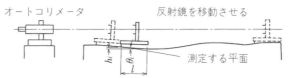

**図2** オートコリメータによる真直度の測定

　図2で，測定する平面上に置かれた反射鏡が，オートコリメータの光軸に対して微小角$\theta$だけ傾くと，その反射光は光軸に対して$2\theta$だけ傾くことになり（図1参照），目盛ガラス板上には，反射された十字標が，距離$d$だけずれた$S_2$の十字標の像を結ぶことになる。そのため，距離$d$は式(6)で表される。

$$d = f \tan 2\theta \fallingdotseq 2\,f\theta \tag{6}$$
$$\theta \fallingdotseq \frac{d}{2}\,f$$

$f$：対物レンズの焦点距離[mm]　　　$\theta$：反射鏡の傾斜角[°]

#  オートコリメータによる測定

　オートコリメータの電源を入れ，反射鏡をオートコリメータに最も近い点から最も遠い点に移動させ，両方の位置の読み取りができるようにオートコリメータを調整する。反射鏡を移動させるときには，測定平面上に，付属品のストレートエッジセット（目盛付き）を置き，それに接触させながら移動させる。測定点は100 mm間隔にする。

# 工作測定実習6　オートコリメータによる真直度の測定

## 目　標

**1.** オートコリメータの原理と構造を理解する。

**2.** オートコリメータの正しい使用方法を習得する。

## 使用機器・材料

オートコリメータ，被測定平面(定盤)，ストレートエッジ，ウエスなど

## 準　備

**1.** 被測定平面をウエスできれいにする。

**2.** オートコリメータを被測定平面の近くに設置し，電源を入れる。

## 方　法

① 被測定平面上の測定する方向にストレートエッジを置き，それに沿って測定点0点から100mmおきに反射鏡を移動させる点を決める。

② 反射鏡をオートコリメータに最も近い測定点に置き，読み取りができるようにオートコリメータを調節する。

③ 反射鏡を最も遠い測定点へ移動させ，読み取りができるようにする。

④ 測定点0と測定点1の上に反射鏡の両脚を置き，十字線が目盛の中央になるように微調整する。

⑤ 測定点1と測定点2の上に反射鏡の両脚を置き，傾斜角$\theta_1$を読み取り，記録する。

⑥ 同様に，各測定点の傾斜角$\theta_2$，$\theta_3$，……を読み取って記録する。

⑦ 最初の読みを$\theta_0 = 0$とした。つまり，測定点0と測定点1を基準にしたときの各測定点の傾斜角$\theta_1$，$\theta_2$，$\theta_3$，……から，

$$\alpha_i = \theta_{i-1} - \theta_i \qquad (i = 1,\ 2,\ 3,\ \cdots,\ 11)$$

の式を用いて，各点の傾斜角$\alpha_1$，$\alpha_2$，$\alpha_3$，……を求めて図に示す(図3(a))。

さらに，各点の高低差$h_i$を求める。

距離100mmについて，$1秒 = \dfrac{4.85\mu\text{rad}}{100\text{mm}} = \dfrac{0.5\mu\text{m}}{100\text{mm}}$

したがって100mmについて，$h_i = 0.5\alpha_i\ \mu\text{m}$である。

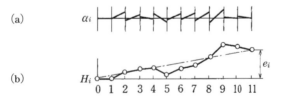

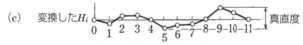

**図3　真直度の測定結果の例**

⑧ ⑦で得た高低差 $h_i$ の累積値 $H_i$ を求め，真直度曲線を描く（図3(b)）。

⑨ 各測定点の基準からの高さ（測定点0と最終測定点を直線で結んだ後のずれ）$e_i$ を求め，$H_i$ を座標変換したグラフに示して，測定平面の真直度を求める（図(c)）。

### 結果のまとめ

測定結果を次のような表にまとめる。

| | 反射鏡の位置 | 測定端からの距離 [mm] | 十字線上の傾斜角の読み $\theta_i$ [秒] | 各点の傾斜角 $\alpha_i$ [秒] | 高さの差 $h_i$ [μm] | 累積値 $H_i$ [μm] | 基準線からの高さ $e_i$ [μm] |
|---|---|---|---|---|---|---|---|
| 0 | — | 0 | — | — | — | 0 | 0 |
| 1 | 0～1 | 100 | | | | | |
| 2 | 1～2 | 200 | | | | | |
| 3 | 2～3 | 300 | | | | | |
| 9 | 8～9 | 900 | | | | | |
| 10 | 9～10 | 1000 | | | | | |
| 11 | 10～11 | 1100 | | | | | |

### 考 察

1. 精密定盤の平面度（真直度）を調べてみよ。

2. 水準器で調べた真直度と比較してみよ。

3. 真直度は，どのような機械のどの部分で要求されるかを調べて，なぜ必要かを考えよ。

# ねじの測定

 ## ① 概　要

　ねじはボルトとナットの組み合わせのように，おねじとめねじのねじ山の斜面が接触して機能する。そこで，ねじの正しいはめあいを考えると，外径や谷の径よりも有効径が重要である。有効径に誤差があるとねじのはめあいがかたかったり，ゆるかったりする。また，ピッチやねじ山に誤差があるねじをはめあわせると，ねじ山の斜面が正しく接触しない。

　ねじの構成要素である有効径・ピッチ・ねじ山の角度は，たがいに深い関係をもっている。ここでは，ねじの有効径・ピッチ・ねじ山の角度を測定する方法を学ぶ。

## ② 三針法による有効径の測定

　有効径の精密な測定は，三針法によることが多い。

　直径dの三針を図1に示すようにねじ溝に入れて，そこの外側の距離$M$[mm]を測定し，この値を式(7)に代入してねじの有効径$E$[mm]を求める。

$$AB = \frac{d}{2} + \frac{d}{2\sin\frac{\alpha}{2}} - \frac{p}{4}\cot\frac{\alpha}{2}$$

$$E = M - 2AB = M - d\left(1 + \frac{1}{\sin\frac{\alpha}{2}}\right) + \frac{p}{2}\cot\frac{\alpha}{2} \ [\text{mm}]$$

　　$d$：三針の直径[mm]　　　$\alpha$：ねじ山の角度[°]　　　$p$：ねじのピッチ[mm]

　　$\alpha = 60°$のメートルねじの場合は，

$$E = M - 3d + 0.86602p \ [\text{mm}] \tag{7}$$

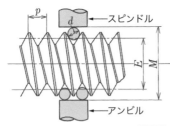 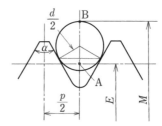

**図1**　三針法の原理

# ❸ 測定顕微鏡による測定

　測定顕微鏡(図2)は,長さや角度および輪郭などを測定するもので,ねじの測定では,ピッチ・外径・谷の径・ねじ山の角度など用途は広い。

　図3に示すような型板接眼レンズの型板に各種ピッチのねじ山が記され,ねじの輪郭の比較やピッチの測定に使用される。また,ねじ山の半角の測定は,角度接眼鏡を取り付け,鏡筒をねじのリード方向にリード角だけ傾ける(図4(a))。接眼鏡に映った連なるねじの山頂に十字線を合わせ基準とし,それと直角な十字線を左右のねじ山を合わせて半角を測定する(図(b))。

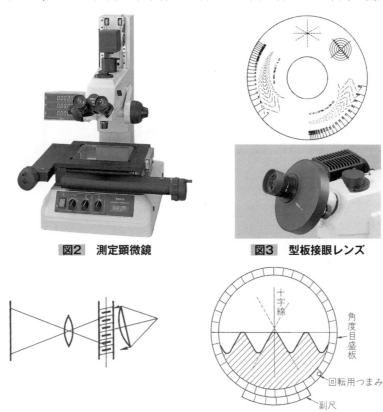

**図2**　測定顕微鏡　　　　**図3**　型板接眼レンズ

(a) ねじのリード角光軸を傾ける　　(b) 半角の測定

**図4**　測定顕微鏡による半角の測定

# 工作測定実習7　三針法による有効径の測定

### 目　標

**1**．三針法による有効径の測定原理を理解し，測定方法を習得する。

### 使用機器・材料

　測定用三針，外側マイクロメータ，マイクロメータスタンド，トースカン，ねじプラグゲージ(M10)，被測定ねじ(M10六角ボルト)，ウエスなど

### 準　備

**1**．M10並目ねじプラグゲージ，市販のM10六角ボルトを用意する。

**2**．外側マイクロメータの0点を確認・調整する。

### 方　法

1　三針の直径を確認する。

2　三針，測定するねじ類のごみ，油分をウエス等でふきとる。
　測定するねじは，ねじプラグゲージと六角ボルトである。

3　図5に示すように，測定用ねじをマイクロメータスタンドに取り付ける。

4　三針をトースカンから垂らしておねじの中央部にかかるように調整する。

5　図1に示す距離 $M$ の値を，外側マイクロメータで0.001mmまで読み取る。場所を変えて3回測定する。結果を表にまとめる。

6　ほかのねじについても同様に $M$ を測定し，結果を表にまとめる。

**図5**　三針による測定例

### 結果のまとめ

(単位　mm)

| 被測定物 | $M1$ | $M2$ | $M3$ | $M$の平均 | 有効径 $E$ |
|---|---|---|---|---|---|
| ねじプラグゲージ | | | | | |
| M10六角ボルト | | | | | |

### 考　察

　JISに規定する有効径と比較してどうであったか。もし違いが出た場合は，その原因を考えてみよ。また，測定値のばらつきについても考えよ。

## SkillUp

- [ ] 測定用三針はねじ部の中央に，アンビル側に2本，スピンドル側に1本を垂直に垂らす。また，三針が平行になっていることを確認する。

- [ ] 値がばらつかないようにするには，ラチェットストップの回し方を一定にし，少しフレームを上下に動かし測定面と三針がしっかり接触するようにする。

# 工作測定實習8 測定顕微鏡によるねじの測定

## 目 標
**1.** 測定顕微鏡の原理・構造を理解する。
**2.** おねじの外径・谷の径・ピッチ・山の角度(半角)の測定方法を習得する。

## 使用機器・材料
測定顕微鏡,平行おねじ,ウエスなど

## 準 備
**1.** 測定顕微鏡に型板を取り付ける。
**2.** 測定するねじの山形・ピッチにより,所定の山形を視野の中央にし,視野左端の角度目盛を0に合わせる。
**3.** 測定するねじをテーブルの上に取り付ける。

## 方 法

### A————おねじの外径・谷の径の測定
1 三型板の十字線をねじの外径を示す線に合わせる。
2 ねじの外径を示す2本の線の間の距離を,マイクロメータで読み取る。
3 型板の十字線をねじの谷の径を示す線に合わせる。
4 ねじの谷の径を示す2本の線の間の距離をマイクロメータで読み取る。

### B————ピッチの測定
1 型板を取り付けた鏡筒を,ねじのリード方向にリード角だけ傾ける。
2 測定するねじの両フランクにピントを合わせる。
3 テーブルを前後左右に微動し,ねじ形に両フランクを正しく一致させ,左右方向のマイクロメータ目盛を読み取る。
4 テーブルを1ピッチ送り,マイクロメータの目盛を読み取る。
5 この方法を繰り返して全ピッチを測定し,結果のまとめにあるような表にまとめる。

### C————ねじ山の半角の測定
1 測定顕微鏡に角度接眼鏡を取り付ける。
2 角度接眼鏡を取り付けた鏡筒を,ねじのリード方向にリード角だけ傾ける。
3 完全ねじに最も近いねじ溝が視野に現れるように調整する。
4 水平方向の十字線をねじ山の連なる線に正しく合わせ,このときの角度を読み取る。
5 垂直方向の十字線をねじ溝の左のフランクに合わせ,角度を読み取る。前の読みとの差がフランクの半角である(図4(b))。
6 同様にして右のフランクの半角も測定する。
7 測定した値を次表のようにまとめる。

**実習**

結果のまとめ

### ねじの外径・谷の径の測定

（単位mm）

|  | 測定位置1 | 測定位置2 | 測定位置3 | 平　均 |
|---|---|---|---|---|
| 外　径 |  |  |  |  |
| 谷の径 |  |  |  |  |

### ピッチ誤差の測定

| ねじ溝の番号 | テーブル送りの読み $a$[mm] | 正しいねじ溝のあるべき位置 $b$[mm] | 累積ピッチ誤差 $a-b$[mm] |
|---|---|---|---|
| 1 |  |  |  |
| 2 |  |  |  |
| 3 |  |  |  |
| ⋮ |  |  |  |

### ねじ山の角度の測定

| 測定位置 / 角度 | 1 左フランク | 1 右フランク | 2 左フランク | 2 右フランク | 3 左フランク | 3 右フランク |
|---|---|---|---|---|---|---|
| 角度の読み① |  |  |  |  |  |  |
| 角度の読み② |  |  |  |  |  |  |
| 測定値①－② |  |  |  |  |  |  |
| 半角の標準値 |  |  |  |  |  |  |
| 誤差 |  |  |  |  |  |  |

考　察

1. 外径・谷の径・ピッチ・ねじ山の角度を規格値と比較してみよ。
2. 累積ピッチ誤差曲線を作ってみよ。
3. 累積ピッチ誤差により，標準ねじとのかみ合いがどうなるか研究してみよ。
4. JIS B 0261:2020平行ねじゲージの検査法と比較してみよ。
5. ピッチに誤差のあるときは，これを有効径の寸法に換算する（これを有効径当量という）。このことについて研究してみよ。

**Skill Up**

☐ 測定用三針はねじ部の中央に，アンビル側に2本，スピンドル側に1本を垂直に垂らす。また，三針が平行になっていることを確認する。

☐ 値がばらつかないようにするには，ラチェットストップの回し方を一定にし，少しフレームを上下に動かし測定面と三針がしっかり接触するようにする。

**8 歯車の測定**

## 1 概　要

　歯車は，電子・精密機器の駆動装置や輸送機器の動力伝達装置など，さまざまな機器に使用されている。これらの歯車には，なめらかな回転とともにすぐれた回転精度が要求されるものが少なくない。ピッチ誤差や歯形誤差などがあると，高速回転するさい，騒音や振動の原因となる。そのために，これらの誤差が少ない歯車を製作しなければならない。

　JISではインボリュート平歯車やはすば歯車などの円筒歯車について，ピッチ誤差や歯形誤差などを細かく精度の高い順に0〜8級の9等級に分け，モジュールの大きさごとに許容値を定めている。

　歯車の測定では，これらの項目を高精度に，しかも高速に測定することが要求される。そこで，最近のコンピュータを内蔵したCNC歯車試験機についてふれる。

　ピッチや歯形に誤差があると，歯厚にも誤差が生じる。そこで，JISには歯厚精度の規定はないが，歯車の仕上がり寸法を歯厚寸法に許容差を設けて管理し，簡易的に所要の寸法に仕上がっているかを判断することが行われている。ここでは，インボリュート平歯車の歯厚の測定について学習する。

## 2 歯車の誤差

　円筒インボリュート歯車の誤差には，歯車の歯面に関する誤差の定義と許容値が定められている。図1にピッチ誤差の例を示す。

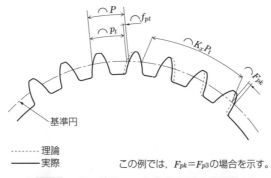

この例では，$F_{pk}=F_{p3}$の場合を示す。

**図1　インボリュート歯車のピッチ誤差**

　単一ピッチ誤差$f_{pt}$[mm]は，基準円上で定義された軸直角平面での実際のピッチ$P$[mm]と，対応する理論ピッチ$P_t$[mm]との差である。部分累積ピッチ誤差$F_{pk}$[mm]は，図のように歯数$k$[枚]に対応する円弧の実際の長さと，理論長さとの差である。なお，累積ピッチ誤差$F_p$[mm]は，歯車の全歯面領域での最大累積ピッチ誤差である。

# ③ CNC歯車測定機

　図2に，CNC歯車測定機の構造図の例を示す。この測定機は，歯車を回転させる主軸と測定子を移動させる二軸X，YをNCにより同時制御して自動的に歯形を測定するものである。

　主軸は，パルスモータAで駆動される。主軸の回転角度θは主軸に直結した高精度な光学式のロータリエンコーダで計測する。一方，検出器に取り付けられた測定子は，パルスモータBにより精密ボールねじを回転させることによって直進移動し，同時にリニアエンコーダが測定子の実際の移動長さを計測する。計測値は，インタフェースを経て，CPUで演算処理され，出力装置によりピッチ誤差，歯形誤差などの誤差として出力される。

　図3(a)は，CNC全自動歯車試験機の外観を示す。図(b)は，測定子と測定用歯車を示す。図1に示すピッチ誤差を測定のプログラムに従って全自動で測定することができ，結果をコンピュータで処理し，誤差をグラフまたは数値で表すことができる。

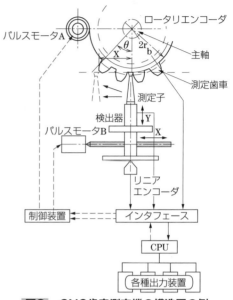

**図2**　CNC歯車測定機の構造図の例

(a) 外観　　　　　　　　　　(b) 測定ヘッド

**図3**　CNC全自動歯車測定機

# ④ 平歯車の歯厚測定

歯車の仕上げ寸法の管理は一般に歯厚の測定によって行われる。歯厚の測定法には，またぎ歯厚法，オーバピン法，キャリパ法(弦歯厚法)の3種類がある。図4に，それぞれの方法による歯厚寸法の記入例を示す。

ここでは，またぎ歯厚法とオーバピン法について説明する。

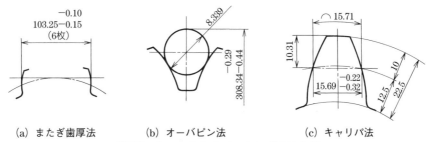

(a) またぎ歯厚法　　(b) オーバピン法　　(c) キャリパ法

**図4　歯厚測定方法別の歯厚寸法記入例**

## 1 またぎ歯厚法

またぎ歯厚法とは，図5に示すように，平歯車の歯を$z_m$枚またいで，またぎ歯厚$W'$[mm]を歯厚マイクロメータで測定する方法である。またぎ歯厚法では，測定面と歯面との接点が正しいインボリュート曲線上にあるかぎり接点の位置に関係なくまたぎ歯厚の値は等しい。

このため，またぎ歯厚$W'$[mm]を測定することは，その歯車の基礎円上の歯厚を測定することになる。論理的なまたぎ歯厚$W$[mm]は，標準平歯車の歯数を$z$[枚]，またぎ歯数を$z_m$[枚]，モジュールを$m$[mm]としたとき，基準圧力角が20°の場合には，式(8)のように表せる。

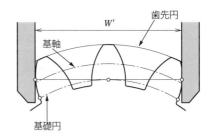

**図5　またぎ歯厚の測定**

$$W = (0.014\,005\,5z + 2.952\,13z_m - 1.476\,06)\,m \qquad (8)$$

なお，またぎ歯数$z_m$[枚]は次式で求める。

$$z_m \fallingdotseq \quad \alpha z / 180 + 0.5 \fallingdotseq 0.11z + 0.5 \qquad (9)$$

## 2 オーバピン法

二個のピン(またはボール)を平歯車の歯溝に入れ，図6に示すように，二個のピン外側の寸法$d_m'$を測定して，理論式より求めたオーバピン寸法$d_m$[mm]と比較する方法である。

二個のピンは，歯数 $z$[枚]が偶数歯の場合は基準円上の相対する歯溝に，奇数歯の場合は $\frac{\pi}{z}$ だけ偏った歯溝に挿入する。これらの理論的なオーバピン(玉)寸法 $d_m$[mm]は，圧力角を $\alpha$[°]，モジュールを $m$[mm]としたとき，式(10)〜(12)で表せる。なお，ピンの直径 $d_p$[mm]は一般に式(13)のように表せる。式の中の＋は外歯車に，－は内歯車に適用する。

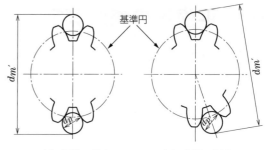

(a) 偶数の場合　　(b) 奇数の場合

**図6**　**オーバピン法による測定**

なお，ピンの直径 $d_p$[mm]は，一般に次式で求める。

$$\text{偶数歯の場合}\quad d_m = \frac{zm\cos\alpha}{\cos\phi} \pm d_p\,[\text{mm}] \tag{10}$$

$$\text{奇数歯の場合}\quad d_m = \frac{zm\cos\alpha}{\cos\phi}\cos\frac{90}{z} \pm d_p\,[\text{mm}] \tag{11}$$

$$\phi = \alpha + \frac{90}{z} \tag{12}$$

$d_p$：ピンの直径$(d_p = 1.68\,m)$[mm]　　$m$：モジュール[mm]

$\alpha$：圧力角[°]

計算例

$$d_p = zm\cos\alpha\left(\text{inv}\phi + \frac{\pi}{2z} - 0.0149\right)[\text{mm}] \tag{13}$$

$$\text{inv}\phi = \tan\phi - \phi \tag{14}$$

$\text{inv}\phi$：インボリュート関数

歯数20枚，モジュール1mm，圧力角20°の場合，ピンの直径 $d_p$[mm]を求める。

$$\phi = \alpha + \frac{90}{z} = 20 + \frac{90}{20} = 24.5°$$

$$\text{inv}\phi = \tan\phi - \phi = \tan 24.5 - \frac{24.5\pi}{180} = 0.4557 - 0.4276$$

$$= 0.0281$$

$$d_p = zm\cos\alpha\left(\text{inv}\phi + \frac{\pi}{2z} - 0.0149\right)$$

$$= 20 \times \cos 20\left(0.0281 + \frac{\pi}{2 \times 20} - 0.0149\right)$$

$$= 20 \times 0.9397\left(0.0281 + 0.07854 - 0.0149\right)$$

$$= 20 \times 0.9397 \times 0.09174$$

$$= 1.724\,[\text{mm}]$$

したがってピンの直径は1.724mmである。

# 工作測定実習 9　歯厚マイクロメータによるまたぎ歯厚の測定

### 目　標

1. 標準平歯車の歯厚マイクロメータを用いたまたぎ歯厚法を理解する。
2. またぎ歯厚法を習得する。

### 使用機器・材料

歯厚マイクロメータ，標準平歯車，ウエスなど

### 準　備

1. 歯車のモジュール，圧力角，歯数等を確認する。
2. 歯厚マイクロメータの動き，目盛0点を調整・確認する。

### 方　法

1️⃣ 圧力角$\alpha$[°]，歯数$z$[枚]を式(9)に代入し，またぎ歯数$z_m$[枚]を計算した後，その値に最も近い整数値をまたぎ歯数とする。

2️⃣ 歯厚マイクロメータで歯数$z_m$[枚]をまたいでまたぎ歯厚$W'$[mm]を測定する。測定のさいは，歯に番号1，2，3，…，$z$をつけた後，全周のまたぎ歯厚$W'$[mm]を測定し，結果を記録する。

3️⃣ 式(8)よりまたぎ歯厚$W$[mm]を計算し，測定結果と比較する。

### 結果のまとめ

| またいだ位置 | | またぎ歯厚の測定値 $W'$[mm] | 計算値との誤差 $dW = W' - W$[mm] |
|---|---|---|---|
| 1 | 1～3 | | |
| 2 | 2～4 | | |
| $z$ | $z$～2 | | |
| 平　均 | | | |
| | 最大誤差$dW_{max}$ | | |
| | 最小誤差$dW_{min}$ | | |

測定歯車諸元

モジュール

$m = $____[mm]

歯数$z = $____[枚]

またぎ歯厚

$W = $____[mm]

またぎ歯数____[枚]

基準円直径

$d = $____[mm]

### 考　察

1. またぎ歯厚の最大値と最小値との差はどうであったか。この差はどうして生まれたか。
2. 歯厚の誤差が歯車による動力や回転運動の伝達に及ぼす影響を考えよ。

# 工作測定実習10 オーバピン法による平歯車の歯厚測定

・・・・・・・・・・・・・・・・・・・・・・・・・・・・・・・・・・・・・・・・・・・・・・・・・・・・・・・・・・・・・・・・・・・・・・・・・・・・・・・・・・・・・・・・・・・・・・・・・・・・・・・・・・

## 目 標

1. オーバボールマイクロメータの使用法を理解し，オーバピン法による歯厚の測定法を習得する。

## 使用機器・材料

オーバボールマイクロメータ一式，外側マイクロメータ(0～25mm)，標準平歯車，ウエスなど

## 準 備

1. ボールの直径を式(6)で求め，その値に近いボールを2個取り出し，外側マイクロメータでその直径を測定した後，オーバボールマイクロメータに取り付ける。

2. オーバボールマイクロメータの0点を，基準ゲージを用いて調整する。

3. 歯車の円周上，ほぼ等間隔に5か所を選び歯に番号をつける。

## 方 法

1 歯車の諸元を確認し，記録する。

2 ボールを入れる歯溝の番号を確認し，歯数が偶数の場合は図6のように基準円上の相対する歯溝にボールを入れる。奇数の場合は，図4(b)のように基準円上の相対する位置の最も近い歯溝にボールを入れる。

3 ボールが歯溝に正しくはまったことを確認したら，オーバピン寸法$d_m{}'$[mm]を読み取り，測定結果を表にまとめる。

## 結果のまとめ

歯車諸元　歯数$z$(　　枚)　モジュール$m$(　　)

ボールの直径$d_p$(計算値　　　　mm，実測値)

オーバピン寸法の計算値$d_m$(　　　mm)

| | 歯番号1 | 歯番号2 | 歯番号3 | 歯番号4 | 歯番号5 |
|---|---|---|---|---|---|
| オーバピン寸法$d_m{}'$ | | | | | |
| 誤差$d_m{}'-d_m$ | | | | | |

## 考 察

1. 測定位置による誤差の最大値と最小値の差はどの程度であったか。これらの誤差の原因として何が考えられるか。

2. 種類の歯厚測定の方法を比較してみよ。

表面性状の測定

## 1 概　要

　凹凸，傷，筋目などの表面の状態を，総称して表面性状という。表面性状は，JIS B 0601:2013およびJIS B 0031:2022に規定され，触針式表面粗さ測定機などによって表面の凹凸を直接測定する輪郭曲線方式で測定した結果をディジタルデータとして処理し，各種パラメータ(記号と数値)によって表示する。

　ここでは，表面性状を表す代表的なパラメータを取り上げる。

## 2 触針式表面粗さ測定機の構成

　図1に，触針式表面粗さ測定機を示す。図からわかるように，本体と制御部からなっており，本体はテーブル，触針，駆動部などから構成されている。図(b)に示す触針は，先端が角度60°，半径は2μmの円すい形のダイヤモンドからなる。触針で測定面の形状を測定し，ディジタルデータとして処理し，各種パラメータを表示する。

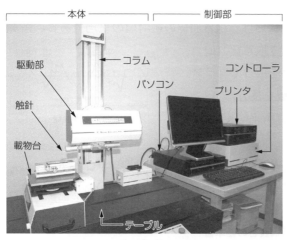

(a) 触針式表面粗さ測定機

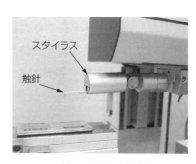

(b) スタイラスと触針

**図1　触針式表面粗さ測定機**

## 3 断面曲線・粗さ曲線およびカットオフ値

　対象物の表面を直角な平面で切断したとき，その切り口に現れる輪郭を実表面の断面曲線という(図2)。

　測定の座標軸は，図に示すように，凹凸の測定方向をX，その直角方向をY，高さ方向をZの記号で表す。

　図3に示す断面曲線は，実表面の断面曲線から非常に小さな波長を低域フィルタで除去して

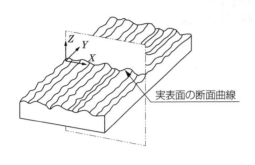

図2　実表面の断面曲線

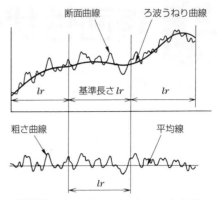

図3　断面・うねり・粗さの各曲線

得られる輪郭曲線である。粗さ曲線は，断面曲線から所定の波長（これをカットオフ値という）より長いうねり成分を除去して得た輪郭曲線である。平均線とは，うねり曲線の波長成分を高域フィルタでしゃ断して直線に置き換えた直線をいう。なお，粗さ曲線からカットオフ値と同じ長さを抜き取った部分の長さを基準長さ($lr$)といい，各種パラメータの評価に用いる基準長さを一つ以上含む長さを評価長さ($ln$)という。評価長さの標準値は，基準長さの5倍である。

# ④ 算術平均粗さ($Ra$)の表し方

粗さ曲線の算術平均粗さは，基準長さにおける粗さ曲線の絶対値の平均である。図4に示すように，粗さ曲線から基準長さ$lr$だけ抜き取る（図(a)）。

次に平均線より下の粗さ成分の絶対値を取ってプラスとし，粗さ成分と平均線で囲まれた面積を長方形とし，横の長さを$lr$としたときの縦の長さが算術平均粗さ$Ra$である（図(c)）。

$Ra$は，マイクロメートル（µm）単位で表す。

算術平均粗さを求めるときの基準長さおよび評価長さを表1に示す。

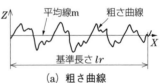

(a) 粗さ曲線

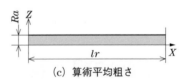

(b) 粗さ曲線の絶対値

(c) 算術平均粗さ

図4　算術平均粗さの求め方

表1　$Ra$を求めるときの基準長さおよび評価長さの基準値

| $Ra$の範囲 [µm] | | 基準長さ $\lambda c$[mm] | 評価長さ $ln$[mm] |
|---|---|---|---|
| を超え | 以下 | | |
| (0.006) | 0.02 | 0.08 | 0.4 |
| 0.02 | 0.1 | 0.25 | 1.25 |
| 0.1 | 2 | 0.8 | 4 |
| 2 | 10 | 2.5 | 12.5 |
| 10 | 80 | 8 | 40 |

## 最大高さ粗さ$(Rz)$の求め方と表し方

最大高さ粗さ$(Rz)$は，図5に示すように，粗さ曲線からその平均線の方向に基準長さを抜き取り，その抜き取り部分の最大山高さ$(Zp)$と最大谷深さ$(Zv)$の和をマイクロメートル$[\mu m]$で表したものをいう。

$Rz$を求めるときの基準長さ，評価長さの基準値を表2に示す。

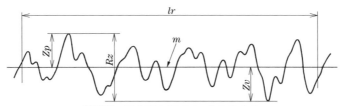

**図5** 最大高さ粗さ$(Rz)$の求め方

**表2** $Rz$を求めるときの基準長さおよび評価長さの基準値

| $Rz$の範囲 $[\mu m]$ | | 基準長さ $lr[mm]$ | 評価長さ $ln[mm]$ |
|---|---|---|---|
| を超え | 以下 | | |
| (0.025) | 0.1 | 0.08 | 0.4 |
| 0.1 | 0.5 | 0.25 | 1.25 |
| 0.5 | 10 | 0.8 | 4 |
| 10 | 50 | 2.5 | 12.5 |
| 50 | 200 | 8 | 40 |

**注** (  )内は，参考値である。

 ## 表面性状パラメータの値の指示

$Ra$，$Rz$などの表面性状パラメータの値には，二通りの表し方がある。

### ■ 16%ルール

図面に指示された要求値は，加工表面の一つの評価長さから切り取った全部の基準長さを用いて算出したパラメータの測定値のうち，図面に指示された要求値を超える数が16%以下であれば，この表面は，要求値を満たすものとする規定である。例えば，6個のパラメータの測定値のうち，1個までは要求値を越えたものがあっても，この表面は要求値を満たすものとするルールである。

表面性状の要求事項の標準ルールは，**16%ルール**である。図6に，$Ra$と$Rz$の16%ルールの指示例を示す。

(a) $Ra$の表示　　　　　(b) $Rz$の表示

**図6** 16%ルールを適用した場合の$Ra$と$Rz$の指示例

### ❷ 最大値ルール

　図面に指示された要求値が，パラメータの最大値によって指示されている場合，対象面全域で求めたパラメータの値のうち，一つでも図面に指示された要求値を超えてはいけないという規定である。

　**最大値ルール**を適用する場合には，パラメータ記号の後に"*max*"をつける。
図7に，$Ra$と$Rz$の最大値ルールの指示例を示す。

(a) $Ra$max の表示　　　　(b) $Rz$max の表示

**図7　最大値ルールを適用した場合の$Ramax$と$Rzmax$の指示例**

 ## ⑦ 参考規格としての十点平均粗さ（$Rz_{JIS}$）

　粗さの規格（JIS B 0601:2013）が2001年に大きく変わった。現行JISでは十点平均粗さの規格がない。しかし，従来から広く普及していることを理由にJIS B 0601:2013付属書JAに参考規格として十点平均粗さ（$Rz_{JIS}$）を掲載している。

　十点平均粗さは，図8に示すように，粗さ曲線からその平均線の方向に基準長さ$lr$を抜き取り，この抜き取った部分の粗さ曲線の平均線から縦倍率の方向に測定した，最も高い山頂から5番目までの山頂の標高（$Zp$）の絶対値の平均値と，最も低い谷底から5番目までの谷底の標高（$Zv$）の絶対値の平均値との和を求め，この値をマイクロメートル[μm]単位で表したものをいう。

$$Rz_{JIS} = \frac{|Zp_1+Zp_2+Zp_3+Zp_4+Zp_5|+|Zv_1+Zv_2+Zv_3+Zv_4+Zv_5|}{5}$$

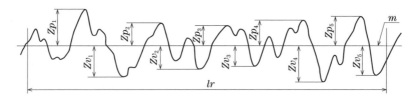

**図8　十点平均粗さ（$Rz_{JIS}$）の求め方**

## 形状測定機

表面粗さ測定機には，形状測定機能を持つ図9のような粗さ・形状測定機がある。この形状測定機能は，形状測定用のスタイラス（触針）が歯車の歯形やねじの輪郭形状をトレースしてディジタルデータに変換するものである。スタイラスの先端の角度は15°，先端の曲率は15μmである。スタイラスの移動距離は70mmと粗さ測定機よりも長い。

(a) 形状測定用スタイラス          (b) 記録例

**図9　形状測定機**

## 三次元測定機

座標測定機ともいい，図10に示すように左右方向をX軸，前後方向をY軸，高さ方向をZ軸として，部品の寸法・形状を測定する測定機である。大きな量の変位は，門形移動体のY方向の移動と第2移動体のX方向およびプローブが取りつけてある第1移動体のZ方向の移動を各軸に取りつけたディジタルスケールで読み取り，プローブの先につけたスタイラスの接触信号を電気信号に変換してコンピュータへ入力する。コンピュータは，三方向からの電気信号を演算して移動距離を表示する。三次元測定機には，プローブの動きを手動で操作する手動式とコンピュータ制御により自動的に移動する電動式とがある。

数値制御工作機械の進歩により，複雑形状の加工が容易となった。そのために，複雑形状の加工品の基準面からの穴の位置や傾斜部の穴の位置，各種の幾何公差の測定は，三次元測定機が不可欠となっている。

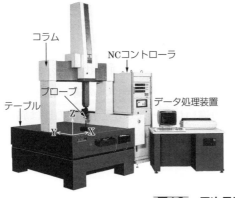

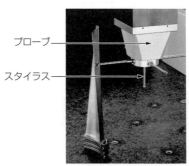

**図10　三次元測定機**

# 工作測定実習11 表面性状パラメータ *Ra*，*Rz* の測定

## 目　標

**1.** 表面性状の種類とその求め方を理解する。

**2.** 触針式表面粗さ測定機の操作方法と表面性状の測定方法を習得する。

## 使用機器・材料

触針式表面粗さ測定機，試料(各種の加工をした丸棒，角材などの部品)，ベンジン，ウエスなど

## 準　備

**1.** 測定機のメインスイッチを入れ，必要な表面性状パラメータを選択する。

**2.** 試料をベンジンできれいにし，測定台に載せる。

**3.** 触針を試料表面に接触させる。

**4.** 触針を試料表面上で平行移動させながら，試料の平行調整をする。

**5.** 表面性状パラメータ *Ra*，*Rz* が測定できるように，測定条件を選択する。

**6.** カットオフ値，評価長さ，縦倍率，横倍率，触針の送り速度などを選択する。

## 方　法

1️⃣ 触針が試料の表面上をなぞり，表示された *Ra*，*Rz* の値を読み取る。そこで，仮設定のカットオフ値が正しいか確認し，表1，2と違っている場合はカットオフ値を変更し再度測定する。

2️⃣ 同一条件で測定位置を変え，6か所以上のデータを取る。

3️⃣ 試料を換えて，同様な測定をする。

4️⃣ 測定結果を表にまとめる。

## 結果のまとめ

| 試料番号 | 種類 | 測定位置1 | 測定位置2 | 測定位置3 | 測定位置4 | 測定位置5 | 測定位置6 | 16%ルール | 最大値ルール |
|---|---|---|---|---|---|---|---|---|---|
| 加工面A | *Ra* | | | | | | | | |
| | *Rz* | | | | | | | | |
| 加工面B | *Ra* | | | | | | | | |
| | *Rz* | | | | | | | | |

## 考　察

**1.** 結果から16％ルール，最大値ルールを適用し，試料の表面性状を表示してみよ。各種の加工後の表面 *Ra*，*Rz* は，どのような値であったか。加工条件との違いはどうであったか。

**2.** *Ra* と *Rz* との比を求めてみよ。加工方法の違いによって *Ra* と *Rz* との比は異なったか。また，その理由を考えてみよ。

# 第13章

# 内燃機関

蒸気タービンやディーゼルエンジン・ガソリンエンジン・ガスタービンなど，いろいろな熱機関が広く活用されている。この章ではレシプロエンジンの試験を取り上げ，JISにもとづいて性能試験を行い，性能特性を学習すると同時に，性能試験法を把握する。また，性能試験を行うまえに，その対象とするエンジンの分解・組立・調整を行い，構造を理解するとともに，性能との関係についても学習する。

# 内燃機関の構造

## ① 概　要

　ここでは，4サイクルガソリンエンジンを取り上げて分解・組立・調整を行うこととする。なお，分解はエンジン本体について行うこととし，キャブレータ・オルタネータ・スタータなど付属機器個々の分解は行わない。

　正しく作業を行うためには，次のことがらに注意する。

> 1)　分解作業にはいるまえに対象エンジンをよく観察し，各機器の取り付け位置や相互関係を把握する。
> 2)　複雑な箇所の分解にさいしては，組立時に影響がないよう配慮したうえで，合い印を付ける。
> 3)　電気配線や燃料配管，その他の配管には荷札を付け，誤配線などを事前に防ぐ。
> 4)　分解した部品類は，その都度，組付け状態・変形などを点検し，場合によってはその状況を記録する。また，部品ごとに箱などに順序よく入れて整理する。
> 5)　再使用する部品類は，清潔なウエスでよく清掃する。なお，パッキン・ガスケット・Oリングなどの再使用は避け，新品と交換する。
> 6)　工具類は適合するものだけを用い，ねじの締め付けは指定トルクで，指定順序で行う。
> 7)　組立作業は，各部品を組み付けるごとに作動などを点検する。

## ② 分　解

### 1 目標

　分解するうえでの目標は，次のとおりである。

1)　分解作業の進め方の概要を把握する。
2)　各種工具の取り扱いを習得する。
3)　エンジンの構成や各部の構造を把握する。

### 2 準備

　分解するにあたっては，次のものを準備する。

　エンジン台・作業台・部品箱(大小各種)・銅ハンマ・ドライバ(各種)・レンチ類・プーラ類・バルブリフタ(図1(a))・ピストンリングプライヤ(図(b))・ピストンヒータ・オイルフィルタレンチ・オイル受け容器・水受け容器・ウエスなど。

（a）バルブリフタ　　　　　　　　（b）ピストンリングプライヤ

**図1　手工具の例**

## 3 エンジン本体の分解作業

図2は，自動車用ガソリンエンジンの構造を示したものである。

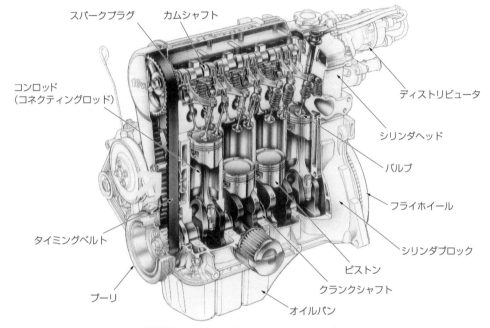

**図2　自動車用ガソリンエンジンの構造**

分解は次の順序で行う。

1)　冷却水・エンジンオイル・燃料をそれぞれ抜き取る。

2)　配線・配管をはずす。

3)　オイルフィルタを取りはずす。

4)　付属機器・カバー類をはずす。

　　キャブレータ・フューエルポンプ・オルタネータ・ウォータポンプ・ディストリビュータ・スタータ・インテークマニホールド・エキゾーストマニホールド・スパークプラグ・シリンダヘッドカバー・オイルレベルゲージなど。

5)　エンジン本体の分解　　図3は，エンジン本体の構成部品を示す例（OHC水冷4サイクル直列6気筒ガソリンエンジン）である。

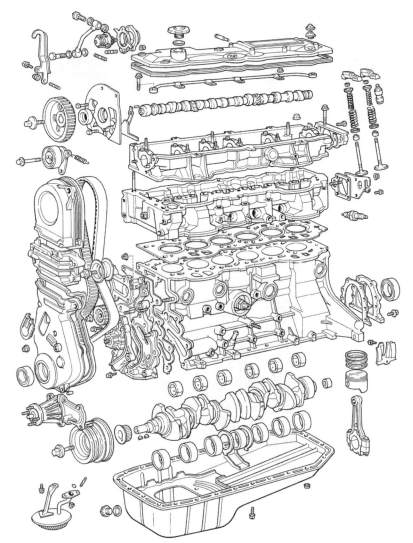

**図3　エンジン本体の構成部品（直列6気筒）**

① 　ロッカアームシャフトをロッカアーム
　　などが取り付けられたまま取りはずす
　　（図4）。

② 　テンションプーリの取り付けボルトを
　　緩め，タイミングベルトを取りはずす
　　（図5）。

> **注** タイミングベルトを再使用するときは，
> 　タイミングベルトに回転方向を示す矢印
> 　をチョーク等で記入しておく。

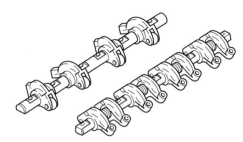

**図4　ロッカアームシャフト**

③ カムシャフトスプロケットを取りはず
す。

④ カムシャフトを取りはずす。

注 カムシャフトのベアリングは，カムシャ
フトを取りはずしたあとで，もとどおり
の向き・位置に仮組付けをすること。

⑤ シリンダヘッドを取りはずす。図6は
シリンダヘッドボルトを緩める順序を示
す一例である。

注 ❶を少し緩めたら次に❷を，というよう
に，全体を少しずつ緩めること。締め付
けはこの逆に行う。

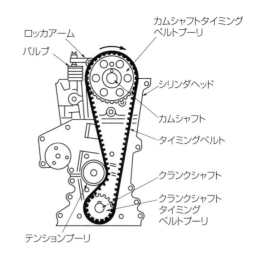

図5 カムシャフト駆動機構

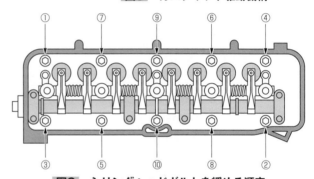

図6 シリンダヘッドボルトを緩める順序

⑥ オイルパンを取りはずす。

注 シリンダヘッドボルトと同様に，全体を少しずつ緩めて取りはずす。

⑦ 図7に示すピストンとコンロッドを取りはずす。コンロッドキャップをコンロッドベアリ
ングごと取りはずし，ピストンを押してシリンダから抜き取る。

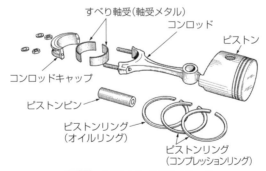

図7 ピストンとコンロッド

注 合い印をつけて，混同しないようにする。なお，第1シリンダには第1ピストンをというように組み付け
るとともに，各部品には前後があるので，印をつけて仮組付けをする。

⑧　ジャーナルベアリングキャップを取りはずし，クランクシャフトを取りはずす（図8）。

　注　ジャーナルベアリングキャップは，前後の向きや位置をまちがえないように仮組付けをする。

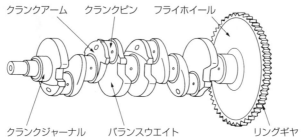

クランクアーム　クランクピン　フライホイール

クランクジャーナル　バランスウエイト　リングギヤ

**図8　クランクシャフトとフライホイール**

## 4　ピストンの分解と組立作業

1)　図9のように，ピストンリングをピストンリングプライヤではずす。

　　　図10にピストンリングを示す。

　注　ピストンリングの上面には記号（製造会社名）があるのでまちがえないこと。

　注　コンプレッションリングには1番目・2番目など形状が異なる場合が多いので混同しないこと。

2)　ピストンピンを抜き取る。

　注　ピストンピンを抜くには，60℃前後に加熱した油槽（ピストンヒータ）でピストンを加熱したあとに行う。

3)　組立作業は分解作業の逆に行う。

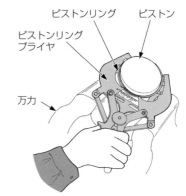

ピストンリング　ピストン

ピストンリング
プライヤ

万力

**図9　ピストンリングの脱着**

オイル戻し穴

コンプレッション
リング

ピストン合い口
オイルリング

コンプレッション
リング
オイル
リング

ピストン

シリンダ

オイル戻し穴

**図10　ピストンリング**

## **5** バルブの分解と組立作業

図11にシリンダヘッドから取りはずしたバルブやバルブスプリングなどを示す。

1) 図12のように，バブルリフタでバルブスプリング❸と❹を縮め，バルブコッタ❶をはずしたあと，バルブスプリングリテーナ❷を取り，図11に示す各部品❸〜❻をはずす。

図11 **バルブとバルブスプリング**

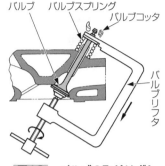

図12 **バルブの取りはずし**

2) バルブ❼を抜き取る。

3) 組立作業は，分解作業の逆に行う。

**注** バルブのバルブステムにはオイルを薄く塗布する。

## **6** エンジン各部の観察とスケッチ

1) カムシャフト駆動装置を観察したあと，作図する。

2) 燃焼室の形状を観察したあと，スケッチする。

3) 燃焼装置について，その構成図を作成する。

4) 点火装置について，その構成図を作成する。

5) 潤滑装置と潤滑系統について観察したあと，その構成図を作成する。

6) 冷却装置と冷却系統について観察したあと，その構成図を作成する。

7) 排気装置と排気系統について観察したあと，その構成図を作成する。

## **7** 考 察

1) エンジン本体部品の材質，加工方法について検討せよ。

2) 小形化，高性能化のために，どのような点に改良のあとがみられるか，検討せよ。

 **組 立**

## **1** 目 標

組立作業をするうえでの目標は，次のとおりである。

1) 組立作業の進め方の概要を把握する。

2) 各種工具の取り扱いを習得する。

## **2** 準 備

組立作業をするにあたっては，次のものを準備する。

分解時に使用したもののほかに，ピストンリングコンプレッサ(図13(a))・トルクレンチ(図(b))・シックネスゲージ(図(c))・新品パッキン・ガスケット類。

(a) ピストンリング
　　コンプレッサ

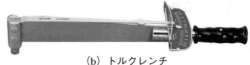

(b) トルクレンチ

(c) シックネスゲージ

**図13　組立作業で使用する工具の例**

### ❸ 組立作業

1）　カムシャフトをシリンダヘッドに組み付ける。

　　**注** ベアリングにはじゅうぶんにオイルを塗布する。

　　**注** トルクレンチを用いて指定されたトルクで締め付ける。以後すべて同様。

2）　クランクシャフトをシリンダブロックに組み付ける。

3）　ピストンをシリンダに挿入する準備をする。

　①　ピストンリングの合い口を図14のように，1番目のコンプレッションリングをピストンピン軸方向から約45°ずらし，2番目のリングはこれに対して180°ずらす。オイルリングも同じように，サイドレールの上側レールと下側レールの合い口をずらして吹き抜けを防止する。

　②　ピストン外周にオイルを塗る。

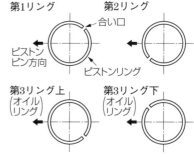

**図14　ピストンリングの合い口の位置**

4）　ピストンをシリンダに挿入する。

　　**注** オイルリングがシリンダの上面に当たるまで挿入する。

5）　ピストンリングコンプレッサでピストンリングを押し縮めたのち，ハンマの柄でたたいて完全に挿入する。

6）　コンロッドキャップを組み付ける。

7）　クランクシャフトタイミングベルトプーリとカムシャフトタイミングベルトプーリを図15に示すように，合い印をあわせて組み付ける。

　　**注** エンジンによって異なるので，分解時に確認する。

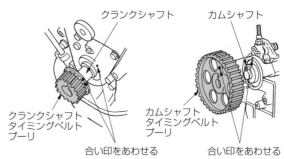

**図15　プーリと合い印**

8) シリンダヘッドを組み付ける。

**注** 締め付けは，分解と逆の順序で行う。そのさい，一巡目は指定トルクの50％程度で，二巡目は70％程度で，そして三巡目に100％のトルク値で締め付ける。

9) タイミングベルトを組み付ける。このさい，図16に示すように，タイミングマークが合っていること。

10) タイミングベルトカバーを組み付ける。

11) Vベルトプーリをクランクシャフトに組み付ける。

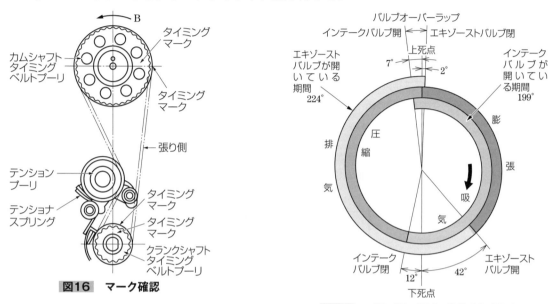

図16　マーク確認

図17　バルブタイミングダイヤグラム

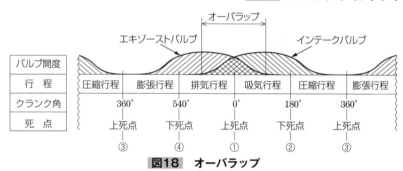

図18　オーバラップ

**a. バルブクリアランス調整**　　バルブクリアランスの調整は，図17に示すバルブタイミングダイヤグラム，およびオーバラップを示す図18を読むことから行う。

バルブクリアランスの調整ができるのはバルブが閉じた状態のときだけであり，4ストロークサイクルエンジンの各行程におけるバルブの開閉状態と，バルブクリアランスの調整は次のような関係にある。

・排気行程の上死点①では，オーバラップの状態でインテークバルブ・エキゾーストバルブともに開いているため，両バルブともバルブクリアランスの調整ができない。

・吸入行程の下死点②では，インテークバルブは開き，エキゾーストバルブは閉じているため，エキゾーストバルブのみバルブクリアランスの調整ができる。

・圧縮行程の上死点③ではインテークバルブ・エキゾーストバルブともに閉じているため，両バルブともバルブクリアランスの調整ができる。

・膨張行程の下死点④ではインテークバルブは閉じて，エキゾーストバルブは開いているため，インテークバルブのみバルブクリアランスの調整ができる。

エンジンが各シリンダに点火する順序が❶・❸・❹・❷の場合，バルブクリアランスを調整する手順は次のとおりである。

a) 第1シリンダを圧縮行程の上死点にする。

注 第1シリンダを圧縮行程の上死点にした場合，第2シリンダは膨張行程の下死点，第3シリンダは吸入行程の下死点，第4シリンダは排気行程の上死点となり，バルブクリアランス調整の順序を図19に示す。

b) 図19の［A］の矢印で示されたバルブのバルブクリアランスを調整する。調整方法は，図20(a)に示すように，シックネスゲージやレンチ，ドライバを用いて行い，図20(b)の①に示す固定用ナットを緩め，②に示す調整用ボルトを回し，規定のバルブクリアランスに調整して，固定用ナットを締め付けて固定する。

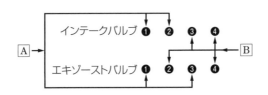

**図19　バルブクリアランス調整の順序**

（a）バルブクリアランスの調整

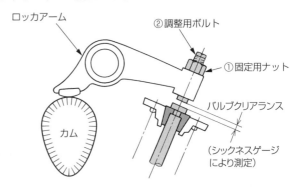

（b）バルブクリアランス調節機構

**図20　バルブクリアランスの調整方法**

c) クランクシャフトを一回転（360°）させて，図19の［B］の矢印で示された残りのバルブのバルブクリアランスを調整する。

12) 次の付属機器・カバー類を組み付ける。

　キャブレータ・フューエルポンプ・オルタネータ・スタータ・インテークマニホールド・エキゾーストマニホールド・スパークプラグ・シリンダヘッドカバー・オイルレベルゲージなど。

13) ディストリビュータを組み付ける。

① 第1シリンダを点火時期に合わせる（図21参照）。

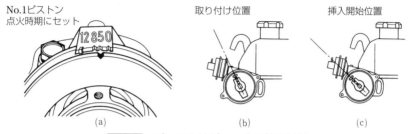

No.1ピストン
点火時期にセット

取り付け位置

挿入開始位置

(a)　　　　　　(b)　　　　　　(c)

**図21　ディストリビュータの組み付け**

② 図22に示すように，ロータが，ディストリビュータキャップの1番のセグメントに向き，同時に時計回りするブレーカカムが接点を押し開く寸前に駆動軸を位置させる。

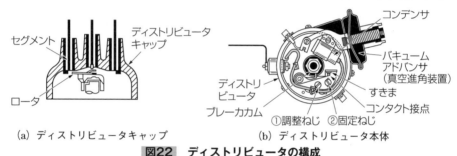

セグメント

ディストリビュータキャップ

ロータ

コンデンサ

バキュームアドバンサ
（真空進角装置）

ディストリビュータ

ブレーカカム

①調整ねじ　②固定ねじ

すきま

コンタクト接点

（a）ディストリビュータキャップ　　　（b）ディストリビュータ本体

**図22　ディストリビュータの構成**

③ ギヤのねじれ角相当だけ駆動軸を進め，挿入して仮締めする。

14) ファン・Vベルトを組み付け，図23に示すようにたわみを約15mmに調整して締め付ける。このときVベルトを押す力は100N程度とする。

15) オイルポンプなどを組み付ける。

16) オイルパンを取り付ける。

17) オイルレベルゲージをさし込む。

18) 配線・配管を行う。

19) オイルフィルタを取り付ける。

20) エンジンオイル・冷却水を規定量補給する。

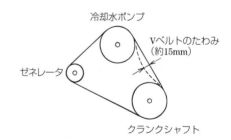

冷却水ポンプ

Vベルトのたわみ
（約15mm）

ゼネレータ

クランクシャフト

**図23　Vベルトのたわみ**

■4 **考察**

1) 組立時に交換した部品名をあげ，交換した理由を検討せよ。

2) シリンダヘッドボルトの緩めや締め付けの順序は，指定されている。その理由を検討せよ。

3) ピストンをシリンダに挿入するとき，各ピストンリングの合い口をずらす。その理由を検討せよ。

4) 図15(p.124)に示す合い印の確認や，図16(p.125)に示すタイミングマークの確認を行わなかった場合は，どのような不都合が生じるのか。検討せよ。

5) バルブクリアランスが過小や過大な場合には，それぞれどのような不都合が生じるのか。検討せよ。

## 4 調　整

### ■1 目標
調整するうえでの目標は，次のとおりである。
1) 調整作業の進め方の概要を把握する。
2) 各種測定器・工具の取り扱いを習得する。

### ■2 準備
調整するにあたっては，次のものを準備する。
スパークプラグギャップゲージ・シックネスゲージ・回転速度計・タイミングライトなど。

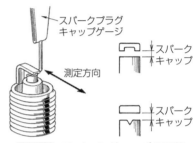

**図24　スパークギャップの調整**

### ■3 スパークギャップの調整
図24に示すように，スパークプラグギャップゲージを用いて，スパークプラグのスパークギャップを規定値に調整する。

### ■4 ブレーカ接点すきまの調整
図22(b)に示すように，接点のすきまを，シックネスゲージを用いて規定値に調整する。なお，①は調整ねじ，②は固定ねじを示す。

### ■5 点火時期の調整
図25に示すように，点火時期をタイミングライトを用いて規定値に調整する。調整はディストリビュータ全体を回転させて行う。

**図25　点火時期の調整**

## 5 課　題

1) 4サイクルガソリンエンジンの作動順序について説明せよ。

2) 各種カムシャフト駆動装置について，その構造と特徴を調べ，また，燃焼室形状とも関連づけて説明せよ。

3) 今回行った分解・組立作業の対象外とした付属機器(キャブレータ・ディストリビュータ・スタータ・オルタネータなど)について，原理・構造・動作を調べよ。

# 2 内燃機関の性能試験

## 1 概　要

内燃機関の性能試験には，

① 始動性の難易を調べる始動試験

② 規定の無負荷最低回転速度において，安定した運転が可能か否かを確認する無負荷最低回転速度試験

③ 過回転速度運転によるエンジン各部の異常の有無を確かめる過回転試験

④ 定格出力での連続運転を行うなかで，規定された時間間隔ごとに出力などを求める連続運転試験

⑤ 調速機つきのエンジンの調速性能を確かめる調速性能試験

⑥ 各回転速度における摩擦損失を求める摩擦損失試験

などがあるが，その代表はエンジンに負荷を加えて出力やトルクあるいは燃料消費率などを求める負荷試験である。

　これらの試験は，商取引のための商用試験と，型式認定のための型式試験に分けられ，その試験規定や試験方法は，国際的にはISOに，日本ではJISに定められている。

 ## レシプロエンジンの性能試験とJIS

### 1 概　要

　内燃機関は，自動車・船舶・航空機・建設機械・各種農業機械・発電機などさまざまな使途に用いられている。これらは，発電機駆動用エンジンのように一定の回転速度で運転される定速エンジンと，自動車用エンジンのようにさまざまな回転速度で運転される可変速エンジンに，また建設機械用エンジンのように長時間連続運転されるエンジンと，農業用エンジンのように短時間の運転を繰り返すエンジンなどに分類することができる。このため使途によって要求される性能も異なるので，試験方法は内燃機関の種類と使途に応じて規定されている。表1は，レシプロエンジン(往復動内燃機関)の代表的な性能試験とJISとの関係を示す。なお，自動車に搭載されていたエンジンをほかの使途に転用する場合には，その使途の規格を適用する。たとえば，発電機駆動用に転用する場合にはJIS B 8014：1999を適用することになる。

**表1　レシプロエンジン（往復動内燃機関）の代表的な性能試験とJIS**

| JIS番号 | 規格の名称 | 適用範囲 |
|---|---|---|
| B 8002-1:2005 | 往復動内燃機関－性能－第1部：出力・燃料消費量・潤滑油消費量の表示及び試験方法－一般機関に対する追加要求事項 | 航空機用機関を除く往復動内燃機関全般 |
| B 8003:2005 | 往復動内燃機関－機関出力の決定方法及び測定方法－共通要求事項 | 航空機用機関を除くすべての往復動内燃機関とロータリーエンジン |
| B 8014:1999 | 定速回転ディーゼル機関性能試験方法 | 一定の回転速度で運転される水冷ディーゼル機関で，定格出力が12kW以上のもの |
| B 8017:1987 | 小形陸用空冷ガソリンエンジン性能試験方法 | 農工用および陸用の一般動力用小形空冷ガソリンエンジン |
| B 8018:1989 | 小形陸用ディーゼルエンジン性能試験方法 | 農工用および陸用の一般動力用小形ディーゼルエンジン |
| D 0006-2:2000 | 土工機械－エンジン－第2部：ディーゼルエンジンの仕様書様式及び性能試験方法 | 土工機械用エンジン全般 |
| D 1001:1993 | 自動車用エンジン出力試験方法 | 自動車用エンジン全般 |
| F 4304:1999 | 船用内燃主機陸上試験方法 | 船用内燃主機全般 |

## ❷ 定速エンジン

　図1に示すディーゼルエンジンを用いた発電機のように，負荷の変動にかかわらず一定の回転速度を維持する調速機を設けた定速回転エンジンの場合の性能試験は，負荷ごとに定格回転速度における出力，トルク，燃料消費率などを求めることが中心になる。

　また，定速エンジンは連続運転試験，始動試験，調速性能試験なども必要に応じて行う。

**図1　ディーゼルエンジンを用いた発電機**

## 3 可変速エンジン

　回転速度が低速から高速にいたる広い範囲にわたり，しかも負荷の変動も大きい自動車用エンジンのような可変速エンジンの性能試験では，種々の負荷，種々の回転速度における出力，トルク，燃料消費率などを求めることが中心になる。

　なお，建設機械用ディーゼルエンジンなど長時間運転が行われるエンジンでは，連続負荷試験を行うことが規定されている。さらに始動試験，無負荷最低回転速度試験なども必要に応じて行う。

　表2は試験規格と試験項目を示す。

**表2　試験規格と試験項目**

| JIS番号 | 試験項目 | |
| --- | --- | --- |
| | 負荷試験 | その他の試験 |
| B 8014:1999 | 負荷運転試験<br>連続運転試験<br>過負荷運転試験 | 過回転試験<br>調速性能試験<br>始動試験 |
| B 8017:1987 | 負荷運転試験<br>連続運転試験<br>11/10負荷運転試験<br>最大出力運転試験 | 調速性能試験 |
| B 8018:1989 | 全負荷運転試験（可変速エンジン）<br>定格出力運転試験（可変速エンジン）<br>負荷運転試験（定速エンジン）<br>連続定格出力運転試験（定速エンジン）<br>最大出力運転試験（定速エンジン） | 無負荷最高回転速度試験<br>調速性能試験（定速エンジン） |
| D 0006-2:2000 | 作業時負荷試験<br>連続負荷試験 | 無負荷最低回転速度試験 |
| D 1001:1993 | 全負荷状態におけるエンジン出力試験 | |
| F 4304:1999 | 負荷試験<br>　1/4連続最大出力<br>　2/4連続最大出力<br>　3/4連続最大出力<br>　連続最大出力<br>　過負荷出力 | 始動試験<br>最低回転速度運転試験<br>調速機試験<br>逆転試験<br>耐久試験<br>無過給又は過給装置遮断試験 |

**3** 負荷試験による測定

 **概　要**

　負荷試験における負荷は，その大きさによって全負荷，部分負荷，過負荷に分けられるが，エンジンの使途によって全負荷の考え方が異なる。すなわち，定速エンジン，建設機械用エンジン，船用エンジンなどでは定格出力に相当する負荷を全負荷とし，それより小さい値を部分負荷，大きい値を過負荷としている。これらの値はそれぞれ全負荷に対する割合で表し，部分負荷には75％（3/4），50％（2/4），25％（1/4）の値を，過負荷には110％の値を用いる。さらに0％を無負荷という。このため，定速回転エンジンの場合には定格回転速度で運転し，負荷ごとに所定の値を測定する。

　たとえば，定格出力38.4kW，定格回転速度1200min$^{-1}$のエンジンの場合には，全負荷が38.4kW，過負荷が42.2kW，75％負荷が28.8kW，50％負荷が19.2kW，25％負荷が9.6kW，無負荷が0kWとなる。したがって，これら各負荷で運転して所定の値を測定する。

　測定値や計算結果から作成した性能曲線の例を図1に示す。

　一方，図2に示す自動車用ガソリンエンジンの性能曲線のように，自動車用エンジンに代表される可変速エンジンでは，各回転速度における最大出力を全負荷とする。このため過負荷は存在しない。なお，部分負荷は，定速回転エンジンの場合と同様に，全負荷に対する割合で表す。

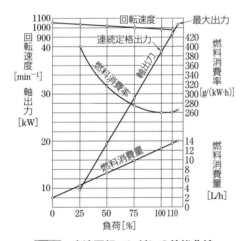

**図1**　**定速回転エンジンの性能曲線**

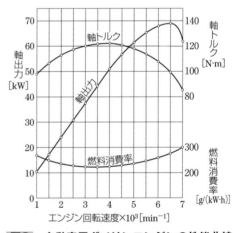

**図2**　**自動車用ガソリンエンジンの性能曲線**

 **動力の測定**

　レシプロエンジンの動力は，出力軸のトルクと角速度すなわち回転速度から求める。

## 1 軸トルクの測定

　出力軸のトルクを軸トルクといい，その測定には，エンジンが発生する動力を水や空気あるいは電気などで制動して動力を吸収させる吸収動力計による方法，およびエンジンの出力軸に連結させた動力伝達軸のねじれ角から求める伝達動力計による方法がある。ここでは一般的な吸収動力計を紹介する。

### a. プロニーブレーキ

プロニーブレーキは図3に示すように，出力軸に取り付けたブレーキドラムと，力量計に取り付けたブレーキシューとの固体摩擦によって，動力を熱に変えて吸収する動力計で，吸収する動力の大きさは調整ナットの締め付けぐあいで調節する。

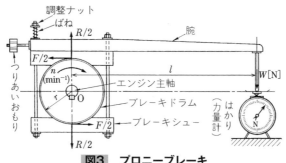

**図3　プロニーブレーキ**

　この動力計は単純な構造のために安価であるが，摩擦部の摩擦係数の変化が大きく，また熱の放出もじゅうぶんでないなどのために，吸収できる動力の大きさや回転速度に制限があり，小出力向きである。なお，軸トルク $T_e$[N・m]は，力量計の読み $W$[N]と，動力計の腕の長さ $l$[m]から次式によって算出する。

$$T_e = lW \quad [\text{N・m}] \tag{1}$$

### b. 水動力計

水動力計は，水のはいったケーシングの中でロータを回して水をかき回し，水に動力を吸収させる動力計で，動力の吸収が安定しており，比較的簡単な構造のために大出力用でも安価である。このため，種々の形式の動力計がつくられている。

　図4に示すフルード水動力計のロータとケーシングは，相対する面に放射状に仕切った半円状のくぼみがあり，しかも，この仕切をいつでもくいちがわせるために，ロータの仕切はケーシングのそれより1枚多くなっている。図(a)は，くぼみの中心に沿った円周を展開したもので，噴出孔からロータのくぼみにはいった水は遠心力で外に押され，ケーシングのくぼみとの間を循環する。このときに生じる水の内部摩擦や渦流によって動力を吸収する。このため水温が上昇するので，水を循環させて水温を一定に保つ。なお，吸収する動力の大きさは，ロータとケーシングの間に入れたスルースゲートの出し入れなどで調節する。軸トルク $T_e$[N・m]は，力量計の読み $W$[N]と動力計の腕の長さ $l$[m]から式(1)によって算出する。

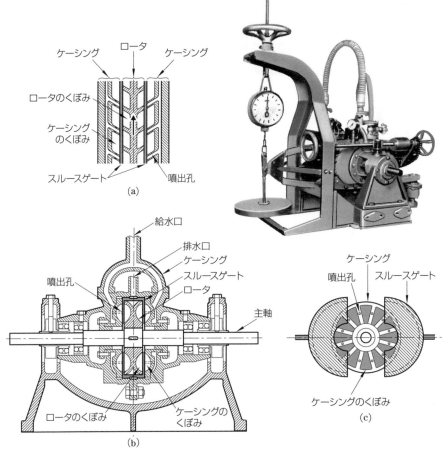

ケーシング　ロータ　ケーシング

ロータのくぼみ

ケーシング
のくぼみ

スルースゲート　噴出孔

(a)

給水口

排水口
ケーシング
スルースゲート
ロータ

噴出孔

主軸

ロータのくぼみ　　　ケーシングの
　　　　　　　　　　くぼみ

(b)

ケーシング

噴出孔　　スルースゲート

ケーシングのくぼみ

(c)

**図4　フルード水動力計**

**c.電気動力計**　　　電気動力計には，回転子と固定子間の電磁誘導作用を利用して動力を電力に変換し，その電力を負荷抵抗器に流して放熱する直流発電機式の動力計，あるいは電力として回収することも可能な交流発電機形の動力計，および磁界の中で円盤を回転させて渦電流に変換し，ただちに周囲の空気や水に放熱する渦電流式電気動力計がある。

　図5に示す直流式電気動力計は，出力軸と直結した回転子，出力軸と同軸の揺動軸受で支持された固定子とそれを収めたケーシング，およびトルクを測定するための力量計などからなり，回転子の回転にともなって固定子を収めたケーシングに生じたトルクを，ケーシングの腕に設けた力量計で受けて測定する。なお，吸収する動力の大きさは，負荷抵抗や固定子の界磁電流によって調節する。

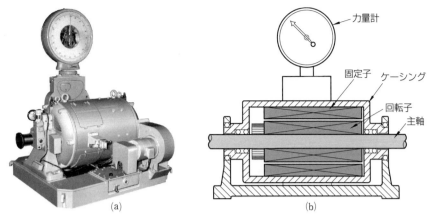

(a)　　　　　　　　　　　　　　　　　(b)

**図5　直流式電気動力計**

　図6に示す渦電流式電気動力計は，エンジン主軸と直結した外周部に凹凸面をもつ誘導子，出力軸と同軸の揺動軸受で支持された励磁コイルとそれを収めた通水路をもつケーシング，および力量計などからなる。励磁コイルの誘導子に面した部分では，誘導子の回転にともなって磁界が刻々と変化し，その内部に渦電流が生じるためにケーシングには回転方向と反対向きのトルクが作用する。ケーシングの腕に設けた力量計はこれを受けて，その値を指示する。なお，吸収する動力の大きさは励磁電流を変化させて行うが，トルク変動が急激な回転速度域では手動での制御がむずかしい。そこで，励磁電流を回転速度の関数としてプログラムし，自動的に制御することが多い。

　これらの電気動力計では軸トルク$T_e$[N・m]は，力量計の読み$W$[N]と動力計の腕の長さ$l$[m]から式(1)によって算出する。

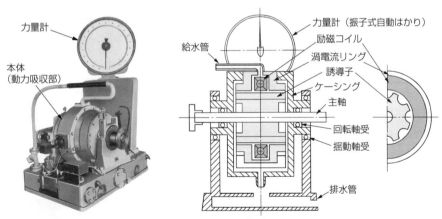

**図6　渦電流式電気動力計**

## 2 回転速度の測定

　単位時間あたりの回転数を回転速度といい，出力軸の回転速度は，1分間あたりの回転数 [min⁻¹]（毎分）または[rpm]で表す。また1回転の角度は360°すなわち$2\pi$[rad]なので，回転速度$n$[min⁻¹]を角速度$\omega$[rad/s]で表すと$\omega=\dfrac{2\pi}{60}n$となる。

　回転速度の測定には，積算回転計とストップウォッチを用いて一定数の回転に要した時間を測定して求める方法，および回転速度計による方法が規定されている。

**a. ハスラー式回転速度計**　　図7に示すハスラー式回転速度計は，3秒間の回転数を積算して回転速度[min⁻¹]を表示する積算式の回転計で，被測定軸の形状に応じた各種の接触子が用意されている。

　軸のセンタ穴を利用して測定する方法を次に示す。

1) 戻しボタンを押して，指針を原点に戻す。
2) 軸心に合った状態で，接触子をまっすぐにセンタ穴に密着させる。
3) 親指で起動ボタンをいっぱいに押したのち，離す。（離したのち，約1秒後に3秒間測定し，その後，指針が止まる。）
4) 回転速度計を被測定軸から離し，回転速度を読み取る。

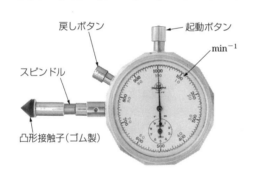

**図7　ハスラー式回転速度計**

**b. 光電式回転速度計**　　図8に示す光電式回転速度計は，測定ボタンを押すと投光部から光が出るので，被測定軸にはった反射テープで反射させて受光部で受け，これを電気信号に変換して指針で示す非接触式の積算式回転計である。これには軸のセンタ穴に凸形接触子を押し当てて測定するための付属品が付くものや，平均回転速度や最高・最低回転速度などをディジタル表示するものなどがある。

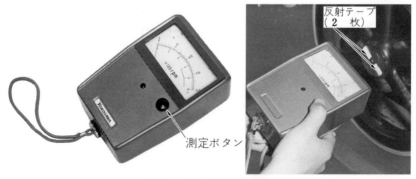

**図8　光電式回転速度計**

非接触測定する場合の使用法を次に示す。

1) 被測定軸に適当な数の反射テープをはる。

2) 測定ボタンを押して発光させ，その反射光を受光している間に回転速度を読み取る。

なお，確実に受光できるよう，反射テープとの距離や角度に留意する。

### 3 軸出力の算出

軸出力$P_e$[kW]は，測定したトルク$T_e$[N・m]と回転速度$n$[min$^{-1}$]や，力量計の読み$W$[N]，動力計の腕の長さ$l$[m]などから式(2)によって算出する。

$$P_e = \frac{2\pi n T_e}{60 \times 1\,000} = \frac{2\pi n l W}{60 \times 1\,000} \quad [\text{kW}] \tag{2}$$

---

### ワットと馬力

国際単位系(SI)の単位記号[W]は，蒸気機関をつくったジェームズ・ワット(James Watt)にちなむ動力の単位である。しかし，蒸気機関や内燃機関の動力には，長い間「馬力」が用いられてきた。

馬力は，馬に代わって鉱山の排水ポンプの動力に用いられるようになった蒸気機関の動力を表すために，ワットによって考案された単位で，馬一頭分の動力を1hp(英馬力　horse power)としたものである。その値1hpは1HPとも表し，1HP＝550 1b・ft/s＝746Wである。しかしメートル法の施行にともなって廃止された。

なお，メートル法による動力は，単位記号[PS](仏馬力 pferdestarke)で表し，その値は1PS＝75kgf・m/s＝735.5Wである。したがって，1kW＝1.36PSと換算される。

---

 ## 3　燃料消費率の算出

燃料消費率は，単位時間，単位出力あたりの燃料の消費率で表し，その単位は[g/(kW・h)]である。次にこの値の求め方を示す。

### 1 密度の測定

燃料の密度$\rho$[g/mL]は，図9のような浮子式の密度計を用いて測定する。すなわち，メスシリンダなどのガラス容器に燃料を入れ，その中に密度計を入れて液面位置にある密度計の目盛を直読して行う。このときメニスカス(p.153図5)に注意することが必要である。なお，標準温度は15℃であり，これ以外の温度で測定した場合は補正を必要とするが，一般の性能試験では省略することが多い。

密度計(うきばかり)

**図9**　燃料の密度の測定

#### 2 燃料消費量の測定と燃料消費率の算出

**a. 燃料消費量の測定**　1時間あたりの燃料消費量 $F$[L/h] は，図10に示す装置を用いて，ビュレットに設定した燃料 $b$[mL] を消費するのに要した時間 $t$[s] をストップウォッチで測定し，式(3)で算出して求める。

次に取り扱い方法を示す。

$$F = \frac{3\,600}{1\,000} \cdot \frac{b}{t} = 3.6\,\frac{b}{t} \quad [\text{L/h}] \tag{3}$$

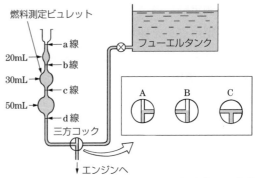

**図10**　3連球ビュレットを用いた燃料消費量測定装置

1)　通常は，三方コックをAの状態にして，タンクの燃料をエンジンへ供給する。

2)　測定前にはCの状態にして，エンジンへ供給するとともに，ビュレットにも設定量よりも少し余計に供給する。ビュレットへの供給が終わったら，ふたたび通常の状態Aに戻す。

3)　測定開始の合図でBの状態に切り替えて，ビュレットの燃料をエンジンへ供給し，その消費時間を測定する。測定後は，通常の状態Aへ戻す。

**b. 燃料消費率の算出**　単位時間・単位出力あたりの燃料消費量を表す燃料消費率 $g$[g/(kW·h)] は，燃料消費量 $F$[L/h]，軸出力 $P_e$[kW]，燃料の密度 $\rho$[g/mL] から式(4)で算出する。

$$g = \frac{1000\rho F}{P_e} \quad [\text{g/(kW·h)}] \tag{4}$$

## 4 正味熱効率の算出

正味熱効率 $\eta_e$[%] は，単位時間に消費した燃料がもつ熱エネルギーのうちのどれだけを有効な動力に変換できたかを示す値で，負荷試験で求めた軸出力 $P_e$[kW]，燃料の密度 $\rho$[g/mL]，燃料消費量 $F$[L/h]，燃料の低発熱量 $H_l$[kJ/kg]，および換算のための定数 $3\,600\,\text{kJ/(kW·h)}$ から，また，燃料消費率 $g$[g/(kW·h)] などから，式(5)で算出する。

$$\eta_e = \frac{3\,600 P_e}{\rho \cdot F \cdot H_l} \times 100 = \frac{3.6 \times 10^8}{H_l} \times \frac{1}{g} \quad [\%] \tag{5}$$

## 5 正味平均有効圧の算出

レシプロエンジンのトルクはピストンに加わる燃焼ガスの圧力によるが，その圧力は図11に示すように，一つのサイクルの中での体積の変化にともなって大きく変わる。そこで，体積の変化にかかわらず，一つのサイクルのなかでの均等な圧力を平均有効圧といい，インジケータ線図から求めたこの値を図示平均有効圧，軸出力や軸トルクから求めたこの値を正味平均有効圧とよぶ。

正味平均有効圧$p_{me}$[MPa]は，軸出力$P_e$[kW]，軸トルク$T_e$[N・m]，4サイクルエンジンの場合の定数120（2サイクルエンジンの場合は60），総排気量$V_{st}$[L]，回転速度$n$[min$^{-1}$]などから式(6)で算出する。

$$p_{me} = \frac{120 \times P_e}{V_{st} \cdot n} = \frac{2\pi \times 120}{60 \times 1\,000 \cdot V_{st}} T_e \quad [\text{MPa}] \tag{6}$$

この式から，正味平均有効圧は軸トルクに比例することがわかる。

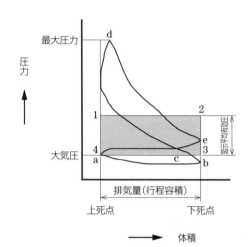

　図において，面積abcは吸気行程と排気行程による仕事を表し，面積cdeは膨張行程での仕事を表す。このため，面積cdeから面積abcを差し引くと，外部へ取り出すことができる有効仕事が求まる。そこで，この有効仕事と同じ面積の矩形1234を図のように描いたとき，その長さは排気量（行程容積）を表し，高さは図示平均有効圧を表す。

**図11　図示平均有効圧力**

 ⑥ # 大気条件が性能に及ぼす影響

　内燃機関は，燃料を一定容積のシリンダ内に吸入した新鮮な空気で燃焼させて動力を発生させる。このため，吸入する空気の密度などは性能に大きな影響を及ぼす。たとえば，大気圧が低いときや気温が高い場合には密度が小さくなり，また湿度が高いときは燃焼に有効な乾き空気の占める割合が減少して軸出力$P_e$[kW]が小さくなる。したがって性能試験は，それぞれのJISに示された標準大気条件で行うことが望ましく，この条件を満たさない場合には出力修正係数$k_a$を用いた出力修正式によって修正軸出力$P_0$[kW]や修正軸トルク$T_0$[N・m]を求める。しかし，気温が15℃を下回る場合や35℃を上回る場合など大気条件が大きく異なる場合には適用できない。

**a. 標準大気条件**　JIS D 1001:1993 に示された標準大気条件を次に示す。

標準大気温度　　　　　　$\theta_0 = 25\,\text{℃}$

標準乾燥大気圧力　　　　$p_0 = 99\,\text{kPa}$

**b. 出力修正係数**　出力修正係数 $k_a\,[-]$ は，標準大気条件のほかに，測定時の気温 $\theta\,[\text{℃}]$，気圧 $p_a\,[\text{kPa}]$，および飽和水蒸気圧 $p_w\,[\text{kPa}]$ などから求めた乾燥大気圧力 $p\,[\text{kPa}]$ から求める。次に，JIS D 1001:1993 に示された火花点火エンジンの算出式を示す。

$$k_a = \left(\frac{p_0}{p}\right)^{1.2} \cdot \left(\frac{\theta+273}{\theta_0+273}\right)^{0.6} \quad [-] \tag{7}$$

なお，乾燥大気圧力 $p\,[\text{kPa}]$ は，気圧 $p_a\,[\text{kPa}]$ から飽和水蒸気圧 $p_w\,[\text{kPa}]$ を差し引いた値である。この飽和水蒸気圧は，次の表1を利用して測定時の気温 $\theta\,[\text{℃}]$ から求める。

次に，測定時の気温が $\theta = 22.4\,\text{℃}$ で気圧が $p_a = 101.2\,\text{kPa}$ のときの出力修正係数の算出例を示す。

表1より $p_w = 2710.7\,\text{Pa} = 2.7107\,\text{kPa}$ を得るので，乾燥大気圧は $p = 101.2 - 2.7107 = 98.4893\,\text{kPa} ≒ 98.5\,\text{kPa}$ となる。これらを式(7)に代入すると，出力修正係数 $k_a$ は，次のように式(8)で求められる。

$$k_a = \left(\frac{99}{98.5}\right)^{1.2} \cdot \left(\frac{295.4}{298}\right)^{0.6} = 1.001 \quad [-] \tag{8}$$

**表1　大気温度と飽和水蒸気圧との関係**　　　　[単位　Pa]

| 気温 $\theta\,[\text{℃}]$ | 0.0 | 0.5 | 気温 $\theta\,[\text{℃}]$ | 0.0 | 0.5 | 気温 $\theta\,[\text{℃}]$ | 0.0 | 0.5 |
|---|---|---|---|---|---|---|---|---|
| 15 | 1705.7 | 1761.4 | 22 | 2645.3 | 2727.1 | 29 | 4009.2 | 4126.6 |
| 16 | 1818.7 | 1877.7 | 23 | 2811.0 | 2897.2 | 30 | 4247.0 | 4370.5 |
| 17 | 1938.3 | 2000.6 | 24 | 2985.8 | 3076.6 | 31 | 4497.0 | 4626.7 |
| 18 | 2064.7 | 2130.5 | 25 | 3169.9 | 3265.6 | 32 | 4759.7 | 4895.9 |
| 19 | 2198.2 | 2267.8 | 26 | 3363.9 | 3464.7 | 33 | 5035.6 | 5178.6 |
| 20 | 2339.2 | 2412.7 | 27 | 3568.1 | 3674.2 | 34 | 5325.2 | 5475.4 |
| 21 | 2488.2 | 2565.7 | 28 | 3783.1 | 3894.7 | 35 | 5629.2 | 5818.7 |

（JIS Z 8806:2001 による）

**c. 出力修正式**　修正軸出力 $P_0\,[\text{kW}]$ や修正軸トルク $T_0\,[\text{N·m}]$ は，出力修正係数 $k_a\,[-]$ を軸出力 $P_e\,[\text{kW}]$ や軸トルク $T_e\,[\text{N·m}]$ に乗じて求める。

JIS D 1001:1993 に示された出力修正式を式(9)に示す。

$$P_0 = k_a \cdot P_e \quad [\text{kW}]$$
$$T_0 = k_a \cdot T_e \quad [\text{kW}] \tag{9}$$

# 4 自動車用エンジンの出力試験

　自動車用エンジンの出力試験では，全負荷状態においてエンジンの運転に必要な付属装置だけを装着してエンジン試験台で測定するグロス軸出力試験方法と，エンジンを特定の用途に使用するのに必要な付属装置のすべてを装着して測定するネット軸出力試験方法がJISに規定されている。表1(p.142)におもな付属装置装着条件を示す。

 ## 試験条件

出力試験の実施にあたっては，次に示す試験条件に留意する。
1)　試験に先立って，エンジンに推奨されたすり合わせ運転を行う。
2)　付属装置は，出力試験に応じた装置を，実際に装着された状態と同一となるように取り付ける。
3)　トランスミッション(変速機)は，特別な場合を除いて，原則として取り付けない。
4)　試験に使用する燃料は，JISに定められたガソリン，または2号軽油を用いる。
5)　燃料の温度は，キャブレータ(気化器)入口または燃料噴射ポンプ入口で，エンジンに推奨された値に保たなければならない。
6)　潤滑油は，エンジンに推奨された粘度のものを使用し，推奨された温度範囲内に保たなければならない。
7)　吸気温度は，出力の修正を少なくするために，できるだけ標準大気温度(25℃)にすることが望ましい。
8)　液冷エンジンの冷却液温度は，80 ± 5℃(353 ± 5K)に保つ。

 ## 測定項目と試験装置の構成

出力試験の測定項目を次に，試験装置の構成例を図1(p.143)に示す。
1)　軸トルクは，動力計の力量計の読み，または軸トルクを読み取る。
2)　エンジン回転速度は，クランクシャフトの回転速度を読み取る。
3)　燃料消費量は，体積または質量を測定し，その測定時間は原則として20秒以上とする。なお，体積で測定する場合には，燃料消費量計の入口または出口付近で燃料温度を測定する。
4)　燃料の密度は，試験前に燃料温度とともに測定しておく。なお，燃料性状表によってもよい。
5)　冷却液温度は，原則としてエンジン冷却液出口で測定する。必要に応じて循環ポンプ入口でも測定する。
6)　潤滑油温度は，オイルパンの潤滑油の深さの中ほど，もしくは潤滑油の通路の中ほど，潤滑油冷却器がつけられている場合には，その出口において測定する。

## 表1　付属装置装着条件

| 付属装置 | グロス軸出力試験 | ネット軸出力試験 |
|---|:---:|:---:|
| 吸気装置 | | |
| 　吸気マニホルド | ○ | ○ |
| 　ブローバイガス還元装置 | ― | ○ |
| 　空気清浄器 | ― | ○ |
| 　吸気消音器 | ― | ○ |
| 　速度制限装置 | × | ○ |
| 　吸気マニホルド加熱装置 | ○ | ○ |
| 排気装置 | | |
| 　排気マニホルド | ○ | ○ |
| 　接続管 | △ | ○ |
| 　排気消音器 | △ | ○ |
| 　テール管 | △ | ○ |
| 燃料供給装置 | ○ | ○ |
| 気化器 | ○ | ○ |
| 　電子制御装置・空気流量計等 | ― | ○ |
| 燃料噴射装置 | | |
| 　プレフィルタ | △ | ○ |
| 　フィルタ | △ | ○ |
| 　ポンプ | ○ | ○ |
| 　高圧管 | ○ | ○ |
| 　噴射ノズル | ○ | ○ |
| 冷却装置 | | |
| 　放熱器 | × | ○ |
| 　ファン | × | ○ |
| 　ファンカウル | × | ○ |
| 　循環ポンプ | ○ | ○ |
| 　サーモスタット | ○ | ○ |
| 潤滑油冷却器 | ○ | ○ |
| 電気装置 | ○ | ○ |

表中の○印は装着，×印は非装着，―印は任意，△印は付属の装置以外の装置を装着してもよいことを示す。

(JIS D 1001:1993)

7) 吸気温度は，エンジンの放射熱などの影響を受けないように配慮して直接空気流の中に設置した温度計で，吸気入口の上流0.15m以内で測定する。

8) 吸気圧力は，空気清浄器の下流0.15m以内で測定する。なお，火花点火エンジンではキャブレータより上流の点の静圧を測定する。

9) 大気圧は，試験の開始前にあらかじめ計測しておく。

10) 水蒸気分圧は，通風形乾湿球湿度計を使用して，直射日光，エンジンの放射熱などの影響を受けないように配慮して，空気のよどみがないところに設置して計測する。

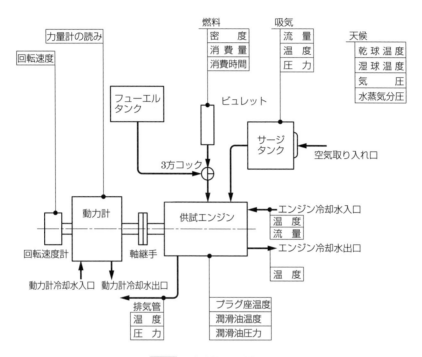

**図1 試験装置の構成例**

# ③ 測定要領

自動車用エンジンの出力試験は全負荷状態で行う。すなわち，ガソリンエンジンではスロットルバルブを全開にして，ディーゼルエンジンでは燃料噴射ポンプを定められた全負荷の状態に設定して行う。次に測定要領を示す。

1) エンジンには新気を供給し，軸トルク・回転速度および各温度が少なくとも1分間実質的に安定を保たれたことを確認したのち，一定値を保っている状態で測定を行う。この間，調整は行わない。

2) 測定は，エンジンの安定した運転状態が保てる最低の回転速度から最高の回転速度までの間について，低い回転速度から行う。なお，測定中の回転速度の変動の許容範囲は，設定された回転速度の±1%，または$10\,\text{min}^{-1}$のいずれかを満足していること。

3) 測定点の数は，出力曲線を明確に定めるのにじゅうぶんな数とする。

4) 力量計の読みや，燃料消費量および吸気温度の測定は短時間に行い，その値には2%を超えて変動しない二つの安定した連続的な測定値の平均値を採用する。

# 内燃機関実験1 　自動車用エンジンの全負荷試験

## 目　標

**1.** 全負荷時のエンジンの性能を知り，特性を把握し，併せて構造・作動との関連を理解する。

**2.** 全負荷試験方法を習得し，併せて関連する各種の測定方法を習得する。

## 使用機器・材料

**1.** 供試機関　水冷4サイクルガソリンエンジン(総排気量$V = 1.5\,\text{L}$)

**2.** 動力計　フルード水動力計(腕の長さ$l = 0.596\,\text{m}$)

**3.** 燃料消費量測定装置(三連球ビュレット・切換三方コック)

**4.** ストップウォッチ，回転速度計，冷却水温度計，熱電温度計(排気温度測定用)，潤滑油圧力計，密度計・メスシリンダ(燃料の密度測定用)，温度計(燃料温度測定用)，温度計(吸気温度測定用)，その他タイミングライトなどを必要に応じて追加する。

**5.** 笛(合図用)

## 準　備

1　試験条件に合致した状態であることを確認する。

2　エンジン各部のねじ・配線・配管のはずれ・緩みを点検する。また，冷却水・エンジンオイル・燃料・バッテリなどの状態は正常であることを確認する。

3　動力計について次の点検・確認をする。

　① 　ねじ・配管のはずれ・緩み

　② 　給油状態

　③ 　ダンパの効果

4　動力計について次の調整を行う。

　① 　水平調整ハンドルを回し，ケーシングを水平にする。

　② 　力量計の指針を調整つまみで0目盛に合わせる。

　③ 　通水し，給水圧力を弁で$50\,\text{kPa}$とする。

5　測定にともなう作業分担を決める。

6　試験はすべて進行係の指示に従って進めるが，騒音が激しいので，あらかじめ合図を決め，確認する。

7　測定回数と測定回転速度を決める。

　**注** $1\,000\,\text{min}^{-1}$からはじめて，$500\,\text{min}^{-1}$ずつあげ，$5\,000\,\text{min}^{-1}$までの9回とする。

8　エンジンを始動し，暖機運転を行い，冷却水出口温度が$80\,℃$になるのを待ち，以後，試験終了までこの温度を保つものとするが，若干の上下はよい。

　**注** 冷却水出口温度は，水量を変えてもすぐには変化しないので，温度変化の様子をみながら，少しずつスロットルバルブ開度を調整すること。

9　暖機運転の間に次の測定を行う。

　① 　燃料の密度と温度

　② 　天候・室温(乾湿球温度)・大気圧・湿度

## 作業分担の例（8名で実習の場合）

| | |
|---|---|
| ・燃料消費量の測定 | 2名 |
| ・水動力計の水平位置の調整，力量計の読みの測定 | 1名 |
| ・スロットルバルブ操作，吸込圧測定，起動・停止 | 1名 |
| ・冷却水温度，潤滑油圧力，排気温度などの測定 | 1名 |
| ・スルースゲートハンドルの操作，動力計出口の水温測定 | 1名 |
| ・回転速度の測定，進行係 | 1名 |
| ・動力計給水圧力の調整，記録係 | 1名 |

### 方 法

1 キャブレータのスロットルバルブを開きながら，同時にフルード水動力計のスルースゲートハンドルを回して制動し，エンジンが止まらない程度の低速回転にする。このとき，スロットルバルブは全開となっていることが全負荷試験の要件であり，この状態で試験終了まで固定する。

注 スロットルバルブ・スルースゲートハンドルの操作は，慎重に徐々に行い，運転音でその状態を判断すること。

2 回転速度が $1\,000\,\mathrm{min}^{-1}$ になるようスルースゲートハンドルで調整する。

3 調整後1分間程度運転状態を観察し，安定していれば進行係の合図（笛）で同時に測定をはじめ，次の①～⑪の項目を記録する。なお，測定中は調整を行わない。

① 時刻

② 力量計の読み

③ 回転速度

④ 燃料消費量（設定量と測定時間）

注 測定時間が20秒以上となるように設定量を定めること。

⑤ 燃料温度

⑥ 冷却水入口・出口温度

⑦ 乾球温度・湿球温度

⑧ 吸込圧力・吸気温度

⑨ 点火時期

⑩ 運転状況

⑪ 潤滑油温度・圧力

4 回転速度を $1\,500\,\mathrm{min}^{-1}$ に調整し，ふたたび3と同様の測定を行う。

5 以後，最高回転速度まで，測定を繰り返す。

[6] 最終回の測定が終了した時刻を記録したあと，スロットルバルブをゆっくり閉じてアイドリング状態にし，数分間運転したのち，エンジンを停止する。

**注** 試験時間は各回とも2分以内になるように，あらかじめ練習すること。

**注** 動力計の出口温度，給水圧力は，各動力計によって異なるのでその規定に従うこと。

**結果のまとめ**

**1.** 測定値から次の諸量を計算する。

- 軸トルク $T_e = 0.596W$ ［N·m］
  （ただし，$l = 0.596$ m としたとき）

- 軸出力 $P_e = \dfrac{2\pi n l W}{60 \times 1000} \fallingdotseq \dfrac{Wn}{1.60} \times 10^{-4}$ ［kW］
  （ただし，$l = 0.596$ m としたとき）

- 修正軸トルク $T_0 = k_a T_e$ ［N·m］

- 修正軸出力 $P_0 = k_a P_e$ ［kW］

- 修正係数 $k_a = \left(\dfrac{99}{P}\right)^{1.2} \cdot \left(\dfrac{\theta}{25}\right)^{0.6}$

- 燃料消費量 $F = 3.6\dfrac{b}{t}$ ［L/h］

- 燃料消費率 $g = \rho\dfrac{F}{P_e} \times 1\,000$ ［g/(kW·h)］

- 修正燃料消費率 $g_0 = \dfrac{g}{k_a}$ ［g/(kW·h)］

- 正味熱効率 $\eta_e = \dfrac{3.6 k_a P_e}{\rho F H_l} \times 10^5 = \dfrac{8.28 \times 10^3}{g_0}$ ［%］
  （ただし，$H_l = 4.35 \times 10^4$ kJ/kg としたとき）

- 正味平均有効圧 $p_{me} = 8.38 \times 10^{-3} T_e$ ［MPa］
  （ただし，$V_{st} = 1.5$ L としたとき）

| | |
|---|---|
| $W$：力量計の読み［N］ | $b$：設定量［mL］ |
| $l$：動力計の腕の長さ［m］ | $t$：測定時間［s］ |
| $n$：エンジン主軸の回転速度［min$^{-1}$］ | $\rho$：燃料の密度［g/mL］ |
| $p$：乾燥大気圧［kPa］ | $H_l$：燃料の低発熱量［kJ/kg］ |
| $\theta$：室温［℃］ | $V_s$：総排出量［L］ |

**2.** 試験における測定値および算出値などは，すべて試験成績表に記入する（表2）。

**3.** p.132図2のようなエンジン性能曲線図を作成する。このさいに横軸は回転速度を，縦軸は修正軸出力・修正軸トルク・修正燃料消費率を設定する。

**考　察**

**1.** 性能曲線図に，軸出力・軸トルク・燃料消費量・正味平均有効圧・排気温度・吸込圧力・正味熱効率などを記入して回転速度との関係を考えてみよ。

**2.** トルク曲線(正味平均有効圧曲線)が水平にならないのはなぜだろうか。エンジンの構造を考慮して考えてみよ。

**3.** エンジンの出力に対する季節の影響を考えてみよ。

**4.** 蒸気機関車や電気機関車では発生した動力を，直接またはたんに減速だけで動輪に伝えているが，ガソリン自動車などでは終減速装置のほかにトランスミッションを介して動力をタイヤに伝えている。この違いはなぜだろうか。なぜトランスミッションが必要かを考えよ。

**参考** 本供試エンジンを4段変速トランスミッション付自動車に搭載したと仮定して，車速−タイヤ出力線図を作成しなさい。その場合，総減速比$i$・動力伝達効率$\eta_m$・タイヤ半径$r$[m]を次の値とした算出式は次のとおりとする。

タイヤ出力　$P_r = \eta_m P_0$　[kW]

$$車速　S = \frac{60 \times 2\pi r}{1000} \cdot \frac{n}{i} \doteqdot 1.093 \times 10^{-1} \frac{n}{i}　[km/h]$$

$P_0$：修正軸出力[kW]　　　　$n$：回転速度[min$^{-1}$]

| | 総減速比 $i$ | 動力伝達効率 $\eta_m$ | タイヤ半径 $r$ [m] |
|---|---|---|---|
| 第1速 | 12.852 | 0.90 | |
| 第2速 | 7.245 | 0.90 | 0.290 |
| 第3速 | 4.959 | 0.90 | |
| 第4速 | 3.583 | 0.95 | |

**5.** JIS F 4304:1999「船用内燃主機陸上試験方法」における負荷試験を調べ，自動車用エンジンと船用エンジンの運転の特性の相違を比較せよ。

実習

## エンジン出力試験成績表（グロス・ネット軸出力）

製造業者名　　　　　　　　　動力計名称又は型式　　　　　　　　　試験日　　　　年　　　月　　　日

エンジンの種類　　　　　　　動力計容量　　　　　　kW/min　　　試験場所

型式　　　　　　番号　　　　動力計の腕の長さ　　　　　m　　　測定者氏名

シリンダ数　　　径　　　mm 行程　　　mm　　動力計係数　　　　　大気圧　　　　　　　kPa

総排気量　　　L 圧縮比　　　動力計減速比　　　　　　　　　　　試験に使用した装置

燃料名称　　　　　　　　　　トランスミッション減速比

密度　　（温度　　℃）セタン価（オクタン価）　粘度　　トランスミッション伝導効率　　冷却液温度測定点

潤滑油名称

燃料潤滑油容積比　　　　　　　　　　　　　　　　　　　　　　　　潤滑油温度測定点

| 測定番号 | 測定時刻 | エンジン回転速度 $n$ [min⁻¹] | 力量計の読み $W$ [N] | 軸トルク $Te$ [N·m] | 軸出力 $Pe$ [kW] | 吸気温度 $\theta$ [℃] | 水蒸気分圧 乾球温度 [℃] | 湿球温度 [℃] | 分圧 $Pw$ [kPa] | 燃料消費量 量 $b$ [mL] | 時間 $t$ [s] | $F$ [L/h] | 燃料温度 [℃] | 燃料消費率 $g$ [g/kW·h] | 修正係数 $ka$ [-] | 修正軸トルク $To$ [N·m] | 修正軸出力 $Po$ [kW] | 修正燃料消費率 $g_0$ [g/kW·h] | 冷却液温度 [℃] | 潤滑油温度 [℃] | 運転状態 |
|---|---|---|---|---|---|---|---|---|---|---|---|---|---|---|---|---|---|---|---|---|---|
|  |  |  |  |  |  |  |  |  |  |  |  |  |  |  |  |  |  |  |  |  |  |
|  |  |  |  |  |  |  |  |  |  |  |  |  |  |  |  |  |  |  |  |  |  |
|  |  |  |  |  |  |  |  |  |  |  |  |  |  |  |  |  |  |  |  |  |  |
|  |  |  |  |  |  |  |  |  |  |  |  |  |  |  |  |  |  |  |  |  |  |

# 第14章

# 流体機械

水車・ポンプおよび送風機などは，水や空気などを作動流体とする流体機械で，一種のエネルギー変換機である。

水車・ポンプおよび送風機などの機能や取り扱い上の知識を学ぶために，エネルギー変換に用いる力学的知識を理解する必要があるが，流体および流体機械に関する基礎的知識・理論は，一般に数式などが多く理解しにくい。

この章では，まず，流体機械を動作させるために必要な流体の圧力と流量の測定法を理解する。

次に，流体機械の代表として，渦巻ポンプを運転し，各種の性能を求めて，座学で学んだいくつかの基本的事項と関係づけて，流体機械に関する理解を深める。

さらに，油圧・空気圧回路の基礎についても学習する。

# 1 圧力の測定

## ① 概　要

　流体に関する実験では，まず圧力の測定を行い，その測定値をもとに流量などの値を算出することが多い。ここでは，圧力の測定に使用する計器類の原理・構造・取り扱いについて学ぶことにする。

## ② 圧力計

　水圧や空気圧および油圧を測定するための圧力計には，各種のマノメータやブルドン管圧力計などが使われる。

### ◼ 圧　力

　圧力は単位面積あたりの力で表され，国際単位系では$\mathrm{Pa}$(パスカル，$\mathrm{N/m^2}$)を用いる。なお，工学単位では$\mathrm{kgf/m^2}$(重量キログラム毎平方メートル)または$\mathrm{kgf/cm^2}$(重量キログラム毎平方センチメートル)，$\mathrm{mH_2O}$(水柱メートル)，$\mathrm{mHg}$(水銀柱メートル)などで示される。これらの換算率を表1に示す。

表1　圧力の換算率

| Pa | kgf/m$^2$ | kgf/cm$^2$ | mH$_2$O | mHg |
|---|---|---|---|---|
| 1 | $1.0197 \times 10^{-1}$ | $1.0197 \times 10^{-5}$ | $1.0197 \times 10^{-4}$ | $7.501 \times 10^{-6}$ |
| 9.80665 | 1 | $1 \times 10^{-4}$ | $1 \times 10^{-3}$ | $7.356 \times 10^{-5}$ |
| $9.80665 \times 10^4$ | $1 \times 10^4$ | 1 | $1 \times 10$ | $7.356 \times 10^{-1}$ |
| $9.80665 \times 10^3$ | $1 \times 10^3$ | $1 \times 10^{-1}$ | 1 | $7.356 \times 10^{-2}$ |
| $1.3332 \times 10^5$ | $1.3595 \times 10^4$ | 1.3595 | $1.3595 \times 10$ | 1 |

### ◼ マノメータの原理

　図1(a)のように，管路の一点に穴をあけてガラス管を立てると，液体は管路内の圧力によりガラス管内を上昇する。そして，液柱の重さと管路内の圧力とがつり合うと，上昇は止まる。そこで，圧力を測定すべき管路内の位置を点①とし，この点と同一水平面上にある点②を液柱の底点にとれば，同一水平面上の各点の圧力は等しいことから，

$$p = p_0 + \rho g h \quad [\mathrm{Pa}] \tag{1}$$

$p$ ：管路内の圧力$[\mathrm{Pa}]$　　　$p_0$：大気圧$[\mathrm{Pa}]$　　　$\rho$：液体の密度$[\mathrm{kg/m^3}]$
$h$ ：液柱の高さ$[\mathrm{m}]$　　　$g$ ：重力の加速度$[9.81\,\mathrm{m/s^2}]$

　したがって，点②をスケールの目盛の0に合わせて，液柱の高さ$h\,[\mathrm{m}]$を読み取ると，式(1)から管路内の圧力$p\,[\mathrm{Pa}]$を求めることができる。

　また，やや大きめの圧力を測定するには，液柱の高さ$h\,[\mathrm{m}]$が高くなりすぎないようにするために，図1(b)のような水銀を入れたU字管マノメータを用いるとよい。図1(b)において密

度$\rho$[kg/m³]の液体が水銀と接する位置を点③とすれば，図1(a)の原理と同様に次の関係がなりたつ。

$$p + \rho gh = p_0 + \rho'gh'$$
$$p = \rho'gh' - \rho gh + p_0 \quad [\text{Pa}] \tag{2}$$

$p$ ：管路内の圧力[Pa]　　　　　$p_0$：大気圧[Pa]

$\rho$ ：液体の密度[kg/m³]　　　　$h$ ：液柱の高さ[m]

$\rho'$ ：水銀の密度[kg/m³]　　　　$h'$：水銀柱の高さ[m]

$g$ ：重力の加速度[9.81 m/s²]

したがって，水銀柱の高さ$h'$[m]と液柱の高さ$h$[m]を測定すれば，圧力$p$[Pa]を求めることができる。

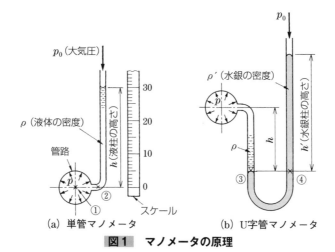

**図1　マノメータの原理**

(a) 単管マノメータ　　　(b) U字管マノメータ

### **3** 示差圧力計

液体の流れる管路の上流側と下流側の距離が長く，その圧力損失による圧力差を求めるときは，図2のU字管を使用した示差圧力計を用いる。

点①の圧力は$p_1 + \rho gh$，点②の圧力は$p_2 + \rho g(h - h') + \rho'gh'$であり，つり合いの状態にあるから，

$$p_1 + \rho gh = p_2 + \rho g(h - h') + \rho'gh'$$
$$p_1 - p_2 = (\rho' - \rho)gh' \quad [\text{Pa}] \tag{3}$$

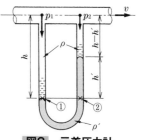

**図2　示差圧力計**

$p_1$：管路上流側の圧力[Pa]　　　$p_2$：管路下流側の圧力[Pa]

$\rho$ ：流体の密度[kg/m³]　　　　$\rho'$：水銀の密度[kg/m³]

$h$ ：液柱の高さ[m]　　　　　　$h'$：水銀柱の高さ[m]

すなわち圧力差$p_1 - p_2$は，水銀と流体の密度の差$(\rho' - \rho)$[kg/m³]と水銀柱の高さ$h'$[m]との積により求めることができる。

## 4 ブルドン管圧力計

図3に示す，ブルドン管圧力計は，おもに大きい圧力を測定する場合に用いる。

ブルドン管は，管の一端を閉じられた，だ円形の断面の円弧形につくられた金属管である。その他端から圧力が加わると，ブルドン管はその断面が真円になるような変形をして伸び，まっすぐになろうとする。この動きを歯車で回転運動に変え，拡大して指針を回し，圧力の大きさを目盛板に指示する。なお，ブルドン管圧力計には，正圧用のほかに，大気圧より低い圧力を測定する負圧用ブルドン管，および正負の両圧力が測定できる連成計がある。

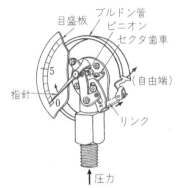

**図3　ブルドン管圧力計**

## 5 測定上の留意事項

マノメータおよびブルドン管圧力計などの測定器を取り扱うにあたっては，次のような点にじゅうぶん留意する必要がある。

1) 圧力計に振動・衝撃を与えない。
2) 圧力測定前に，液体内に介在する気泡を抜いておく。
   （理由：圧力計に気泡がはいると正確な測定ができない。）
3) 示差圧力計などは弁の開閉順序を誤らないようにする。
4) マノメータ内の液体を吹き飛ばしたり，ブルドン管に急激な変位を与えたりしないように，静かに圧力を加える。
5) 脈圧を防止する。
   （理由：管内の流れがひじょうに乱れているときや，液体に気泡が混入していると圧力の大きさが時間的に変動して，いわゆる脈圧を生じ，マノメータの液面またはブルドン管圧力計の指針が動いて視定が困難になる。）

図4は，一般的に行われている絞りによる脈圧防止法である。

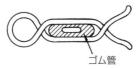

ゴム管

(a) ゴム管ばさみによる絞り

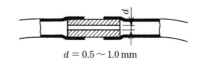

$d = 0.5 \sim 1.0\,\mathrm{mm}$

(b) 細管挿入による絞り

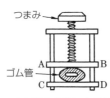

つまみ

ゴム管

A　　　B

C　　　D

(c) 押え金具による絞り

(d) コックによる絞り

**図4**　いろいろな脈圧防止法

6)　目盛を正しく正面から読み取る。これを視定といい，図5のようになる。

①　水銀柱マノメータではメニスカスの頂点を読む。

②　メニスカス(液面の屈曲部)が正常なおわん状になっていないときは，圧力の視定をしてはいけない。

(理由：マノメータに異常な圧力が作用している。液体の汚れかあるいは使用ガラス管が正常でない。)

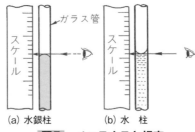

(a) 水銀柱　　　(b) 水　柱

**図5**　メニスカスと視定

7)　圧力指示の異常。

(理由：圧力計と導管との接合部などに漏れまたはつまりがあると，圧力の指示がでないか，あるいは高すぎる値を指示する。したがって，この部分の分解・点検・補修が必要である。)

8)　マノメータのガラス管および使用水銀がつねに清浄であること。

(対策：ガラス管は，かせいソーダ・硫酸水溶液で洗い，その後水洗する。水銀は，ろ紙などでよく絞り，粗いごみを除く。)

**注** 床上に散らした水銀を放置することは，その蒸気が有毒であるからとくに注意する。

# 2 流量の測定

 ## ① 概　要

　水車やポンプの性能試験などの流体機械に関する実験では，流量の測定はきわめて重要である。

　その測定には，容器による方法・絞り機構による方法・せきによる方法およびフロート形面積流量計・電磁流量計・タービン流量計などの計測器による方法がある。

## ② 容器による方法

　質量法や容積法のような容器による方法は，いろいろな流量測定法があるなかで，最も簡便な方法である。しかも，比較的正確な値を得ることができる。

### 1 質量法

　質量法（図1(a)）は，容器（正確に質量が計量された）の中へ一定時間液体を流入したあと，容器とともに質量を測定し，その測定値から容器だけの質量を差し引いて液体の質量 $M$ [kg] を求め，次の式によって流量 $Q$ [m³/min] を計算する。

$$Q = 60\frac{M}{\rho t} \quad [\text{m}^3/\text{min}] \tag{4}$$

　$Q$：流量 [m³/min]　　　$M$：$t$ [s] 間に容器へ流入した液体の質量 [kg]
　$\rho$：測定時の温度における液体の密度 [kg/m³]
　$t$：$M$ [kg] の液体を流入するのに要した時間 [s]

### 2 容積法

　容積法（図1(b)）は，あらかじめ正確に容積 $V$ [m³] がわかっている容器を液体が満たすのに要した時間 $t$ [s]，あるいは液体を水面計の取り付けられた容器に流入させ，水面計の目盛から

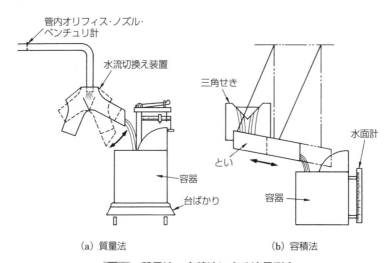

(a) 質量法　　　　　　　　　　(b) 容積法

**図1　質量法・容積法による流量測定**

流入量 $V[\text{m}^3]$ に達するまでの時間 $t[\text{s}]$ を測定して，流量 $Q[\text{m}^3/\text{min}]$ を式(5)によって求める。

$$Q = 60\frac{V}{t} \quad [\text{m}^3/\text{min}] \tag{5}$$

$Q$：流量 $[\text{m}^3/\text{min}]$　　　$V$：$t[\text{s}]$ 間に容器へ流入した液体の体積 $[\text{m}^3]$

$t$：$V[\text{mm}^3]$ の液体が流入するのに要した時間 $[\text{s}]$

---

### 測定上の注意

容器による流量測定を行う場合の留意事項を次に示す。

1) 質量法で用いる容器は，測定中に液体があふれないようなじゅうぶんな容積をもつものを用いる。

2) 容積法で用いる容器は，液体が充満しても変形せず，測定中に液体があふれないようにじゅうぶんな容積をもつもので，測定時の液位の高低差を500 mm以上とれるものを用いる。

3) 液体を容器に入れ始めるときおよび入れ終わるときの操作は，できるだけ短時間に確実に行う。

4) 容器に液体を受け入れる時間は，注水切換時間の200倍以上とし，1/10秒まで読み取ることができる正確なストップウォッチを用いて測定する。

なお，測定値は数回測定し，その平均をとる。

5) 液体の密度は，温度によって若干異なるので，測定時の液体の温度を記録しておく。

---

## 差圧流量計による方法

管路の途中に断面積を小さくした箇所(絞り部)を設けて液体を流すと，絞り部では圧力が小さくなる。この圧力変化を測定して流量を求める形式の流量計を差圧流量計という。この方法による測定器には，管内オリフィス・ノズル・ベンチュリ計などがある。

### ■1 管内オリフィス

図2に示す，管内オリフィスを水平に設置して液体を流すとき，オリフィス前後のヘッド差を $h[\text{m}]$ とすれば，理論流量 $Q[\text{m}^3/\text{s}]$ は式(6)で計算できる。

$$Q = A\sqrt{2gh}[\text{m}^3/\text{s}] \tag{6}$$

$Q$：理論流量 $[\text{m}^3/\text{s}]$　　　$A$：オリフィス絞り部の断面積 $[\text{m}^2]$

$h$：ヘッド差 $[\text{m}]$　　　　　$g$：重力の加速度 $[9.81\,\text{m/s}^2]$

実流量(実際の流量)$Q_a$[m³/s]は，液体の粘性によるオリフィス壁面との摩擦や縮流などにより理論流量よりいくらか小さくなる。

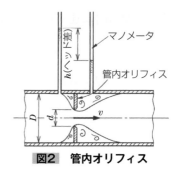

**図2　管内オリフィス**

$$Q_a = cQ = cA\sqrt{2gh} \quad [\text{m}^3/\text{s}] \tag{7}$$

$Q_a$：実流量[m³/s]　　　$c$：流量係数[－]

### ❷ 流量係数

流量係数$c$[－]は式(8)から求める。

$$c = \frac{Q_a}{Q} = \frac{Q_a}{A\sqrt{2gh}} \quad [-] \tag{8}$$

また，流量係数$c$[－]はレイノルズ数$Re$[－]が大きくなると一定の値となり，開口比$m$[－]の影響を受ける。図3は流量係数$c$[－]と開口比$m$[－]との関係を示し，$m = \left(\dfrac{d}{D}\right)^2$[－]，$D$は管路の直径[m]，$d$は管内オリフィスの穴の直径[m]である。

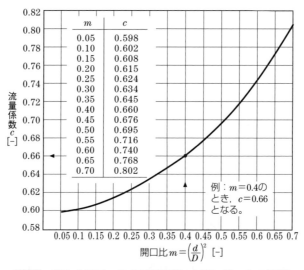

| $m$ | $c$ |
|---|---|
| 0.05 | 0.598 |
| 0.10 | 0.602 |
| 0.15 | 0.608 |
| 0.20 | 0.615 |
| 0.25 | 0.624 |
| 0.30 | 0.634 |
| 0.35 | 0.645 |
| 0.40 | 0.660 |
| 0.45 | 0.676 |
| 0.50 | 0.695 |
| 0.55 | 0.716 |
| 0.60 | 0.740 |
| 0.65 | 0.768 |
| 0.70 | 0.802 |

例：$m = 0.4$のとき，$c = 0.66$となる。

**図3　管内オリフィスの流量係数$c$と開口比$m$との関係**

## ◆4　直角三角せきによる流量測定

せきは，水路を流れる液体の流量を測定するために，水路の途中に設けた三角形や四角形などの切欠をもつ板である。直角三角せきによる流量は，図4に示す水路の幅$B$[m]や，水路の底面から切欠底点までの高さ$D$[m]，および切欠を超えて流れる液体の水位と切欠底点との高さの差，すなわちフックゲージで測定して求めたせきのヘッド$h$[m]から，JIS B 8302:2022に定められた式(9)を用いて流量係数$K$を計算し，続けて式(10)を用いて実流量$Q_a$[m³/min]を計算する。

$$K = 81.2 + \frac{0.24}{h} + \left(8.4 + \frac{12}{\sqrt{D}}\right)\left(\frac{h}{B} - 0.09\right)^2 \quad [-] \tag{9}$$

$$Q_a = Kh^{\frac{5}{2}} \quad [\text{m}^3/\text{min}] \tag{10}$$

$K$：流量係数[－]　　　$Q_a$：実流量[m³/min]

$B$：水路の幅[m]（0.5～1.2mに適合する）

$D$：水路の底面から切欠底点までの高さ[m]（0.1～0.75mに適合する）

$h$：せきのヘッド[m]（0.07～0.26mに適合する。ただし，$h$は$\frac{1}{3}B$以下とする。）

## **1** 直角三角せきによる流量測定装置

　図4に示す，実験装置は，水路・整流装置・せきのヘッド測定水槽・三角せき・実流量測定容器などから構成されている。

　整流装置は，流水にともなう波動を整流板で防止し，せき板に近寄る水の流速を一様にする目的でせきの上流側に置かれている。また，せきのヘッド測定水槽では，正確なせきのヘッド$h$[m]は，フックゲージを用いて測定する。

**a. 原点の測定**　　三角せきの切欠低点Aの水面（原点）を測定するには，図5のように，水路内の水を静止の状態にしてからドレンバルブ$V_1$を操作し，切欠底点Aと水路内水面を一致させる。その後，せきのヘッド測定水槽でフックゲージの針頭を水面に合わせてスケール上の目盛を読み，そこを原点とする。

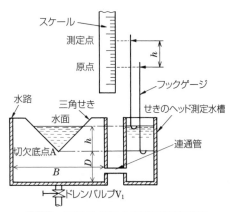

**図4**　**三角せきによる流量測定装置**

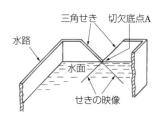

**図5**　**切欠底点Aと水面の一致**

## ヘッド

　ヘッド（head）は，水の持つエネルギーの大きさを便宜的に水柱の高さに置き換えたもので，長さの次元を持つ。このほか，水面の高さ（水位）を表すときにも用いる。

　いま，質量1kgの水を，重力にさからって鉛直方向に$z$[m]動かすと，水は比位置エネルギー$gz$[J／kg]を得る。この比位置エネルギー　$gz$[J／kg]　を水に働く重力加速度$g$[m/s²]で割ることにより便宜的に$z$[m]と表すことができる。このため，水の持つ比位置エネルギー[J／kg]を，高さの尺度[m]で表すことができ，これを位置ヘッドという。このほかに比圧力のエネルギーを重力加速度で割った圧力ヘッド$\frac{p}{\rho g}$[m]や比運動エネルギーを重力加速度で割った速度ヘッド$\frac{v^2}{2g}$[m]がある。

**b. ヘッドの測定**　　原点を測定したあと，一定流量の水を流すと水面が上昇して三角せきの切欠から水が流下しはじめ，測定水槽内の水面は上昇する。そして水面の上昇が止まって，安定したところでフックゲージの針頭を水面に合わせ，スケール上の原点からの差で示されるせきのヘッドh[m]を読み取る。流量の変化が大きいときは，じゅうぶんに時間をかけて水面が安定してからフックゲージの操作をはじめる。

## フックゲージ操作の要領

フックゲージの針頭を水面で完全に一致させる二つの方法を次に示す。

1)　針頭とその像を利用する方法　　せきのヘッド測定水槽の壁面に透明なガラス板を張っておけば，水面は下からのぞいたとき鏡面の働きをするため，これにフックゲージの針頭が像になって映る。このとき，図6(a)のように針頭の像と真の針頭との間隔は2倍になる。したがって，この間隔をよくみながらフックゲージを操作すれば，図(b)のように針頭を正確に水面に合わせることができる。なお図(c)は針頭を上げすぎた状況を示す。

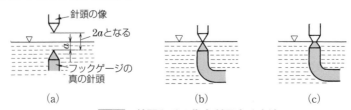

**図6　針頭とその像を利用する方法**

2)　表面張力を利用する方法　　水面における針頭を水面からみる場合には，図7(a)〜(c)のように水面に映る白いつや消し電球(または測定装置の置かれている室内の天井にある蛍光灯など)の映像の中に針頭がくるようにみる方向を選べば，見やすくなる。

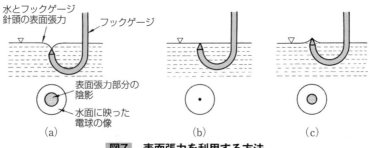

**図7　表面張力を利用する方法**

# 流体機械実験 1　管内オリフィスによる流量測定

## 目　標

1. 管内オリフィスによる流量測定の方法を実習し，流量と圧力差，および流量係数とレイノルズ数との関係を調べる。
2. 差圧流量計の原理・構造・機能・取り扱いなどを，実験を通じて具体的に知り，これらの知識の定着をはかる。
3. JIS B 8302:2022による流量測定法を理解する。

## 使用機器

1. ポンプ・管路・管内オリフィス・ヘッド測定装置(水柱および水銀柱マノメータ)
2. 水流切換え装置
3. 容器・台ばかり・ストップウォッチなど

## 実験装置

　図8は，管内オリフィスによる流量および流量係数測定の実験装置の概略を示したものである。

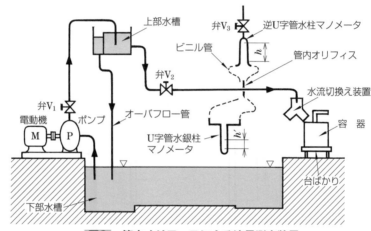

**図8　管内オリフィスによる流量測定装置**

## 準　備

1. ポンプの外観を確認し，ポンプ軸受部の潤滑油を点検する。
2. ポンプ内の空気を排除するため，ポンプケーシング上部の空気抜きコックを開き，呼び水じょうごから水をポンプおよび吸込み管内に注入する呼び水という作業を行う。

　　注 注水の完了は，空気抜きコックより水があふれることで判断する。

3. 図8において，吐出し弁$V_1$を全閉のまま(遠心ポンプの場合)，電動機のスイッチを入れ，ポンプを回転させる。電動機が一定回転になったところで，吐出し弁$V_1$を徐々に開き，上部水槽のオーバフロー管より余分な水が流れるように調整する。

　　注 ポンプ軸に対するパッキンの締め付けが不当に強いと，電流計は過負荷を示す。

**4** 弁$V_2$をわずかに開いた状態で，管路内および圧力導管（ビニル管）などに残留している気泡をビニル管のマノメータへの接続部末端などから大気中に放出し，その後，ビニル管をマノメータに接続する。

> **注** このさい，弁$V_2$の開きが大きいと管内オリフィス前後の圧力差が大きくなり，図9(b)でマノメータ内の水銀が低圧側に飛ばされるので，管内オリフィスまたはマノメータに付属するバルブまたはコックの開閉に注意する。

> **注** 管内に残留気泡がある間は，末端よりあふれる水流は不連続であるが，気泡が除去されると，あふれる水流はきれいに連続して放出される。

**5** 質量法による測定では，この段階で容器の質量$M_1$[kg]を測定しておく。

**方 法**

**1** 水柱マノメータの指示をみながら，さらに弁$V_2$を徐々に開き，水柱の安定を待って示差$h$[m]を測定し，記録する。

**2** 水流切換え装置を操作して全質量$M_2$[kg]と容器への流入時間$t$[s]を測定し，記録する。

**3** 容器内の水を水槽に放出したあと，次の実験のために，あらためて容器の質量$M_1$[kg]を測定する。

**4** 各段階でデータ取得を確認し，順次弁$V_2$を開き，管内流量の増加すなわちマノメータ示差$h$[m]の拡大により，図9に示す示差の測定を，水柱マノメータからU字管水銀柱マノメータに移し，水銀柱の示差$h'$[m]の計測に変える。

実験では，水銀柱の示差$h'$[m]の測定範囲いっぱいに行い，可能な限り多くのデータを取得することが望ましい。

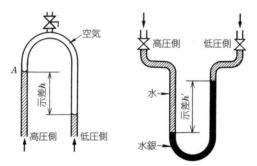

(a) 逆U字管水柱マノメータ　　(b) U字管水銀柱マノメータ

**図9** 逆U字管水柱マノメータとU字管水銀柱マノメータ

**5** 測定終了にあたっては，ポンプの吐出し弁$V_1$を徐々に締め，全閉にしたのち（遠心ポンプの場合）スイッチを切ってポンプを停止する。

> **注** **1**および**2**の測定は各段階で数回行い，その数値の平均をとる。

> **注** マノメータによる圧力測定および質量の測定は，前出の圧力計使用上の注意および質量法での測定上の注意を参考にして忠実に実行する。

> **注** 流体に関する実験は，定常流で行うことがたいせつである。したがって，実験の段階でじゅうぶん時間をとり，流れの安定を待つ必要がある。

**結果のまとめ**

**1.** 実験で得られたデータから次の項目を計算によって求める。

- 管内オリフィスによる理論流量　$Q = A\sqrt{2gh}$　$[\text{m}^3/\text{s}]$

　　（水銀柱マノメータのときは$h = 12.55h'$とする）

- 質量法による実流量　$Q_{aw} = \dfrac{M}{\rho t}$　$[\text{m}^3/\text{s}]$

$$M = M_2 - M_1 \quad [\text{kg}]$$

- 平均流速　$v = \dfrac{4Q_{aw}}{\pi D^2}$　$[\text{m/s}]$

- 流量係数　$c = \dfrac{Q_{aw}}{Q}$　$[-]$

- 管内オリフィスによる実流量　$Q_a = cA\sqrt{2gh}$　$[\text{m}^3/\text{s}]$

- レイノルズ数　$Re = \dfrac{vD}{v} \times 10^4$　$[-]$

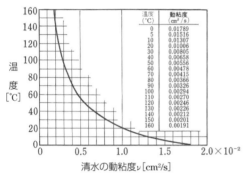

**図10**　温度と動粘度の関係

$A$：絞り面の断面積$[\text{m}^2]$
$h$：管内オリフィス前後の水柱の示差$[\text{m}]$
$h'$：管内オリフィス前後の水銀柱の示差$[\text{m}]$
$M$：水の質量$[\text{kg}]$
　$M_1$：容器の質量$[\text{kg}]$
　$M_2$：全質量$[\text{kg}]$
$t$：測定時間$[\text{s}]$
$v$：水の動粘度$[\text{cm}^2/\text{s}]$（図10）
$g$：重力の加速度$[9.81\,\text{m/s}^2]$
$\rho$：水の密度$[1000\,\text{kg/m}^3]$
$c$：管内オリフィスの流量係数$[-]$
$D$：管路の内径$[\text{m}]$

**2.** 実験において測定されたデータおよび，各項目の計算結果を次のような管内オリフィスによる流量測定結果成績表に記入する。

**管内オリフィスによる流量測定結果成績表**

| No. | マノメータ示差 | | | 管内オリフィスによる理論流量 $Q[\text{m}^3/\text{s}]$ | 質量法による実流量 $Q_{aw}$ $[\text{m}^3/\text{s}]$ | 流量係数 $c$ $[-]$ | 管内オリフィスによる実流量 $Q_a[\text{m}^3/\text{s}]$ | レイノルズ数 $Re[-]$ | 観察事項 |
|---|---|---|---|---|---|---|---|---|---|
| | 水柱 $h$ [m] | 水銀柱 $h'$ [m] | 水銀柱を水柱に換算した示差 [m] | | | | | | |
| | | | | | | | | | |
| | | | | | | | | | |

**3.** 上記の表をもとにして，次のようなグラフを作成する。

　① マノメータの示差と流量の関係：水銀柱示差$h'[\text{m}]$と，水柱および水銀柱を水柱に換算した示差$h[\text{m}]$とを普通方眼紙の縦軸に，また質量法による実流量$Q_{aw}[\text{m}^3/\text{s}]$を横軸にとり，各数値をプロットし，これらの点を雲形定規で無理なく結び，自然な曲線のグラフをつくって整理する。

② レイノルズ数と流量係数の関係：流量係数 $c$ [-] を片対数方眼紙の等目盛の縦軸にとり，またレイノルズ数 $Re$ [-] を対数目盛の横軸にとってグラフをつくって整理し，その結果を検討する。

### 考察

1. ベルヌーイの定理を用いて，圧力と流速の関係式をつくってみよ。ただしヘッド位置は一定とする。

2. 円筒管内を流れる水の速度分布図を作成せよ。

3. 管内オリフィスのほかに，どのような差圧流量計による流量測定方法があるか調べてみよ。

# 流体機械実験 2　直角三角せきによる流量測定

### 目　標

1. 直角三角せきによる流量測定の方法を実習し，流量とヘッドとの関係を調べ，みかけの流量係数を求める。
2. 直角三角せきを用いて，せきの原理およびせき・フックゲージの構造・機能・取り扱いなどを，実験を通じて具体的に知り，これらに関する知識の定着をはかる。
3. JIS B 8302:2022による流量測定法を理解する。

### 使用機器

1. ポンプ・管路・直角三角せき・フックゲージ
2. 水流切換え装置
3. 容器・台ばかり・ストップウォッチなど

### 実験装置

図11は，直角三角せきによる流量および流量係数測定の実験装置の概略を示している。

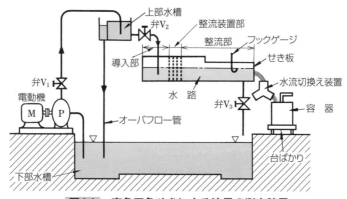

**図11　直角三角せきによる流量の測定装置**

### 準　備

1　ポンプ軸受部の潤滑油を点検し，呼び水をしてポンプ内の空気を除去する。

2　吐出し弁$V_1$を全閉の状態にして電動機のスイッチを入れ，ポンプを運転する。

3　吐出し弁$V_1$を徐々に開いていき，上部水槽のオーバフロー管からつねに余分な水が流れるようにする。

　　**注** 1〜3の準備は管内オリフィスによる流量測定の準備の項目を参照 (p.159)。

4　弁$V_2$をわずかに開いた状態で流水が三角せきを越えるのを待ち，水が三角せきより流下しはじめたら弁$V_2$を再び全閉にする。

5　水路の底部に設置した排水弁$V_3$を，水面の降下をみながら注意深く開き，三角せきの切欠底点Aに水面を合わせたら閉じ，フックゲージの原点を測定する。

　　**注** 5は原点およびヘッドの測定，またフックゲージ操作の要領を参照 (p.157〜158)。

6　質量法による測定では，この段階で容器の質量$M_1$[kg]を測定しておく。

## 方　法

1. 弁$V_2$を開き，せきを越えて流出した水がせき板に付着しない状態にする(水がせき板に付着して流下すると水の流れが遅くなって水面がわずかに上昇し，正確なヘッドの測定ができない)。

2. 水路の水面が安定した後，フックゲージによりヘッド$h$[m]を測定し，記録する。

3. 質量法により，全質量$M_2$[kg]と容器への流入時間$t$[s]を測定して記録し，その後，容器内の水を水槽に放出し，次の実験のため，容器の質量$M_1$[kg]を測定しておく。

4. さらに弁$V_2$を開いて，水路の流量を増加させ，そのつどヘッド$h$[m]と質量法での計測(2～3)を繰り返し，弁$V_2$を全開まで測定したら終了する。

5. 吐出し弁$V_1$を徐々に締め，全閉の状態で電動機のスイッチを切り，ポンプを停止する。

## 結果のまとめ

1. p.156式(9)で求めた流量係数$K$を用い，また実験で得られたデータから次の項目を計算によって求める。

直角三角せきによる実流量　　$Q_a = Kh^{\frac{5}{2}}$　[m³/min]

$$K = 81.2 + \frac{0.24}{h} + \left(8.2 + \frac{12}{\sqrt{D}}\right)\left(\frac{h}{B} - 0.09\right)^2 \quad [-]$$

質量法による実流量　　$Q_{aw} = 60\frac{M}{\rho t}$　[m³/min]

$$M = M_2 - M_1 \quad [kg]$$

みかけの流量係数　　　$K' \dfrac{Q_{aw}}{Q_a}$　$[-]$

$K$：流量係数[−]　　　　$M$：水の質量[kg]　　　$M_2$：全質量[kg]

$h$：せきのヘッド[m]　$M_1$：容器の質量[kg]　$\rho$：水の密度[1 000 kg/m³]

$B$：水路の幅[m]　　　　　　　　　　　　　　　$t$：測定時間[s]

$D$：水路の底面から切欠底点までの高さ[m]

2. 実験において測定されたデータおよび，各項目の計算結果を直角三角せきによる流量測定結果成績表に記入する。

**直角三角せきによる流量測定結果成績表**

| No. | 直角三角せき | | 質量法による実流量 $Q_{aw}$[m³/min] | みかけの流量係数 $K'$[−] | 観察事項 |
|---|---|---|---|---|---|
| | ヘッド $h$[m] | 実流量 $Q_a$[m³/min] | | | |
| 1 | | | | | |
| 2 | | | | | |

3. 上記の表をもとにして，直角三角せきのヘッドと流量の関係について，普通方眼紙の横軸に実流量$Q_a$[m³/min]をとり，縦軸にヘッド$h$[m]とみかけの流量係数$K'$[−]をとったグラフをつくる。

## 考　察

1. 直角三角せきの詳細な図をつくってみよ。とくに，せきの面取りに注意せよ。

2. 整流装置部(整流板)の役目を記述せよ。

3. 弁の操作は徐々に開閉を行うよう指示があるが，その理由を調べよ。

# 3 渦巻ポンプの性能試験

## 1 概 要

ポンプの性能は，回転速度・吐出し量・全揚程・ポンプの軸動力およびポンプ効率などで表す。ここでは渦巻ポンプについて試験を行い，その性能を検討する。

なお，ポンプの性能試験に関しては，JIS B 8301:2018に遠心ポンプ，斜流ポンプおよび軸流ポンプの試験および検査方法などが規定されている。

## 2 試験方法

### 1 試験装置の構成

ポンプの試験装置は，図4(p.169)に示すように，電力測定器・電動機・試験用ポンプおよび差圧流量計や直角三角せきのような吐出し量測定装置などで構成されている。

### 2 全揚程

ポンプ内で羽根車が回転すると，図1で吸込み側の水圧は低下して負圧になり，外部の大気圧に押された水は吸込み管を上昇する。したがって，吸込み側の点①の流体は，流速$v_1$[m/s]，圧力$p_1$[Pa]をもつ。

ポンプの中心を通る$x$-$x$を基準面として点①でもつ水のヘッドを$H_1$[m]とすれば，基準面に換算した吸込みヘッド$H_1$[m]は，

$$H_1 = \frac{p_1}{\rho g} + \frac{v_1{}^2}{2g} - z_1 \quad [\text{m}] \cdots\cdots ①$$

$\rho$：水の密度[$1000\,\text{kg/m}^3$]　　　$g$：重力の加速度[$9.81\,\text{m/s}^2$]

また，吐出し側の水は，羽根車の回転で大気圧より高く加圧され，点②の流体は流速$v_2$[m/s]，圧力$p_2$[Pa]をもつ。したがって，基準面に換算した点②のヘッド$H_2$[m]は，

$$H_2 = \frac{p_2}{\rho g} + \frac{v_2{}^2}{2g} + z_2 \quad [\text{m}] \cdots\cdots ②$$

したがって，ポンプが水に与えたヘッド$H$[m]は，上式①および②の差となる。よって，

$$H = H_2 - H_1$$
$$= \left( \frac{p_2}{\rho g} + \frac{v_2{}^2}{2g} + z_2 \right) - \left( \frac{p_1}{\rho g} + \frac{v_1{}^2}{2g} - z_1 \right)$$

吸込み側のポンプ口径と吐出し側の口径が同じであれば，$v_1 = v_2$なので，

$$H = \left( \frac{p_2}{\rho g} + z_2 \right) - \left( \frac{p_1}{\rho g} - z_1 \right) \quad [\text{m}] \cdots\cdots ③$$

ここで，$\left( \dfrac{p_2}{\rho g} + z_2 \right)$は吐出しヘッド$H_2$[m]を，また$\left( \dfrac{p_1}{\rho g} - z_1 \right)$は吸込みヘッド$H_1$[m]を表すことになる。

この式③のヘッド$H$[m]は，ポンプが水に与える全揚程$H$[m]である。

$$H = H_2 - H_1 \quad [\text{m}] \tag{11}$$

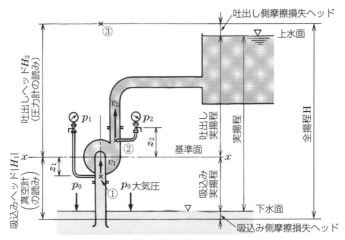

**図1　ポンプの全揚程**

## 理論水動力

　ポンプは，羽根車を回転させて，機械的エネルギーを水の速度・圧力のエネルギーに変換して送り出すことで，重力による位置エネルギー，すなわちヘッドに変えるエネルギー変換機としてとらえることができる。いま，密度$\rho$[kg/m³]，流量$Q_a$[m³/min]の水を，高さ$H$[m]まで揚水するのに必要な羽根車の軸に加えるべき理論水動力$P_u$[W]は，式(12)により求める。

$$P_u = \frac{\rho g Q_a H}{60} \quad [\text{W}] \tag{12}$$

## ポンプの軸動力

　ポンプの原動機には一般に三相誘導電動機が用いられ，この電動機への入力$P_i$[W]は，式(13)により求める。

$$P_i = \sqrt{3}EI\cos\phi \quad [\text{W}] \tag{13}$$

　　$E$：電圧計の読み[V]　　　$I$：電流計の読み[A]　　　$\cos\phi$：力率計の読み[−]

　また，電動機に与えられた入力$P_i$[W]は，電動機内における回転子の回転による電気抵抗や軸受部の摩擦および電動機の電気的特性のために損失するので，電動機出力$P$[W]は入力$P_i$[W]より小さくなる。ここで，電動機の効率を$\eta_m$とすれば，$\eta_m = \dfrac{P}{P_i}$となる。効率$\eta_m$[−]および力率$\cos\phi$[−]は，電動機メーカによって作成された誘導電動機の特性曲線により，出力の数値に対応して求めることができる。

　図2に電動機の特性曲線の例を示す。電動機の出力$P$[W]は，直結したポンプの軸動力であり，式(14)により求める。

$$P = \sqrt{3}EI\cos\phi \cdot \eta_m \quad [\text{W}] \tag{14}$$

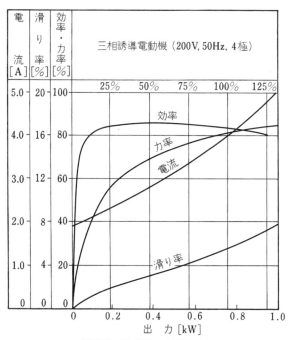

図2　電動機の特性曲線

# ⑤ ポンプ効率

理論水動力 $P_u$[W]は，ポンプの軸動力 $P$[W]よりいくらか小さい。これは，ポンプ内の水力損失(水の摩擦や衝突などによる損失)・水もれ損失・機械的損失(軸受などの摩擦)によってエネルギーが消耗するためである。

そこで，ポンプ効率 $\eta$[%]は式(12)および(14)より，式(15)から求める。

$$\eta = \frac{P_u}{P} \times 100 \quad [\%] \tag{15}$$

# ⑥ ポンプの回転速度と性能

ポンプの回転速度は，性能に大きな影響を及ぼす。したがって，規定された回転速度で運転して試験を行うことが求められる。その測定にあたっては正確な回転速度計を用い，測定値はその1/200まで読み取り，数回測定した平均値を測定値とする。図3はポンプ軸に直結した電動機の軸端にあたる部分のキャップをはずし，タコメータ式回転速度計で測定しているようすを示す。この場合，軸端に回転速度計を押し付ける力を一定とすることがたいせつである。

なお，規定回転速度で運転できない場合には，式(16)により，試験結果を規定回転速度の性能の値に換算する。

図3　回転速度の測定

吐出し量　$Q_T$ = 試験回転速度による吐出し量 $Q_a \times \left(\dfrac{n_{sp}}{n}\right)$ 　$[\mathrm{m^3/min}]$ (16)

全揚程　$H_T =$ 試験回転速度による全揚程 $H \times \left(\dfrac{n_{sp}}{n}\right)^2$ 　[m]　　　　　　　　　　(17)

軸動力　$P_T =$ 試験回転速度による軸動力 $P \times \left(\dfrac{n_{sp}}{n}\right)^3 \cdot \left(\dfrac{\rho_{sp}}{\rho}\right)$ 　[W]　　　　　　(18)

$n_{sp}$：規定回転速度$[\mathrm{min}^{-1}]$　　　　　$n$：試験回転速度$[\mathrm{min}^{-1}]$

$\rho_{sp}$：規定揚液の密度$[\mathrm{kg/m}^3]$　　　$\rho$：試験揚液の密度$[\mathrm{kg/m}^3]$

 # ポンプの運転

ポンプ運転上の注意を次に示す。

1)　ポンプ内の水は軸受の潤滑と冷却の作用をするから，起動にさいして必ずポンプ内部を満水の状態にしておく必要がある。これをおこたると，軸受の温度が上昇してついには焼き付くことになる。

2)　軸受の温度上昇は，周囲の空気温度より40℃以上高くなってはいけない。したがって一般には，室温20℃の場合，潤滑油中または軸受メタル外側で測定して60℃以下で運転する。

3)　パッキン押さえの締め加減に注意し，運転中は水が外部に少し滴下する程度にする。これをおこたると軸受の温度が上昇し，ついには焼き付くことになる。小形ポンプの試験では，この締め加減が動力および効率に大きい影響を及ぼす。

## ポンプの比速度

　比速度$n_s[\mathrm{min}^{-1}]$は，もとのポンプと幾何学的に相似な模型ポンプを全揚程1m，吐出し量$1\,\mathrm{m}^3/\mathrm{min}$で運転するときの回転速度をいい，ポンプの特性の研究や分類の基準として用いられる。表1に比速度と該当ポンプの分類を示す。

**表1　比速度とポンプ**

| 比速度 $n_s[\mathrm{min}^{-1}]$ | $100 \sim 550$ | $800 \sim 1100$ | $1500$ |
|---|---|---|---|
| 該当ポンプ名 | 遠心ポンプ | 斜流ポンプ | 軸流ポンプ |

　比速度は，分類したいポンプの回転速度を$n\,[\mathrm{min}^{-1}]$，全揚程を$H\,[\mathrm{m}]$，吐出し量を$Q_a\,[\mathrm{m}^3/\mathrm{min}]$とすると，式(19)で求められる。

$$n_s = n\,\dfrac{Q_a^{\frac{1}{2}}}{H^{\frac{3}{4}}}\quad[\mathrm{min}^{-1}]\tag{19}$$

　なお，両吸込み形ポンプではその吐出し量を$\dfrac{1}{2}$に，全揚程は一段あたりの揚程に換算して代入する。

# 流体機械実験3　渦巻ポンプの性能試験

## 目　標

**1.** 規定回転速度におけるポンプの吐出し量と全揚程・軸動力および効率の関係を調べて，ポンプの特性曲線を求める。

**2.** **1.** のために電動機の入力を測定し，また，圧力・流量などの基礎的測定の理論や技術および取り扱いを，この実験を通して総合的に理解・習得する。

**3.** JIS B 8301:2018の遠心ポンプ，斜流ポンプおよび軸流ポンプの試験および検査の方法を理解する。

## 使用機器

誘導電動機・電力測定器(電流計・電圧計・力率計)・ポンプ・流量測定装置(直角三角せき・フックゲージ)・回転速度計・温度計

## 実験装置

図4は，流量測定用のせきを備えた，渦巻ポンプの性能試験装置の概略を表したものである。

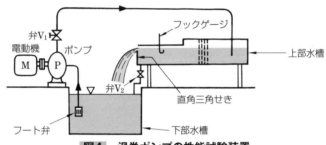

**図4　渦巻ポンプの性能試験装置**

## 準　備

① ポンプ軸受部の潤滑油を点検したのち，ポンプおよび吸込み管内が水で満たされていることを確認する。満たされていない場合は，呼び水をして満たす。

② ポンプ軸を手で回してみて，パッキンの締め加減を検査する。

③ 吐出し弁$V_1$が全閉の状態で，電動機のスイッチを入れ，ポンプを回転させる。

④ 吐出し弁$V_1$を徐々に開き，流水が三角せきを越えて流下したら弁$V_1$を全閉し，その後，排水弁$V_2$を操作し，水路水面の安定を待って三角せきの原点を測定しておく。

　　**注** ①～④の準備は，管内オリフィスによる流量測定の準備(p.159)の項目を参照。

⑤ ポンプの回転速度の増加と吐出し圧力の上昇を待ち，吐出し弁$V_1$を全閉のまま，すなわち締め切り状態におけるポンプの回転速度・吐出し圧力・吸込み圧力や電動機の入力を求めるために，電流・電圧・力率を測定し，記録する。

## 方法

① 吐出し弁$V_1$を少し開き，水路側面に設けた測定水槽内の水面の安定を待って，次の各項目の測定を行い，記録する。

電動機関係：電流・電圧・力率・回転速度

ポンプ関係：吐出し圧力(圧力計の読み)・吸込み圧力(真空計の読み)

流量測定関係：フックゲージによるせきのヘッド（直角三角せきによる流量測定（p.163～164）を参照。）

　注　水路内の水流の安定に要する時間は，水量の変化が大きいほど長い。

**②**　各測定値の記録終了を確認したのち，順次吐出し弁$V_1$を開き，整定を待って**①**の各項目を測定していく。測定回数は締め切り状態の実験を含めて少なくとも5種類以上の異なった吐出し量について行い，吐出し弁$V_1$の全開まで実施する。

**③**　試験が完了したあと，吐出し弁$V_1$を全閉し，電源スイッチを切り，ポンプを停止する。

　注　厳寒期には，ポンプ・管路の氷結を予防するため，排水する。

**結果のまとめ**

**1.** 実験で得られたデータをもとに，次の各項目を計算によって求める。

・ポンプの軸動力　$P = \dfrac{\sqrt{3}EI\cos\phi}{1\,000}\eta_m$　［kW］

・全揚程　$H = H_2 - H_1$　［m］

・吐出し揚程　$H_2 = \dfrac{10^6 p}{\rho g} + z_2$　［m］

・吸込み揚程　$H_1 = \dfrac{p_{MA}\rho'}{100\rho} + z_1$　［m］，$H_1 = \dfrac{10^6 p_{MB}}{\rho g} + z_2$　［m］

・吐出し量　$Q_a = Kh^{\frac{5}{2}}$　［m³/min］，

$$K = 81.2 + \dfrac{0.24}{h} + \left(8.4 + \dfrac{12}{\sqrt{D}}\right)\left(\dfrac{h}{B} - 0.09\right)^2 \quad [-]$$

・理論水動力　$P_u = \dfrac{\rho g Q_a H}{60 \times 1\,000}$　［kW］

・ポンプの効率　$\eta = \dfrac{P_u}{P} \times 100$　［％］

・規定回転速度に換算した吐出し量　$Q_T = Q_a\left(\dfrac{n_{sp}}{n}\right)$　［m³/min］

・規定回転速度に換算した全揚程　$H_T = H\left(\dfrac{n_{sp}}{n}\right)^2$　［m］

・規定回転速度に換算した軸動力　$P_T = P\left(\dfrac{n_{sp}}{n}\right)^3 \left(\dfrac{\rho_{sp}}{\rho}\right)$　［kW］

| | |
|---|---|
| $E$：電圧計の読み［V］ | $z_1$：ポンプ基準面より真空計の圧力取出し口までの高さ［m］ |
| $I$：電流計の読み［A］ | |
| $\cos\phi$：力率計の読み［－］ | $z_2$：ポンプ基準面より圧力計の圧力取出し口までの高さ［m］ |
| $\eta_m$：電動機の効率［－］ | |
| $p$：圧力計の読み［MPa］ | $K$：三角せきの流量係数［－］ |
| $\rho$：試験揚液の密度［kg/m³］ | $h$：せきのヘッド［m］ |
| $\rho_{sp}$：規定の揚液の密度　［水の場合は1 000 kg/m³］ | $B$：水路の幅［m］ |
| | $D$：水路の底面から切欠底点までの高さ［m］ |

$p_{MA}$：真空計の読み[cmHg]　　　　　$n$：回転速度[min$^{-1}$]

$\rho'$：水銀の密度[13.6 × 10$^3$kg/m$^3$]　　　$n_{sp}$：規定回転速度[min$^{-1}$]

$p_{MB}$：真空計の読み[MPa]　　　　　$g$：重力の加速度[9.81 m/s$^2$]

**2．** 測定データおよび各項目の計算結果を渦巻ポンプ性能試験成績表に記入する。

**3．** 渦巻ポンプ性能試験成績表をもとにして，図5ポンプの特性曲線の例の様式を参考にポンプの特性曲線のグラフを作成する。

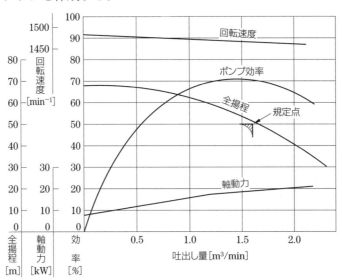

**図5**　**ポンプの特性曲線の例**

考　察

**1．** 実験より求めた特性曲線から，最高効率の全揚程・吐出し量・回転速度などを求め，設計点を見いだせ。

**2．** ポンプ効率に影響を与えるものは何か調べよ。

**3．** 遠心ポンプを起動するさいに呼び水(プライミング)が必要なのはなぜか調べよ

**4．** ポンプ運転のさいに発生するキャビテーションとはどのような現象か調べよ。

**渦巻ポンプ性能試験成績表**

| 規定要目 | 指定揚液（温度，密度） | 吐き出し量[m³/min] | 全揚程[m] | 回転速度[min⁻¹] | 原動機出力[kW] | ポンプ効率[%] |
|---|---|---|---|---|---|---|
| | | | | | | |

| 計測項目 | | 1 | 2 | 3 | 4 | 5 | 6 | 7 | 8 |
|---|---|---|---|---|---|---|---|---|---|
| 回転速度 $n$ [min⁻¹] | | | | | | | | | |
| 水温 [℃] | | | | | | | | | |
| 吐出し量 | せきのヘッド $h$ [m] | | | | | | | | |
| | 吐出し量 $Q_a$ [m³/min] | | | | | | | | |
| 揚程 | 吐出しヘッド $H_2$ [m] | | | | | | | | |
| | 吸込みヘッド $H_1$ [m] | | | | | | | | |
| | 測定高差 $z_d$ [m] | | | | | | | | |
| | 全揚程 $H$ [m] | | | | | | | | |
| 理論水動力 $P_u$ [kW] | | | | | | | | | |
| 周波数 [Hz] | | | | | | | | | |
| 電動機 | 電圧 $E$ [V] | | | | | | | | |
| | 電流 $I$ [A] | | | | | | | | |
| | 入力 $P_i$ [kW] | | | | | | | | |
| | 効率 $\eta_m$ [%] | | | | | | | | |
| | 出力 $P$ [kW]（軸動力） | | | | | | | | |
| ポンプ効率 $\eta$ [%] | | | | | | | | | |
| 規定回転速度および指定揚液に換算した値 | 吐出し量 $Q_T$ [m³/min] | | | | | | | | |
| | 全揚程 $H_T$ [m] | | | | | | | | |
| | 軸動力 $P_T$ [kW] | | | | | | | | |

使用ポンプ要目

形式 _____

製造番号 _____

製造業者名 _____

用途 _____

_____

付属試験用電動機要目

形式 _____

出力（　　　kW）

周波数（　　　Hz）

電圧（　　　V）

電流（　　　A）

極数（　　　　　）

回転速度（　　min⁻¹）

製造番号 _____

製造業者名 _____

試験揚液 _____

吐出し量測定方法

_____

# 4 油圧・空気圧回路

## ① 概　要

　建設機械，自動車，航空機，船舶，プレス機械・ブローチ盤・射出成形機などの工作機械や加工機械，また産業用ロボットや生産工程で用いるいろいろな自動化機器などに油圧装置や空気圧装置が用いられている。これらの装置は，各種の油圧機器や空気圧機器を組み合わせて機能しており，複雑なものもよく調べると，基本的な回路を組み合わせて機能させていることがわかる。

　図1は，断面回路図およびJIS B 0125:2020「油圧・空気圧システム及び機器－図記号及び回路図」に示された図記号を用いて表した油圧回路図の例である。

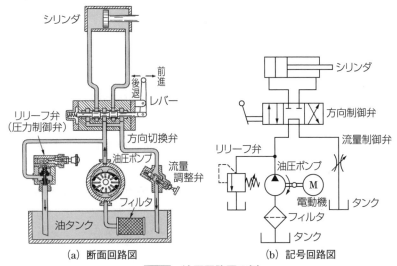

(a) 断面回路図　　　　　　　　　(b) 記号回路図

**図1　油圧回路図の例**

　この実習では，これらの機器の構造・動作・特性を理解したうえで，基本的な回路を設計して回路を組み立てて運転し，所要の動作をさせる。また，これを観察し，測定することを通して，油圧機器や空気圧機器とその回路を活用できるようにする。

　なお，これらの装置の操作や制御には手や足による人力操作，押しボタンスイッチやリミットスイッチにより電磁石への通電状態を制御して行う電磁操作，パイロット圧の変化によって制御するパイロット操作，操作力を取り除いたときにばねによって初期の状態に復帰させるスプリングリターン方式などがある。また，有接点や無接点のリレーやプログラマブルコントローラを用いたシーケンス制御が多用されているため，この実習でも一部でこれらによる制御を用いる。

## 1 油圧装置と空気圧装置の特徴

　油圧装置の作動流体には専用の作動油を，空気圧装置の作動流体には大気中の空気を利用して動力を伝達する。このため，共通して，複雑な機構を用いる機械的な伝達方式に比べて自由度が高くとれる特徴がある。また，装置を構成するための種々の機器が市販されているので，それらを適当に組み合わせることで所要の動作をさせる装置をつくることができる。しかし，これらの装置には，作動流体の相違に起因する特徴があるので，じゅうぶんに理解して活用する。

　**a. 油圧装置の特徴**　　油圧装置には非圧縮性の作動油を用いるために大きな動力を伝達できる特徴がある。次にその他の特徴を示す。

1) 空気圧装置の100倍にも及ぶ高い圧力で運転できるために出力が大きく，しかもその圧力を制御することで，力を容易にしかも連続的に制御できる。また，安全装置や過負荷に対する防止装置の設定も容易にできる。
2) 流量を制御することによって，アクチュエータの速度を容易にしかも滑らかに連続的に制御できる。
3) 方向制御弁を用いることで，アクチュエータの動作方向を容易に制御できる。
4) アクチュエータの定出力駆動や定トルク駆動が容易にできる。
5) アキュムレータの利用により，エネルギーの蓄積が可能である。
6) 弁類を電気信号で制御できるために，遠隔操作や自動制御が容易にできる。
7) 作動油は必ずタンクに戻す必要がある。また，漏れを生じると環境汚染や引火の危険がある。
8) 作動油は高温になると急速に劣化するため，冷却装置が必要なこともある。
9) ゴミや水分などを混入させないようにじゅうぶんに注意しなければならない。

　**b. 空気圧装置の特徴**　　空気圧装置は大気中の空気を用いるために，排気を大気へ放出することができる。このため，戻り回路が不要なので，油圧装置に比べて回路の構成が簡略化できる特徴がある。次にその他の特徴を示す。

1) 空気の圧縮性を利用して比較的小さなタンクに高圧の空気を多量に蓄えることができるうえ，比較的小さな空気圧縮機ですますことができる。また，圧縮性を利用したクッション効果を利用できるために，過負荷時の安全性が高い。しかし，圧力の伝達に遅れが生じる傾向があり，とくにエアシリンダなどのアクチュエータを低速で動かす場合には，正確な動作速度が得られない。また，動作途中での正確な停止動作も困難である。
2) 圧力を調整することで，力の制御が容易にできる。
3) アクチュエータへ流入させる空気の流量を制御することで，速度の制御が容易に，しかも連続的にできる。
4) 全空気圧装置の採用により，防爆の必要な場所での使用が可能である。
5) 圧力が最大でも1MPa程度なために，大きな力の伝達は困難である。

## 油圧機器と空気圧機器

### **1** 油圧作動油と空気の性質

油圧装置には表1に示す専用の作動油を用いる。

**表1　作動油の種類・特性と用途**

| 種　類 | | 特　性 | 用　途 |
|---|---|---|---|
| 一般用 | 石油系 | 潤滑・防錆・流動・引火 | 一般機械 |
| 耐火用 | 合成系 | 耐火・潤滑・流動・安定・防錆・高価 | 高精度制御機・航空機 |
| | 水性系　水-グリコール系 | 難燃・流動・防錆 | ダイカスト機・圧延機・プレス機械 |
| | 乳化系 | 難燃・安価・腐食 | 鉱山機械 |

これに対して，空気圧装置は約78％の窒素，約21％の酸素のほかに，アルゴンや二酸化炭素からなる大気をろ過し，また除湿などを施した空気を用いる。しかし，その成分・組成はもとより水分，じん埃，排ガスなども，地域・時間・季節などによって異なるために，その変動にも配慮が必要である。

**a. 乾き空気と湿り空気**　水分をまったく含まない空気を乾き空気，少しでも含む空気を湿り空気といい，湿り空気中の水分を水蒸気という。湿り空気が水蒸気を含有できる最大量を飽和水蒸気量といい，その値は水蒸気の温度によってのみ定まる。たとえば湿り空気中の水蒸気の温度が下がると過飽和状態になるため，それまで空気中に含有していた水分の一部が凝縮して水滴となって分離する。このため温度が低下したのちの湿り空気中の水分の量は，その温度での飽和量に変わる。この現象によって，飽和状態のときの水蒸気の気圧は一定に保たれる。この圧力を飽和水蒸気圧といい，凝縮をはじめるときの温度を露点という。

温度や圧力の変化にともなって生じるこの現象は，空気圧装置にさまざまな問題を起こす。したがって，空気圧装置には乾き空気を用いることが望ましい。

**b. パスカルの原理**　密閉された容器中の流体の一部に圧力を加えると，流体のすべての部分に同じ大きさの圧力が伝わる。これをパスカルの原理という。図2は，この関係を示したものである。

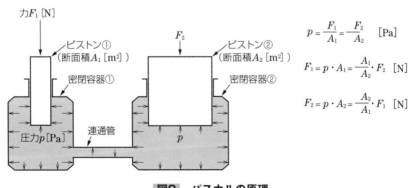

$$p = \frac{F_1}{A_1} = \frac{F_2}{A_2} \quad [\text{Pa}]$$

$$F_1 = p \cdot A_1 = \frac{A_1}{A_2} \cdot F_2 \quad [\text{N}]$$

$$F_2 = p \cdot A_2 = \frac{A_2}{A_1} \cdot F_1 \quad [\text{N}]$$

**図2　パスカルの原理**

圧縮性がほとんどない作動流体を用いる油圧装置では，装置の中の静止している作動油はもとより，流れている作動油にもこの原理を利用して伝達する力の大きさを算出できる。なお，空気が静止している場合やひじょうにゆっくりと流れている場合には，空気圧装置にもこれを適用できる。

**c. 連続の法則**　機器や管に入ったのち出ていく作動流体は，途中で漏れることがなければ，入口①と出口②の量に変化はないはずである。それらの量は，作動流体の密度$\rho$ [kg/m³] が変化しない非圧縮性流体の場合には体積流量$Q_1$, $Q_2$ [m³/s] で，また，密度が変化する圧縮性流体の場合には質量流量$q_1$, $q_2$ [kg/s] を用いて次のように表す。

非圧縮性の場合　　　$Q_1 = Q_2 = Q$（一定）　[m³/s]

圧縮性の場合　　　　$q_1 = q_2 = q$（一定）　[kg/s]

ここで作動流体の平均流速を$v_1$, $v_2$ [m/s]，流れの断面積を$A_1$, $A_2$ [m²]，密度を$\rho_1$, $\rho_2$ [kg/m³] とすると，これらの式は次のように表すこともできる。

非圧縮性の場合　　　$A_1 v_1 = A_2 v_2 = Q$（一定）　[m³/s]

圧縮性の場合　　　　$\rho_1 A_1 v_1 = \rho_2 A_2 v_2 = q$（一定）　[kg/s]

これらの式から，流速は流れの断面積に反比例することがわかる。図3は，この関係を示したものである。

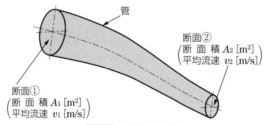

管

断面②
（断面積 $A_2$ [m²]
平均流速 $v_2$ [m/s]）

断面①
（断面積 $A_1$ [m²]
平均流速 $v_1$ [m/s]）

**図3　連続の法則**

**d. ベルヌーイの定理**　水平な流れにおいて，その断面積が変化する場合には流速に変化が生じる。しかし，圧力にも変化が生じるため，その保有する全エネルギーは一定に保たれる。これは流体についてエネルギー保存則を表したもので，ベルヌーイの定理とよばれる。図4は，この関係を示したもので，任意の場所の断面①および断面②の全エネルギーを$E_1$, $E_2$ [J] とすると，次のように表すことができる。

$$E_1 = E_2 = E（一定）　[J]$$

しかし実際の流れでは，断面積が変化しなくても下流の圧力は降下する。これは，流体と管との摩擦などによってエネルギーの一部が失われることによるもので，失われたエネルギーを$E_l$ [J] とすると，次の関係がなりたつ。

$$E_1 = E_2 + E_l　[J]$$

油圧装置や空気圧装置に用いる機器によっては，流れの断面積の変化が著しいものがあり，それにともなって流速も変化するので注意が必要である。とくに空気圧装置は空気の流れが速いために，エネルギーの損失が大きくなりがちである。

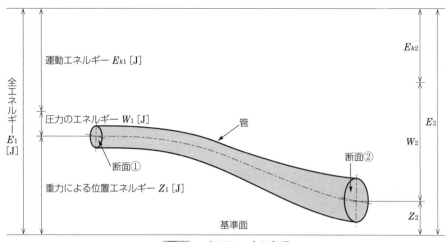

**図4　ベルヌーイの定理**

## 2 油圧機器と空気圧機器

　油圧装置と空気圧装置は，高い圧力を発生させて作動流体にエネルギーを与える圧力発生部，そのエネルギーを機械的仕事に変換するアクチュエータ，作動流体の流れの向き・圧力・流量などを制御する制御部，作動流体を導く管路などにより構成される。

　表2に油圧装置と空気圧装置の各構成部と代表的な機器を示す。

**表2　油圧装置と空気圧装置の各構成部と代表的な機器**

| 各構成部 | 油圧装置 | 空気圧装置 |
|---|---|---|
| 圧力発生部 | 油圧ポンプ・油タンク・フィルタ | 空気圧縮機・エアドライヤ・フィルタ・空気タンク・ルブリケータ |
| アクチュエータ | 油圧シリンダ<br>油圧モータ | 空気圧シリンダ<br>空気圧モータ |
| 制御部 | 方向制御弁<br>圧力制御弁<br>流量制御弁 | 方向制御弁<br>圧力制御弁<br>流量制御弁 |
| 管路部 | 金属管・ゴムホース継手・急速継手 | 金属管・ゴムホース・樹脂チューブ継手・急速継手 |
| その他 | 油冷却器・アキュムレータ | 消音器・排気用ミストセパレータ |

**a. 圧力発生部**　　油圧装置は図5に示すように油タンク，油圧用フィルタ，油圧ポンプなどで構成して高圧の作動油を吐き出す。

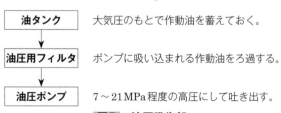

大気圧のもとで作動油を蓄えておく。

ポンプに吸い込まれる作動油をろ過する。

7～21MPa程度の高圧にして吐き出す。

**図5　油圧発生部**

油圧ポンプには図6に示すベーンポンプのほかに，歯車ポンプやピストンポンプなどが用いられる。

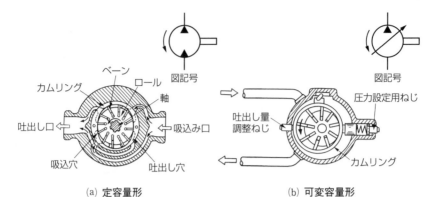

(a) 定容量形             (b) 可変容量形

**図6**　ベーンポンプの構造

また，図7に油タンクの例を示す。

一方，空気圧装置は図8に示すように空気圧フィルタ，空気圧縮機，アフタクーラ，空気タンクなどで構成し，清浄な高圧空気を供給する。

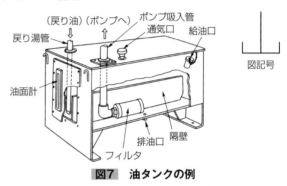

**図7**　油タンクの例

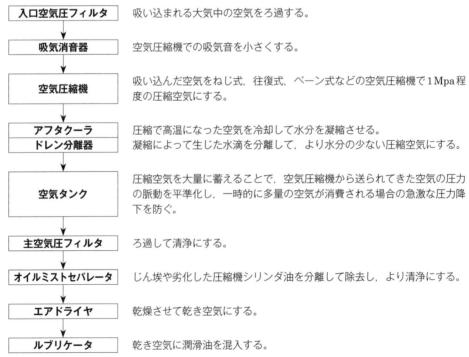

| | |
|---|---|
| **入口空気圧フィルタ** | 吸い込まれる大気中の空気をろ過する。 |
| **吸気消音器** | 空気圧縮機での吸気音を小さくする。 |
| **空気圧縮機** | 吸い込んだ空気をねじ式，往復式，ベーン式などの空気圧縮機で1Mpa程度の圧縮空気にする。 |
| **アフタクーラ**<br>**ドレン分離器** | 圧縮で高温になった空気を冷却して水分を凝縮させる。<br>凝縮によって生じた水滴を分離して，より水分の少ない圧縮空気にする。 |
| **空気タンク** | 圧縮空気を大量に蓄えることで，空気圧縮機から送られてきた空気の圧力の脈動を平準化し，一時的に多量の空気が消費される場合の急激な圧力降下を防ぐ。 |
| **主空気圧フィルタ** | ろ過して清浄にする。 |
| **オイルミストセパレータ** | じん埃や劣化した圧縮機シリンダ油を分離して除去し，より清浄にする。 |
| **エアドライヤ** | 乾燥させて乾き空気にする。 |
| **ルブリケータ** | 乾き空気に潤滑油を混入する。 |

**図8**　空気圧発生部の構成

図9に往復圧縮機の構造例と図記号を，図10に空気圧フィルタの構造例と図記号を，図11にルブリケータの構造と図記号を示す。

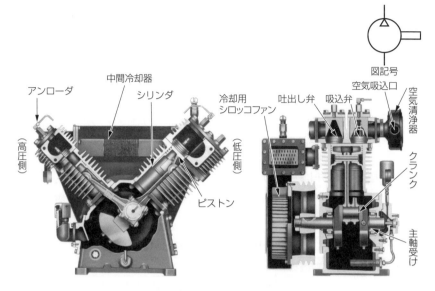

**図9　往復圧縮機**

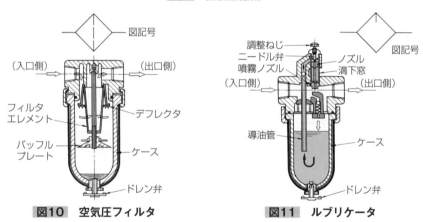

**図10　空気圧フィルタ**　　　　　**図11　ルブリケータ**

**b. アクチュエータ**　　油圧機器や空気圧機器には，同様な原理で動作して直線的な仕事に変換するいろいろな形式のシリンダや，連続的な回転運動に変換するいろいろな形式のモータがある。

　図12に片ロッド形複動油圧シリンダの例と図記号を，図13にピストン形空気圧モータの例と図記号を示す。

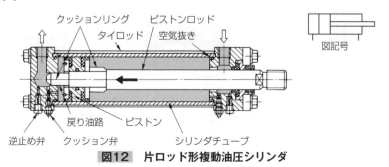

**図12　片ロッド形複動油圧シリンダ**

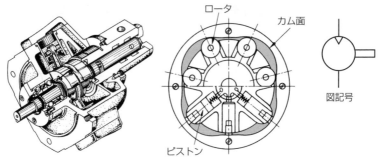

ピストンの先端に取りつけられたロータが，外側のカム面を押す力によって生じたトルクで回転する。

**図13　ピストン形空気圧モータ**

**c.圧力制御弁**　　圧力制御弁は，ばねを利用して圧力を制御するもので，表3にその種類と働きを，図14に油圧装置のリリーフ弁の例と図記号を，図15に空気圧装置のリリーフ付き減圧弁の例と図記号を示す。

**表3　圧力制御弁の種類と働き**

| 弁の種類 | 油圧機器 | 空気圧機器 | 弁の働き |
|---|:---:|:---:|---|
| リリーフ弁 | ○ | ○ | 回路の圧力を設定した値に保持するために用いる弁で，設定圧力を越えた場合には作動流体の一部を逃がす。 |
| 安全弁 | ○ | ○ | 機器や管路などの破壊を防止するために回路の最高圧力を制御する弁で，設定圧力を越えた場合には作動流体の一部を逃がす。 |
| 減圧弁 | ○ | ○ | 回路の一部に，より低い圧力の作動流体を供給するために用いる弁で，弁の出口側の圧力を入口側より低い設定圧力にする。 |
| アンロード弁 | ○ | | ポンプの負荷を小さくするために用いる弁で，パイロット圧が所定の値に達すると，入口側からタンク側への自由流れを許す。 |
| シーケンス弁 | ○ | | アクチュエータを定めた順序に従って動作させるために用いる弁で，パイロット圧が所定の圧力に達すると，入口側から出口側への流れを許す。 |
| カウンタバランス弁 | ○ | | アクチュエータが自重などで勝手に動き出すことがないように背圧を保持する弁。 |
| 圧力比例制御弁 | | ○ | 入力した電気信号によって，圧縮空気の圧力と流量を制御する弁。 |

**注**　○印は該当する弁が一般に用いられていることを示す。

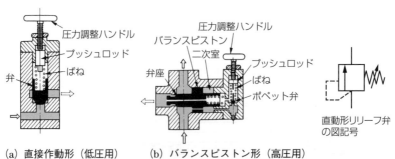

(a) 直接作動形（低圧用）　　　(b) バランスピストン形（高圧用）

**図14　油圧装置のリリーフ弁の例とその構造**

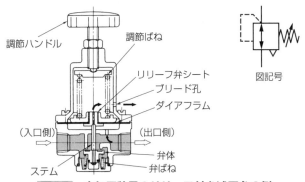

**図15　空気圧装置のリリーフ付き減圧弁の例**

**d.流量制御弁**　　　流量制御弁は絞りを利用して流量を制御するもので，表4にその種類と働きを，図16に油圧装置の流量制御弁の例と図記号を，図17に空気圧装置の速度制御弁の例と図記号を示す。

**表4　流量制御弁の種類と働き**

| 弁の種類 | 油圧機器 | 空気圧機器 | 弁の働き |
|---|---|---|---|
| 絞り弁 | ○ | ○ | 絞り作用によって流量を制御する。しかし，流量の変化にともなって弁の出口側圧力が変化してしまう欠点がある。 |
| 流量調整弁 | ○ | | 絞り作用によって流量を制御し，しかも出口側の圧力は，補償回路によって一定に保たれる。 |
| 速度制御弁 | | ○ | アクチュエータへの流入側には逆止め弁による自由流れによるエネルギー損失の減少をはかり，大気への流出側は絞り弁による制御流れとした弁。 |
| 排気絞り弁 | | ○ | 排気口を大気開放とした絞り弁で，方向制御弁などに取り付けて，メータアウトによる速度制御に用いる。 |

**注**　○印は該当する弁が一般に用いられていることを示す。

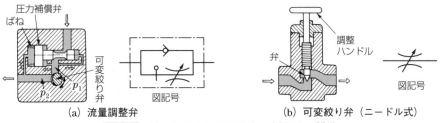

(a)　流量調整弁　　　　　　　　　　(b)　可変絞り弁（ニードル式）

**図16　油圧装置の流量制御弁の例とその構造**

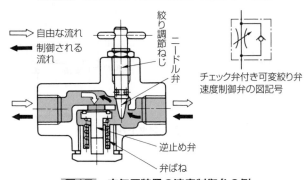

**図17　空気圧装置の速度制御弁の例**

**e. 方向制御弁** 方向制御弁は作動流体の流れを止め、あるいは流れの向きを変える場合に用いる弁である。表5に弁の種類とその働きを、図18に油圧装置の方向制御弁の例と図記号を示す。また、図19に空気圧装置のポペット形5ポート制御弁を、図20にシャトル弁の原理図を、図21にダイアフラム式急速排気弁の原理図と図記号を示す。

**表5　方向制御弁の種類と働き**

| 弁の種類 | 油圧機器 | 空気圧機器 | 弁の働き |
|---|---|---|---|
| 方向切換弁 | ○ | ○ | 流れの向きを切り換える。 |
| 逆止弁 | ○ | ○ | 一方向のみ流れを許し、逆方向には流さない。 |
| シャトル弁 | ○ | ○ | 二つの入口と一つの共通の出口をもち、入口に供給された作動流体のうち、より高い圧力の流体のみを出口に流す高圧優先形と、より低い圧力の流体のみを出口に流す低圧優先形がある。 |
| 急速排気弁 | | ○ | 二つの入口と一つの排気口の合計3ポートをもち、作動流体をそのまま流す流路と、ただちに排気する流路がある。 |

**注** ○印は該当する弁が一般に用いられていることを示す。

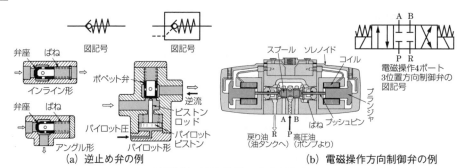

図18　油圧装置の方向制御弁

(a) 逆止め弁の例　　(b) 電磁操作方向制御弁の例

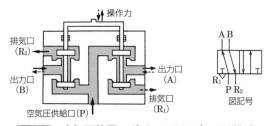

図19　空気圧装置のポペット形5ポート制御弁

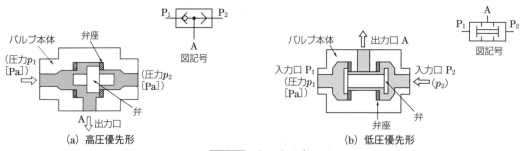

(a) 高圧優先形　　(b) 低圧優先形

図20　シャトル弁

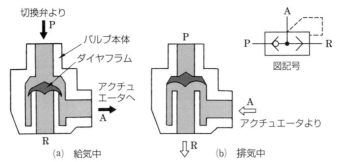

**図21　空気圧装置のダイアフラム式急速排気弁**

**f. 管路および接続口**　　　管路はアクチュエータを作動させるために大量の作動流体を導く主管路と，パイロット弁を制御するために少量の作動流体を導くパイロット回路に分けられる。

　油圧装置の管路は高い圧力の作動油が流れるため，それに耐えることはもとより，エネルギーの損失や油温の上昇を抑え，作動油の酸化による損耗を防止することが必要である。そのためには，適当な内径の管や継手などを選び，流速が約 4.5 m/s を越えないようにすること，また，なるべく短くすることがたいせつである。

　この管には固定した状態で用いる鋼管・ステンレス鋼管・銅管・アルミニウム管などの金属管，および鋼線などを編んで被覆して補強した高圧用ゴムホースなどがある。またその接続には，恒久的な接続に用いる金属管用継手やフレア継手，接続や分離を頻繁に繰り返す使いかたに都合がよいように逆止め弁を内蔵した急速継手などを用いる。

　空気圧装置の場合は管路内の流速が 30 m/s 以下となるような管や継手を選び，同様に短い配管が望ましい。なお，管には金属管のほかに，ナイロンやビニルなどの樹脂チューブも用いることができる。

**g. 油圧機器と空気圧機器の図記号**　　　次ページの表6に油圧機器と空気圧機器の図記号を示す。

**表6　油圧機器と空気圧機器の図記号**

| 記　号 | 名　　称 | 記　号 | 名　　称 |
|---|---|---|---|
| | [操 作 方 式]<br>• レバー操作<br><br>• スプリングリターン<br><br>• 電磁操作<br>（押し方向） | | [圧 力 制 御 弁]<br>• リリーフ弁 |
| | [管　　路]<br>• 主管路<br><br>• パイロット操作管路<br>ドレン管路<br>• たわみ管路<br><br>• 接　続<br><br>• 交　差 | | • 減 圧 弁<br>リリース付き<br>逆流機能付き<br><br>• シーケンス弁<br>外部パイロット操作<br><br>• シーケンス弁<br>チェック弁付き |
| | [急 速 継 手]<br><br>• 取り外し状態<br><br>• 接続状態 | | [流 量 制 御 弁]<br>• 可変絞り弁<br><br>• 流量調整弁<br>（チェック弁付き） |
| | [ポンプとモータ]<br>• 油圧ポンプ<br>（定容積形）<br><br>• 空気圧モータ<br>（定容積形<br>両方向回転） | | [方 向 制 御 弁]<br>• チェック弁<br>ばねなし<br><br>• 3ポート2位置<br>方向制御弁<br>電磁操作<br>スプリングリターン<br><br>• 4ポート3位置<br>方向制御弁<br>電磁操作<br>スプリングセンタ |
| | [シ リ ン ダ]<br><br>• 片ロッドシリンダ<br>複動形 | | • 4ポート3位置<br>方向制御弁<br>レバー操作 |

184　第14章　流体機械

基本回路

## **1** 圧力源回路

　油圧ユニットによる圧力源回路は，圧力発生部にリリーフ弁などを加えた装置である。図22にその回路の例を，図23に空気圧発生装置の回路の例を示す。

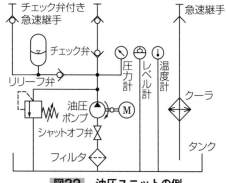

**図22**　油圧ユニットの例

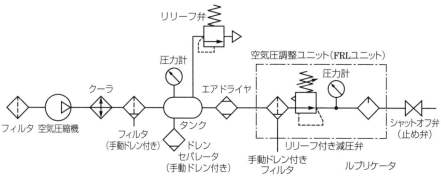

**図23**　空気圧発生装置

## **2** 方向制御回路

　方向制御回路は，作動流体の流れの向きを変えてアクチュエータの動作する向きを変え，あるいは停止させる回路である。図24にレバー操作によって動作する油圧シリンダの方向制御回路を，図25に空気圧モータの方向制御回路を示す。

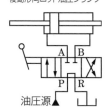

　4ポート3位置手動切換弁を用いて，両ロッド形複動シリンダの方向を制御する回路である。中立状態（図の状態）では，圧力源から吐き出された作動油はPポートに入ったのちRポートを経てタンクに戻る。一方，シリンダに接続されたA，Bポートは閉止されるので，ロッドは外から力を受けても動かないロッキング回路を形成している。レバーを右に操作してP-A，R-Bポートをそれぞれ接続するとロッドは右に動き，次にレバーを左に操作してP-B，R-Aをそれぞれ接続するとロッドは左に動き，アクチュエータの方向を制御する。

**図24**　油圧シリンダの方向制御回路

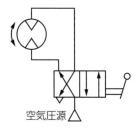

　圧力源から供給された圧縮空気の流れを，4ポート2位置手動切換弁で制御して，定容量形2方向流れ空気圧モータを正転と逆転に駆動する回路で，排気は外部に放出する。なお，この方向制御弁には中立状態がないので，モータはつねに正転もしくは逆転で回転している。

**図25**　空気圧モータの方向制御回路

### 3 圧力制御回路

　圧力制御回路は，回路内の圧力を制御することを目的とした回路である。図26に空気圧装置の減圧回路を示す。また図27に油圧装置の圧力設定回路，アンロード回路，減圧回路を，図28にシーケンス回路を示す。

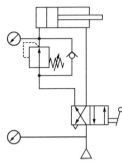

　圧力源から供給された圧縮空気の流れを，4ポート2位置手動切換から逆止め弁付き減圧弁を介してシリンダの上部に接続する。シリンダ下部には制御弁を介さずに圧力源を直接接続した回路である。このため，ロッドを下方に押し出すさいには減圧弁で減圧された圧縮空気がシリンダに供給される。しかし，ロッドが戻るさいには通常の圧縮空気がシリンダに供給され，他方は逆止め弁を通って大気中に排気される。

**図26　空気圧装置の減圧回路**

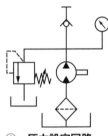

　① フィルタを通してろ過したタンクの油を油圧ポンプで加圧し，吐き出された油を分岐して内部パイロット方式のリリーフ弁に導き，回路内の圧力を設定値に保持するとともに，その値を圧力計に指示する回路である。通常，リリーフ弁はあらかじめ調整ねじによって設定したばねの力によって流路は閉じているが，何らかの理由で吐出し圧力が設定した値より大きくなった場合には，パイロット圧力による力がばねの力に打ち勝って流路を開き，タンクに戻されて設定した圧力を保持する。

**① 圧力設定回路**

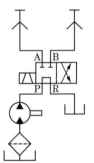

　② 4ポート2位置電磁切換弁が閉じた状態では，ポンプから吐き出された油を，ただちにタンクに戻すことで無負荷にしてポンプの駆動動力の節約および油の温度上昇や劣化を防ぐ回路である。

**② アンロード回路**

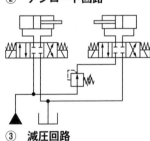

　③ 圧力源から供給された油を左側のシリンダには直接供給し，右側のシリンダには内部パイロット方式の減圧弁を通して供給する回路である。通常は，減圧弁の流路は開放されているが，パイロット圧力があらかじめ調整ねじによって設定した圧力より大きくなった場合には，パイロット圧力による力がばねの力に打ち勝って流路を閉じ，設定した値を保持する。

**③ 減圧回路**

**図27　油圧装置の圧力制御回路（1）**

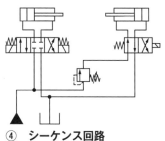

④　シリンダが動作しているときには，管内の油圧が低下する現象を利用した内部パイロット方式のシーケンス弁を用いたシーケンス回路である。左側のシリンダの動作が完了したのち右側のシリンダが動作する。すなわち，右側のシリンダにはシーケンス弁を通して供給するので，左側のシリンダの動作が完了したときに，パイロット圧力が上昇してシーケンス弁の流路を開いて動作する。

④　シーケンス回路

**図28**　油圧装置の圧力制御回路（2）

## ④ 速度制御回路

　速度制御回路は，回路内の作動流体の流量を制御することでアクチュエータの作動速度を制御する回路である。図29に油圧装置のメータイン回路，メータアウト回路，ブリードオフ回路，図30に2スピード回路，差動回路を示す。また，図31に空気圧装置のメータイン回路とメータアウト回路を示す。

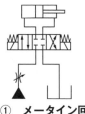

①　シリンダへの供給側管路内の流れを，可変式の流量制御弁によって調整し，その作動速度を制御する回路である。図では圧力源からシリンダに供給される油を絞り弁によって調整して作動速度を制御している。本回路は，ロッドが出ていくときにこれを妨げる力が働いている（正方向の負荷を受けた）場合には制御できるが，ロッドが引っ張られた（負方向の負荷を受けた）場合には正常な制御ができない。

①　メータイン回路

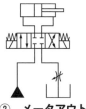

②　シリンダの排出側管路内の流れを，流量制御弁によって調整してその作動速度を制御する回路である。図ではシリンダからタンクに戻る油を絞り弁によって調整して作動速度を制御している。本回路は，正方向の負荷を受けた場合および負方向の負荷を受けた場合ともに正常な制御ができる。

②　メータアウト回路

③　シリンダへの供給側管路に設けたバイパス管路の流れを，流量制御弁によって調整して，その作動速度を制御する回路である。図ではバイパス管路の油を絞り弁によって調整して作動速度を制御している。本回路は，負荷の方向にかかわらず正確な制御は困難であるが，ポンプへの負荷を軽減できる。

③　ブリードオフ回路

**図29**　油圧装置の速度制御回路（1）

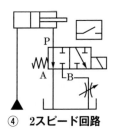

④ 2スピード回路

④ 1行程中のロッドの速度を連続的に2段階に制御する回路である。図は3ポート2位置電磁切換弁を用いたもので，P-Aポートが流路となっているときは速度制御をしないが，ロッドが前進して接触することで，リミットスイッチからの信号により電磁切換弁が切り替わり，P-Bポートが流路となり絞り弁による制御が行われて，2スピードを実現する。

⑤ 差動回路

⑤ 圧力源から供給される油とシリンダから吐き出される油をシリンダに供給して作動させ，圧力源から供給される油のみによる作動速度より速く作動させる回路である。図は3ポート2位置電磁切換弁を用いたもので，P-Bポートが流路となっているときは作動しないが，ロッドが前進して接触することで，リミットスイッチからの信号により電磁切換弁が切り替わり，P-Aポートが流路となり速く作動する。

**図30** 油圧装置の速度制御回路（2）

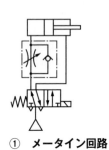

① メータイン回路

① 圧力源から供給された圧縮空気の流れを，5ポート2位置電磁切換弁から逆止め弁付き速度制御弁を介してシリンダの後方に接続する一方，シリンダ前部には直接接続したメータイン回路である。このため，ロッドを前に押し出すさいには，速度制御弁によってアクチュエータの速度がメータイン方式で制御される。しかし，戻るさいには，直接シリンダに供給されるため速度制御は行わない。

この図のように，速度制御弁などの流量制御弁を方向制御弁とシリンダとの間に組み込んだ場合には，シリンダの速度制御は前進時，もしくは後退時のいずれか一方向の制御となる。

なお，図中の流動制御弁を圧力源と方向制御弁との間に移した場合には，前進および後退の両方向の制御となる。

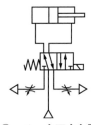

② メータアウト回路

② 圧力源から供給された圧縮空気の流れを，5ポート2位置電磁切換弁を介してシリンダに接続する一方で，排気絞り弁を方向制御弁に接続したメータアウト回路である。この回路では，シリンダに圧縮空気が供給されるとともに，排気絞り弁を介して排気を大気中に放出するので，ピストン前後の圧力を高く保つことができる。このため負荷の変動による速度変化が少ない特徴があり，速度制御性に優れた回路として多用されている。なお，流量制御弁を図のように二つ組み込んだ場合には，その速度制御は前進および後退の両方向の制御となる。

**図31** 空気圧装置のメータイン回路とメータアウト回路

**組立と運転・管理**

## 1 組立

**a. 回路の組み方**　油圧装置や空気圧装置は，回路の組み方によって信頼性，寿命，安全性，あるいは製作費用，運転費用などに大きな差異が生じる。したがって，要求された仕様をじゅうぶんに理解していくつかの回路を組み，それらを検討して最適な回路をつくることがたいせつである。その手順を次に示す。

1) アクチュエータの選択　各種のシリンダやモータなどのなかから，仕様に最適な動作や容量のアクチュエータを選択する。

2) 方向制御回路の設計　アクチュエータの動作に適した制御方式をもつ位置切換弁などを用いて，方向制御回路を設計する。このさい，要求される動作によっては，回路中にシーケンス弁やカウンタバランス弁などの圧力制御弁や，速度制御弁などの流量制御弁などを用いる。

3) 出力設定回路の設計　アクチュエータの出力は作動流体の圧力と流速によって決まるために，その制御に適した圧力制御回路や速度制御回路などを考えて方向制御回路に付与する。

4) 圧力発生回路の設計　アクチュエータに要求される出力や，作動油の管路での損失エネルギーを考慮して，適当な圧力や容量の油圧ポンプや空気圧縮機あるいはタンクなどで構成される圧力発生回路を考え，さきの回路に接続する。

　　なお，圧力設定回路は油圧装置では油圧ユニットとして，また空気圧装置では空気圧発生ユニットとして構成されたものが市販されている。したがって，これらを圧力源とするものについての圧力発生回路の設計は不要で，さきの回路に圧力源を接続する。

**b. 組立**　油圧装置などを組み立てる場合には，次のことがらに留意する。

1) 設置環境　温度，湿度，振動，雰囲気などが不適切な環境に設置すると本来の性能を発揮できず，ときには誤作動をすることがある。

2) 機器の接続　機器の接続は上流側から下流側に向かって進める。なお，機器には方向性があるので，確認のうえ，正しく取り付ける。また，アクチュエータはもとより，弁類やゴムホースなどの周囲にはじゅうぶんな作動や作業のための空間を設ける。

　　なお，アクチュエータの速度を制御する目的で用いる流量制御弁は，アクチュエータの動作遅れを防ぐために，その直近に設けることが望ましい。また，空気圧装置の急速排気弁は，アクチュエータに直結することが望ましい。

3) エネルギーの損失　エネルギー損失を考慮して，管はなるべく太く，短く，また管継手の使用数が少なくなるようなくふうをする。とくに流速が速い空気圧装置ではこの配慮が必要である。

4) ドレン　空気圧装置はドレンが滞留しないようにこう配を設けて配管し，低い場所には排出弁を設ける。なお，主管路から圧縮空気を取り出す枝管は，主配管の上側に接続してドレンの流入を防ぐ。

5) ルブリケータ　　空気圧装置では必要に応じてルブリケータを用いるが，給油すべき機器一つに対して一つのルブリケータを，できる限りその機器の直前に設置して有効に作用させる。

## 2 運転・管理

**a. 運転**　　油圧装置などを運転する場合には，次のことがらに留意することが望ましい。

1) 運転・調整　　運転や調整は上流側から下流側に向かって進めるのが原則である。このとき運転や調整を行う部分より下流の機器には作動流体が流れないように弁を閉じておく。

　　なお，油圧装置の運転中の油温は30～60℃程度が適当なので，低い場合には油温を適当な温度に上昇させたのちに運転する。

2) 漏れの有無の確認　　油圧装置は，油圧ポンプを起動したのち弁を開いて作動油を供給し，漏れの有無を確認する。なお，空気圧装置は，起動に先立ってタンクやフィルタなど各部のドレン抜きを行ったのちに起動し，同様に漏れの有無を確認する。

3) 圧力の設定　　アクチュエータの動作環境を確認したあと，圧力制御弁を調節して圧力を設定する。なお，空気圧装置の減圧弁の高圧側と低圧側の圧力差は0.1MPa以上とする。

4) 流量の設定　　流量制御弁を徐々に開いてアクチュエータの動作を確認し，そのあとで所定の速度で動作させる。

5) クッション調整　　空気圧装置のクッション弁つきアクチュエータは，アクチュエータを動かしながらクッション弁を徐々に開いて，最適な状態に設定する。

6) 滴下油量の調整　　空気圧装置では，ルブリケータの滴下油量を徐々に増やして最適油量に設定する。

**b. 停止**　　油圧装置などを停止する場合には，次の手順による。

1) 初期化　　方向切換弁を操作してアクチュエータを起動前の状態に戻したのち，流量調整弁や圧力制御弁などの弁類も同様に起動前の状態に戻す。なお，減圧弁は操作しない。

2) 供給停止　　作動流体供給側の弁を閉じてその供給を停止したのち，電動機を停止する。なお，空気圧装置では腐食を防ぐために，このあとにタンクやフィルタ内などのドレンを排出し，さらに排気回路を開いて装置内の圧縮空気を抜く。

**c. 管理**　　装置の性能をじゅうぶんに発揮させるためには日常の管理や定期的な点検をじゅうぶんに行い，作動流体の管路や機器あるいはその接続部からの漏れを防ぎ，作動流体へのごみや水分の混入を防ぐ。とくに，フィルタやドレンの点検と清掃などは重要である。また，油圧装置では熱による作動油の変質やスラッジの発生，あるいはフォーミングとよばれる泡立ち現象などが生じるので，これらを防止するために作動油を定期的に交換する。

# 流体機械実験4　方向制御回路

## 目　標

**1.** 次の方向制御回路を設計して回路図を作成することで，回路の設計手順を把握するとともに，油圧ユニットや空気圧発生ユニットの取り扱い，油圧機器や空気圧機器による回路の構成，およびこれらの装置の運転法を把握する。

**2.** 運転にともなって生じる圧力の変化を把握し，その原因を理解する。

**・油圧方向制御回路**　　片ロッド形複動油圧シリンダを，人力操作や押しボタン操作によって，①前進，②任意位置停止，③後退させる回路。ただし，前進・後退ともに，その速度の制御は行わない。

**・空気圧方向制御回路**　　片ロッド形複動空気圧シリンダを，人力操作や押しボタン操作によって，①前進，②前進端停止，③後退，④後退端停止させる回路。ただし，前進・後退ともに，速度の制御は行わない。

## 使用機器

**1.** 油圧ユニット・片ロッド形複動シリンダ・4ポート3位置方向切換弁・圧力計など

**2.** 空気圧発生ユニット・片ロッド形複動シリンダ・4ポート2位置方向切換弁・圧力計など

## 準　備

**1** 回路図

図24（p.185）で紹介した方向制御回路を参考にして仕様を満たす回路を設計し，回路図を作成する。

**2** 機器の接続

作成した回路図にもとづいて，上流側から順に接続する。

## 方　法

**A　油圧装置**

油圧ユニットを使用して実習を進めることとし，その手順を次に示す。

**1** 油圧ポンプの起動

油圧ユニットのリリーフ弁を全開にして油圧ポンプに負担をかけないようにする。流量調整弁や止め弁は全閉にして，下流の機器には作動油が流れないようにしたのち，油圧ポンプを起動する。

**2** 圧力の設定

リリーフ圧を示す圧力計を注視しながら油圧ユニットのリリーフ弁を操作し，その圧力を6MPa程度に設定する。なお，設定した圧力が不要な場合には，アンロード回路を利用して油圧ポンプなどへの負担を押さえておくとよい。

**⦁ 実習** (side tab)

**3** 動作の確認

　方向切換弁が中立位置にあることを確認する。止め弁を全開とし，ついで油圧ユニットの流量制御弁を少し開き，中立位置にある方向切換弁を操作してシリンダのロッドを前進させ，また任意の位置で停止させたのち，さらに前進端まで前進させる。その後，同様な動作をさせて後退端に戻したのち，切換弁を中立位置に戻す。

**4** 速度の設定

　ロッドが前進あるいは後退しているときの圧力を測定できるように，流量制御弁の開度を調節する。

**5** 圧力の測定

　ロッドが前進や後退しているときのシリンダ内の圧力や，前進端や後退端で停止したときのシリンダ内の圧力を数回測定して記録したのち，アンロードする。

**6** 初期化

　方向切換弁などを操作してアクチュエータを起動前の状態に戻したのち，油圧ユニットの流量調整弁を起動前の状態に戻す。

**7** 供給停止

　作動油供給側の弁を閉じてその供給を停止したのち，油圧ポンプを停止する。

**B　空気圧装置**

空気圧発生ユニットを使用して実習を進めることとし，その手順を次に示す。

**1** 空気圧縮機の起動

　空気圧縮機の止め弁を全閉にして，下流の機器には空気が流れないようにしてから空気圧縮機を起動する。

**2** 圧力の設定

　止め弁を徐々に開けて全開にして圧縮空気を供給し，その圧力を示す圧力計を注視しながら圧力制御弁を操作して圧力を0.6MPa程度に設定する。

**3** 動作の確認

　流量制御弁を少し開き，中立位置にある方向切換弁を操作してシリンダのロッドを前進端まで前進させる。その後，同様な動作をさせて後退端に戻す。

**4** 速度の設定

　ロッドが前進あるいは後退しているときの圧力を測定できるように，流量制御弁の開度を調節する。

**5** 圧力の測定

　ロッドが前進や後退しているときのシリンダ内の圧力や，前進端や後退端で停止したときのシリンダ内の圧力を数回測定して記録する。

**6** 初期化

　方向切換弁などを操作してアクチュエータを起動前の状態に戻したのち，流量制御弁や圧力制御弁などの弁類も同様に起動前の状態に戻す。なお，減圧弁は操作しない。

7  供給停止

止め弁を閉じて圧縮空気の供給を停止したのち，空気圧縮機を停止する。その後，フィルタ内のドレンを排出し，さらに排気回路を開いて装置内の圧縮空気を抜く。

### 結果のまとめ

測定した圧力の平均値を下表に記録する。

**方向制御回路記録表**

| 油圧回路 ・ 空気圧回路 | 設定圧力_____ MPa | |
|---|---|---|
| 測定のタイミング | シリンダ入口の圧力 | シリンダ出口の圧力 |
| ロッドが前進中 | MPa | MPa |
| ロッドが後退中 | MPa | MPa |
| ロッドが前進端で停止中 | MPa | MPa |
| ロッドが後退端で停止中 | MPa | MPa |

### 考 察

上の表からロッドが前進する場合の全圧，静圧，動圧，および後退する場合の全圧，静圧，動圧を求め，これらの関係を式で示せ。

# 流体機械実験**5**　速度制御回路

### 目　標

**1.** 次の速度制御方式の回路を設計し，回路図を作成する。

**2.** 回路図にもとづいて接続した油圧装置や空気圧装置を運転し，各速度制御回路の特徴を理解する。また，これらの装置にさまざまな負荷をかけて運転し，各速度制御回路の理解を深める。なお，負荷を加える向きは，ロッドが前進するさいに加わる負荷を正方向負荷，ロッドが後退するさいに加わる負荷を負方向負荷とし，その大きさは，ロッドの出力と負荷とがつり合ってロッドを静止させる負荷を全負荷，それより小さな負荷を部分負荷とする。

**・メータイン回路**　　油圧機器もしくは空気圧機器の片ロッド形複動シリンダを人力操作などによって，①前進，②任意位置停止，③後退させ，前進時および後退時はともにメータイン制御する回路。

**・メータアウト回路**　　油圧機器もしくは空気圧機器の片ロッド形複動シリンダを人力操作などによって，①前進，②任意位置停止，③後退させ，前進時はメータアウト制御し，後退時には速度制御しない回路。

**・ブリードオフ回路**　　油圧機器の片ロッド形複動油圧シリンダを人力操作などによって，①前進，②任意位置停止，③後退させ，後退時はブリードオフ制御し，前進時には速度制御しない回路。

**・急速排気弁回路**　　空気圧機器の片ロッド形複動空気圧シリンダを電磁操作などによって，①前進，②後退させ，前進時はその速度をメータアウト制御し，後退時は急速排気弁による急速後退動作をする回路。

### 使用機器

**1.** 油圧ユニット・片ロッド形複動油圧シリンダ・人力操作4ポート3位置方向切換弁・流量調整弁・圧力計などの油圧機器および負荷装置(図32)・ストップウォッチなど

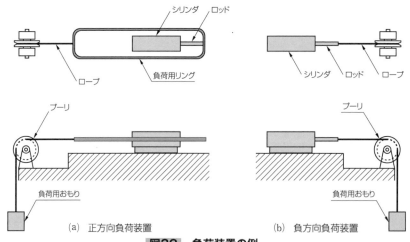

(a)　正方向負荷装置　　　　　　　　(b)　負方向負荷装置

**図32**　**負荷装置の例**

**2.** 空気圧発生ユニット・片ロッド形複動空気圧シリンダ・電磁操作4ポート2位置方向切換弁・速度制御弁・急速排気弁・圧力計などの空気圧機器および負荷装置(図32)・ストップウォッチなど

### 準　備

**1**　回路図

　　図24，25(p.185)で紹介した方向制御回路や，図29，30，31(p.187，188)で紹介した速度制御回路を参考にして，設計仕様を満たす回路を設計して回路図を作成する。

**2**　機器の接続

　　作成した回路図にもとづいて，上流側から順に接続する。

### 方　法

**A　油圧装置**

**1**　起動と動作の確認

　　本実験も油圧ユニットを使用して実習を進めることとし，油圧ポンプの起動，リリーフ圧の設定，動作の確認は「流体機械実験4　方向制御回路」(p.191)に準じて行う。

**2**　速度の測定

　　無負荷および大きさの異なる部分負荷について，それぞれロッドを前進や後退させ，そのときの設定区間を通過するのに要した時間を数回測定して記録する。

**3**　初期化と供給停止

　　「流体機械実験4　方向制御回路」に準じて行う。

**B　空気圧装置**

**1**　起動と動作の確認

　　本実験も空気圧発生ユニットを使用して実習を進めることとし，空気圧縮機の起動，供給圧力の設定，動作の確認は「流体機械実験4　方向制御回路」(p.192)に準じて行う。

**2**　速度の設定

　　無負荷および大きさの異なる部分負荷について，それぞれロッドを前進や後退させ，そのときの設定区間を通過するのに要した時間を数回測定して記録する。

**3**　初期化と供給停止

　　「流体機械実験4　方向制御回路」に準じて行う。

**結果のまとめ**

**1.** 速度制御回路ごとに，通過所要時間の平均値から算出したロッドの移動速度を下表に記録せよ。

**速度制御回路記録表**

| 回路名 _____ 設定区間 _____ m | | | |
|---|---|---|---|
| 測定のタイミング | 無負荷 | 部分負荷A | 部分負荷B |
| ロッドが前進中 | m/s | m/s | m/s |
| ロッドが後退中 | m/s | m/s | m/s |

**2.** 負荷の向き別に，各回路の無負荷時の速度に対する部分負荷時の速度変化の小さい順に回路名を記せ。

**速度制御回路測定結果成績表**

| 負荷の向き | 正方向負荷 | 負方向負荷 |
|---|---|---|
| | 回路名 | 回路名 |
| 速度変化　小 | | |
| 速度変化　中 | | |
| 速度変化　大 | | |

**考　察**

　各速度制御回路の特徴を文章で記せ。また，その特徴から考えられる使途を文章で記せ。

# 流体機械実験6　シーケンス回路

## 目　標

**1.** 2つの油圧もしくは空気圧シリンダA・Bをアクチュエータとし，シリンダAが前進端に達した後，シリンダBが作動を開始する全圧シーケンス回路や，シリンダAが任意の位置に達したときにシリンダBが作動を開始する電気制御シーケンス回路を設計して回路図を作成する。

**2.** その回路図にもとづいて接続した油圧装置や空気圧装置を運転し，シーケンス回路の特徴を理解する。

## 使用機器

**1.** 油圧ユニット・片ロッド形複動油圧シリンダ・人力操作4ポート3位置方向切換弁・流量調整弁・シーケンス弁・圧力計などの油圧機器および電磁リレーなどの制御機器

**2.** 空気圧発生ユニット・片ロッド形複動空気圧シリンダ・電磁操作4ポート2位置方向切換弁・速度制御弁・シーケンス弁・急速排気弁・圧力計などの空気圧機器および電磁リレーなどの制御機器

## 準　備

**1** 回路図

　　図24(p.185)などで紹介した方向制御回路，圧力制御回路，速度制御回路を参考にして回路を設計し，回路図を作成する。また，電磁リレーなどの制御機器の回路図を用意する。

**2** 機器の接続

　　作成した回路図にもとづいて，回路を構成する。また，制御回路を構成する。

## 方　法

### A　油圧装置

**1** 起動と動作の確認

　　本実験も油圧ユニットを使用して実習を進めることとし，油圧ポンプの起動やリリーフ圧の設定および動作の確認は，「流体機械実験4　方向制御回路」(p.191)に準じて行う。

**2** 初期化と供給停止

　　「流体機械実験4　方向制御回路」に準じて行う。

### B　空気圧装置

**1** 起動と動作の確認

　　本実験も空気圧発生ユニットを使用して実習を進めることとし，空気圧縮機の起動や供給圧力の設定および動作の確認は，「流体機械実験4　方向制御回路」(p.192)に準じて行う。

**2** 初期化と供給停止

　　「流体機械実験4　方向制御回路」に準じて行う。

## 結果のまとめ

　　各シリンダのロッドなどの動作を観察し，その動作のようすを文章で記せ。

**考　察**

**1.** 全圧シーケンス回路におけるシーケンス弁の働き方を文章で記せ。

**2.** 全圧シーケンス回路や電気制御シーケンス回路の特徴を記し，またその特徴から考えられる使途を文章で記せ。

# 第15章

# 電気・電子

////////////////////////////////////////////

　産業革命以後，機械技術を中心とした生産技術は，電気・電子技術を中心としたメカトロニクス産業へと変革をとげた。その一因が，トランジスタやIC（集積回路）などの電子部品の発達である。電子部品が機械に組み込まれ自動機械に発展し，それらを制御させ自動制御技術が進歩した。日用品へもIoT（モノのインターネット）やAI（人工知能）などの技術の使用が一般的になり，自動車も自動運転の技術が進んでいる。農業においても収穫ロボットの実用化における研究開発が盛んになっている。

　したがって，電気・電子に関する知識や技術の習得は機械の技術を習得する者にとっても欠かせないものとなっている。

　この章では，電気・電子に関する基本的な動作原理，マイコンを用いた電子制御について学習する。各種機器類を使用して実験を行い，機器の取り扱いを学ぶとともに，電気・電子に対する正しい知識や態度，心がまえについても学習する。

# 1 測定器の取り扱い方

## ① テスタ

　テスタとは，サーキットテスタ(circuit tester)の略称であり，回路試験器のことである。テスタは，電圧・電流・抵抗などを測定できる機能を備えている。テスタには，アナログ式とディジタル式とがあり，アナログ式は測定値の変化する過程がわかりやすいが，読み取り誤差が生じやすい。ディジタル式は，アナログ式に比べて，精度が高く，読み取り誤差が生じないが，変化量がわかりにくいところがある。

　ここでは，アナログ式テスタについてふれることにする。

　図1にアナログ式テスタと各部の名称を示す。

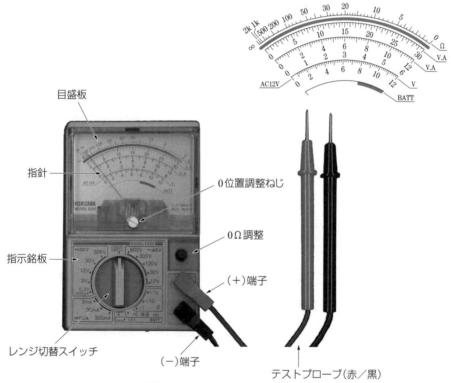

**図1　アナログ式テスタと各部名称**

## 測定前に確認すること

1) メータ指針が左端の0位置にあるか確認する。もし，0位置になければ，0位置調整ねじを回して調整する。

2) テスタ棒の極性は正しいか確認する。赤色はプラス，黒色はマイナスに接続する。

3) レンジ切換スイッチを抵抗レンジに合わせ，テスタ棒をたがいに接続させながら0位置調整を行う。そのさい，0Ω調整器を使用する。レンジを変えたら，そのたびに0位置調整を行う。

4) レンジ切換スイッチを回して測定を行うモードを選択する。

5) 測定レンジを選ぶ。測定値が不明のときは，大きめの測定レンジを選ぶこと。

## 測定前に注意すること

1) 指針がまったく作動しないときは，テスタの中にある電池またはヒューズが切れていないか確認する。

2) テスタ棒の被覆されていない部分は，手で直接触れないようにすること。

3) 抵抗を測定するときは，抵抗計スケール板の目盛は逆向き(右側より0点がふってある)になっていることに注意する。

 # 指示電気計器

　電気量を目でみることができるように，指針などを用いて表示する機器を指示電気計器という。

　指示電気計器の目盛板には，①計器番号，②測定量の単位，③使用回路の記号，④階級，⑤製造社名，⑥目盛，⑦動作原理，⑧置き方などが記載されている。

　次ページの図2にそれらの記載事項とその意味を示す。

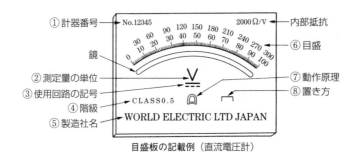

図の上部ラベル:
①計器番号 — No.12345 — 2000Ω/V — 内部抵抗
鏡
0 10 20 30 40 50 60 70 80 90 100 / 30 60 90 120 150 180 210 240 270 300 — ⑥目盛
②測定量の単位
③使用回路の記号
④階級 — CLASS0.5 — ⑦動作原理
⑤製造社名 — WORLD ELECTRIC LTD JAPAN — ⑧置き方

目盛板の記載例（直流電圧計）

### 測定量の単位記号（②）

| 記 号 | 意 味 |
|---|---|
| V | 電圧計 |
| A | 電流計 |
| W | 電力計 |
| $\cos\phi$ | 力率計 |
| G | 検流計 |

### 使用回路の図記号（③）

| 記 号 | 意 味 |
|---|---|
| ─ ─ ─ | 直 流 用 |
| ∿ | 交 流 用 |
| ≋ | 交直両用 |
| ≈≈ | 平衡三相交流用 |

### 置き方の図記号（⑧）

| 記 号 | 意 味 |
|---|---|
| ⌐ | 水平形 |
| ⊥ | 垂直形 |
| ∠60° | 傾斜形（60°の例） |

### 計 器 の 階 級（④）

| 階 級 | 許容差（定格値に対する〔%〕） | 用 途 |
|---|---|---|
| 0.2級 | ±0.2 | 特別精密級（副標準器用） |
| 0.5 〃 | ±0.5 | 精密級（携帯用） |
| 1.0 〃 | ±1.0 | 準精密級（小形携帯用） |
| 1.5 〃 | ±1.5 | 普通級（配電盤用） |
| 2.5 〃 | ±2.5 | 準普通級（粗雑な測定用） |

### 動作原理による分類および計器使用例（⑦）

| 記 号 | 意 味 | 使用回路 | 計 器 使 用 例 |
|---|---|---|---|
| ⌂ | 可動コイル形 | 直 流 | 電圧計，電流計，抵抗計，回転計，温度計，検流計，照度計，磁束計 |
| ⚡ | 可動鉄片形 | 交（直）流 | 電圧計，電流計，回転計 |
| ⊟ | 電流力計形 | 交（直）流 | 電力計，周波数計，電圧計，電流計，力率計 |
| ⋎ | 熱 電 形 | 交（直）流 | 電圧計，電流計，電力計 |
| ⊥ | 静 電 形 | 交（直）流 | 電圧計 |
| ▷⊦ | 整 流 形 | 交 流 | 電圧計，電流計，周波数計 |
| ◉ | 誘 導 形 | 交 流 | 電力量計 |

**図2** 指示電気計器の目盛板の記載事項とその意味

# ③ オシロスコープ

オシロスコープとは，電圧や電流の時間的変化をモニタに表示・記録する装置のことをいう。

## ■ 各部の名称と働き

図3にオシロスコープのパネルの構成例を示し，各つまみについて説明する。

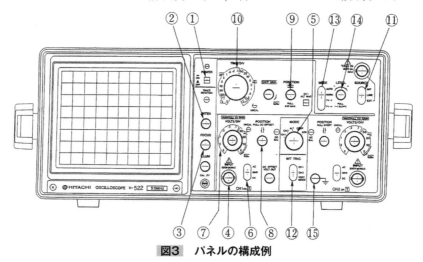

**図3** パネルの構成例

### a. 電源，管面まわり関係

① 電源スイッチ

② 輝度スイッチ(INTENSITY)　つまみを右に回すと輝線の輝きが増加する。

③ 焦点つまみ(FOCUS)　左右につまみを回して，輝線を鮮明にする。

### b. 垂直軸まわり関係

④ 信号入力端子(CH1　input conector)　この端子に入れた信号はX－Yオシロスコープとして用いるときは，X軸信号となる。

⑤ モード(MODE)

CH1　CH1に加えられた信号のみがディスプレイに現れる。

CH2　CH2に加えられた信号のみがディスプレイに現れる。

ALT　CH1，CH2に加えられた各入力信号が掃引ごとに交互にディスプレイに現れる。

CHOP　CH1，CH2に加えられた各入力信号が掃引に関係なく，約250kHzで切り換わり，同時にディスプレイに現れる。

ADD　CH1，CH2加えられた各入力信号の代数和がディスプレイに現れる。

⑥ 入力切換スイッチ(AC-GND-DC)

AC　入力信号の直流成分はカットされ，交流部分のみが表示される。

GND　垂直軸増幅器の入力部が接地となる。

DC　入力信号は，直流成分を含めてそのまま表示される。

⑦　ストレートグレーつまみ(VOLTS/DIV)　　感度を切り換える。

電圧[V]＝VOLTS/DIVの指示値($V$/div)×縦軸目盛$y$(div)

⑧　垂直位置つまみ(VERT POSITION)　　ディスプレイ上の輝線を，つまみを左右に回すことで，上下に移動する。

**c. 水平軸まわり関係**

⑨　水平つまみ(HORIZ POSITION)　　ディスプレイ上の輝線を，つまみを左右に回すことで，左右に移動する。

⑩　TIME/DIV切換スイッチ　　掃引時間は$0.2\,\mu$s/div～$0.2\,$s/divに切り換えることができる。

**d. 同期**

⑪　SOURCE切換スイッチ　　掃引の同期信号源を選択する。

INT　　CH1 INPUTまたはCH2 INPUTに加えられた入力信号が同期信号になる。

LINE　　電源周波数に同期した信号を観測する場合に使用する。

EXT　　TRIG INPUTに加えられた外部同期信号が同期信号になる。

⑫　INT TRIG切換スイッチ　　SOURCE切換スイッチをINTしたときの掃引の同期信号源を選択する。

CH1　　CH1に加えられた入力信号が同期信号となる。

CH2　　CH2に加えられた入力信号が同期信号となる。

VERT MODE　　2現象のとき。

⑬　TRIG MODE　切換スイッチ

AUTO　　自動同期掃引となり，いつも掃引する。

NORM　　同期掃引となり，同期のかかったときだけ掃引する。

TV　　TV信号を同期にかけて観測するとき。

⑭　TRIG LEVEL　つまみ　　トリガレベルを設定し，波形のどの部分で掃引を開始するかを定める。

⑮　GND端子　　接地(アース)端子。

**e. プローブ使用のとき**　　一般に，高周波信号を測定するにはプローブを使用する(図4)。プローブは，入力信号を1倍または1/10倍に減衰させることができる。たとえば，入力信号が1/10倍に減衰される場合，感度の指示値が50mV/divであったときは，その10倍の500mV/divで波形を読み取る。

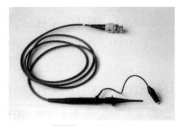

**図4　プローブ**

## 2 信号波形の測定

オシロスコープのディスプレイに信号が1～3周期現れるように掃引時間を⑩　TIME/DIV切換スイッチを用いて調整する。

図5は，信号波形として正弦波が現れているところである。蛍光面の垂直方向1目盛あたりの電圧の値[V/div]を垂直感度といい，水平方向1目盛を輝度が移動する時間[s/div]を掃引時間という。

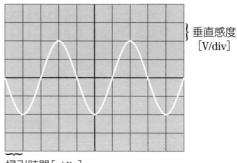

垂直感度
[V/div]

掃引時間[s/div]

**図5　信号波形**

---

参考

・**GND**

グランドの略記。電気機器を地面に接続し（接地），基準レベルとなる電圧を確保する。

・**DIV**

オシロスコープの表示画面にある大きな目盛り（線）を1 div（division）という。divisionは「分割」の意味である。

・**TRIG MODE（トリガモード）**

波形観測の基準点をトリガ点といい，入力信号をどのタイミングで捉えるかを設定できる機能のことをいう。

# 2 電気用図記号

電気回路図は，規格で定められた図記号によって描かれている（JIS C 0617:2011　電気用図記号）。そのおもなものを表1および2に示す。

**表1** 電気用図記号①

| 図記号 | 名　称 | 図記号 | 名　称 |
|---|---|---|---|
| ⎯ - - - | 直　流 | ▭ | 抵抗または抵抗器 |
| ∿ | 交　流 | ▱ | 可変抵抗または可変抵抗器 |
| ／ | 可変調整 | ⌒⌒⌒ | コイル |
| ⎯⎯ | 導　線 | | 2巻線変圧器（磁心入りのとき） |
| ○ | 端　子 | | |
| ● | 接続箇所 | ⊥⊤ | 静電容量またはコンデンサ |
| または | 導体の二重接続（接続する場合） | +⊥⊤ | 有極性コンデンサ（電解コンデンサ） |
| | | ⫢ | 可変静電容量または可変コンデンサ |
| ┼ | 導線の交わり（接続しない場合） | ⫣ | 半固定コンデンサ |
| ⏚ | 接　地 | ⊖ | 電流源 |
| ⏛ | 機能等電位結合 | ⊘ | 電圧源 |
| ▭ | リレーのコイル | ⊣⊢ | 一次電池または直流電源 |
| ⊠ | タイマリレーのコイル | ⊡ | サーマルリレーのコイル |

表2 電気用図記号②

| 図記号 | 名　称 | 図記号 | 名　称 |
|---|---|---|---|
| 交流電源 | 交流電源 | 押しボタンスイッチ メーク接点（a接点） | 押しボタンスイッチ メーク接点（a接点） |
| 機器または装置 | 機器または装置 | ブレーク接点（b接点） | ブレーク接点（b接点） |
| ヒューズ | ヒューズ | リミットスイッチ（上は動作の場合に閉路するもの。下は動作の場合に開路するもの。） | リミットスイッチ（上は動作の場合に閉路するもの。下は動作の場合に開路するもの。） |
| ランプ | ランプ | 電流計 （直流電流計）（交流電流計） | 電流計 （直流電流計）（交流電流計） |
| 電動機 | 電動機 | 電圧計 （直流電圧計）（交流電圧計） | 電圧計 （直流電圧計）（交流電圧計） |
| メーク接点 | メーク接点 | オーム計 | オーム計 |
| ブレーク接点 | ブレーク接点 | pnpトランジスタ | pnpトランジスタ |
| 非オーバラップ 切換え接点押しボタンスイッチ | 非オーバラップ 切換え接点押しボタンスイッチ | npnトランジスタ | npnトランジスタ |
| 半導体ダイオード | 半導体ダイオード | ホトトランジスタ（pnp） | ホトトランジスタ（pnp） |
| 発光ダイオード（LED） | 発光ダイオード（LED） | ホトカプラ | ホトカプラ |
| ホトダイオード | ホトダイオード | | |

（JIS C 0617:2011による）

# 電気実習1　基礎実験

## 目標

**1.** 電気実習で使用する電気計器・滑り抵抗器・スライダックなどの取り扱い方を習得する。

**2.** 回路の正しい接続のしかたを習得する。

**3.** 使用機器の記号および定格について理解する。

**4.** 抵抗に生じる電圧降下からオームの法則によって，抵抗の値を求めることができる。

## 使用機器

**1.** 直流電圧計　15/30 V

**2.** 直流電流計　0.1/0.3/1 A

**3.** 滑り抵抗器　250/62.5 Ω

**4.** 負荷(電球)　100 V　100 W

**5.** 直流電源　0〜30 V，2 A

**6.** 交流電圧計　75/150/300 V

**7.** 交流電流計　2/10 A

**8.** スライダック　5 A

**9.** スイッチ

**10.** 接続用コード

## 準備

　電気用図記号を理解し，回路図を読み取れるようにする。また，実習に利用する計器の目盛板にある種々の記号の意味をよく理解してから，計器を取り扱うようにする。

## 方法

### A——直流による測定

**1** 使用機器の1〜5および9，10を準備する。

> **注** 滑り抵抗器の抵抗は，本体との大きさでは見分けにくいので，次の定格を確認すること。
> 抵抗値　　例)　10 Ω(単心)，250/62.5 Ω(双心)
> 電　流　　電気容量の小さいものを誤って使用すると焼損することがある。

**2** 電源側から，スイッチ・滑り抵抗器・電圧計・電流計・電球の順に配置する。

**3** 接続は，負荷からの電源のほう(電球側から，順にスイッチ側)へ行う。

> **注** 電圧計・電流計の極性(+，−)をまちがえないこと。

> **注** スイッチはヒューズ側を滑り抵抗器に向ける。スイッチは開にしておく。

> **注** 電球は倒したり，ぶつけたりしない。

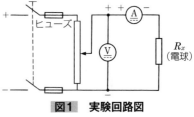

**図1**　実験回路図

**4** 接続が終わったら，よく点検する。

**5** 滑り抵抗器のしゅう動子を最大側に寄せておく。

**6** 電源を接続する。

**7** スイッチを閉じ，滑り抵抗器で電圧を調整し，計器の読みを記録する。電球の状態も観察する。グラフは実験と平行して素点を記録し，計算を逐次行うようにする。

**8** 測定が終わったら，グラフで結果を検討し，誤りがなければスイッチを開とし，電源から接続をとく。

## 結果のまとめ

**1.** 測定の結果を次の表にまとめる。

| 電流の種別 | 電圧 $V$[V] | 電流 $I$[A] | 抵抗R = $V/I$[Ω] | 電球の状態 |
|---|---|---|---|---|
| 直流 | 0 | | | |
| | 2 | | | |
| | 4 | | | |
| | 6 | | | |
| | 8 | | | |
| | 10 | | | |
| | 15 | | | |
| | 20 | | | |
| | 25 | | | |
| | 30 | | | |

**2.** 縦軸に電流 $I$，抵抗 $R$，横軸に電圧 $V$をとって，電圧 $V$−電流 $I$，抵抗 $R$の関係をグラフに表す。

## 考 察

**1.** 交流で30Vを測定したとすると，直流の測定値とどちらが誤差が小さいか考えてみよ。

**2.** グラフを作成したところ，なぜ図2のように曲線となるのかを考えてみよ。

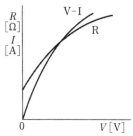

**図2** 電圧と電流・抵抗値

## 方 法

### B——交流による測定

1 使用機器の1〜3，5を格納し，6〜8を新たに準備する。

> **注** スライダックは，単巻変圧器の一種で，接触端子が直接巻線と接触しながら回転する構造のもので，接触子の位置（角度）によって電圧が変化する。使用にさいしては，電流の定格値を確認すること。

2 コンセントの位置を確認し，その方向からスイッチ・スライダック・電圧計・電流計・電球の順に配置する。

3 負荷側から電源の方向へ接続する。

> **注** スイッチは開，さし込みプラグはコンセントからはずした状態にしておく。

4 接続が終わったら，よく点検する。

5 スライダックを0の位置にしておく。

6 さし込みプラグをコンセントに差し込み，スイッチを閉じる。

7　電圧が0であるとき，電流が0であることを確認する。スライダックをゆっくり動かして電圧を10Vに調整し，電圧計の読みを記録する。以後10V間隔で110Vまで記録する。

8　測定が終わったら，グラフで結果を検討し，誤りがなければスイッチを開とし，さし込みプラグを抜きとる。

**結果のまとめ**

**1.** 測定の結果を次の表にまとめる。

| 電流の種別 | 電圧$V$[V] | 電流$I$[A] | 抵抗$R = V/I$[Ω] | 電球の状態 |
|---|---|---|---|---|
| 交　流 | 0 | | | |
| | 10 | | | |
| | 20 | | | |
| | 30 | | | |
| | 40 | | | |
| | 50 | | | |
| | 60 | | | |
| | 70 | | | |
| | 80 | | | |
| | 90 | | | |
| | 100 | | | |
| | 110 | | | |

**2.** 直流による測定同様，電圧$V$−電流$I$，抵抗$R$の関係をグラフに表す。

**考　察**

**1.** 計器の目盛板の数値は，次のどれで表されているか。

①　瞬時値　②　実効値　③　平均値　④　最大値

**2.** 電球に直流30Vを加えたとき，交流30Vを加えたときとでは，電力はどうなるかを考えよ。

# 電気実習2　オシロスコープによる波形測定

## 目　標
1．オシロスコープの取り扱い方を習得する。
2．電圧・周期の測定方法を習得する。

## 使用機器
1．オシロスコープ
2．低周波発振器

## 準　備
1　交流波形の各部名称について確認する。

**せん頭電圧 $V_{pp}$**　　瞬時値の正の最大値から負の最小値までの振れ幅のことをいう。

**最大電圧 $V_{max}$**　　正弦波交流の値は，時間とともに変化している。その時々の値を瞬時値といい，その瞬時値の最大の値を最大値という。最大電圧とは，正弦波交流電圧の最大値をいう。

**実効値 $V_{rms}$**　　交流電圧と直流電圧がそれぞれ発生させたエネルギーが等しいと考えられたとき，直流電圧の大きさを交流電圧の実効値という。実効値は，0.707×最大値で求めることができる。たとえば，家庭用電源100Vとは，0.707×最大電圧141V≒100Vのことであり，100Vは実効値である。

**周期 $T$ と周波数 $f$**　　正の半波と負の半波の一組からなる交流の波形を1周波または1サイクルという。1サイクルの時間を周期といい，1秒間に繰り返されるサイクルの数を周波数という。これらの関係は，$f = 1/T$ で表されることができる。たとえば，周波数50Hzとは，1秒間に50周期あることを表し，周期は0.02秒（1/50秒）である。

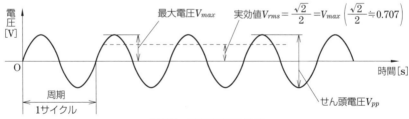

**図3　交流電圧の波形**

2 オシロスコープの初期設定を行う。

① POWERスイッチをOFFの状態にして，電源コードのプラグをコンセントにさし込む。

② オシロスコープの調整つまみを次のように設定する。

| AC-GND-DC | GND | TRIG SOURCE | INT |
|---|---|---|---|
| TRIG MODE | AUTO | FOCUS | 中央 |
| MODE | CH1 | INT TRIG | CH1 |
| TRIG LEVEL | 中央 | INTENSITY | 左回しいっぱい |
| HORIZ POSITION | 中央 | VERT POSITION | 中央 |
| TIME/DIV | 0.5 ms/div | | |

③ POWERスイッチをONにする。15秒ほど待てば動作状態になる。

④ INTENSITYをゆっくり右へ回して，輝度を上げていくと輝線が現れる。

⑤ FOCUSで輝線が鮮明になるようにする。

⑥ HORIZ POSITION（水平），VERT POSITION（垂直）を操作して輝線を管面の中央へ移動させる。

### 方 法

1 オシロスコープと発振器を接続する（図4）。

① プローブをCH1 INPUT（垂直信号入力端子）にさし込む。

② プローブに発振器を接続する。

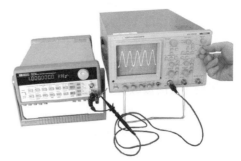

**図4　発振器の接続**

2 同期をとる。（TRIG LEVELつまみを回して，波形を画面に静止させる。）

① オシロスコープの調整つまみの一部を次のように変更する。

| AC-GND-DC | AC | TRIG SOURCE | CH1 |
|---|---|---|---|
| TIME/DIV | 10 ms/divくらい | VOLTS/DIV | 5 V/divくらい |
| INTENSITY | 中央 | | |

② TIME/DIVのつまみを右に回しながら切り換えていくと，輝点がゆっくりと流れ，ついには輝線となる。

3 電圧と周期の測定を行う。

① 発振器の電源を入れ，測定信号を与える。

② TRIG LEVELダイヤルを左か右に回して，中央付近で同期させる。

③ 発振器の出力波形選択スイッチの～（サイン波形）を選択する。

④ 発振器の発信周波数レンジ切換スイッチを×100倍に切り換える。

⑤ 発振器の振幅つまみを周波数ダイヤルを調整して，波形がスクリーンの枠内に入るようにする（1 kHzくらいがめやす）。

⑥　画面から図5のように，振幅$y$divと波長数およびその長さ$x$divを測定し，記録する。また，このときのTIME/DIV，VOLTS/ DIVの値を読み，記録する。

⑦　次の式から，電圧・周期を算出する。

せん頭電圧　$V_{pp} = y \times (\text{VOLTS/DIV})$　［V］

最大電圧　$V_{max} = \dfrac{V_{pp}}{2}$　［V］

実効値　$V_{rms} = V_{max} \times \dfrac{\sqrt{2}}{2}$　［V］

周期　$T = x \times (\text{TIME/DIV})$　［s］

周波数　$f = \dfrac{1}{T}$　［Hz］

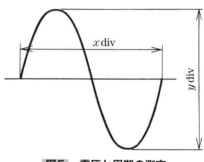

**図5**　電圧と周期の測定

### 結果のまとめ

測定結果を次の表にまとめる。

| 波形 | 電 圧 の 測 定 | | | | | | 周期(周波数)の測定 | | | |
|---|---|---|---|---|---|---|---|---|---|---|
| | 垂直感度$v$ (V/div) | 画面スケール $y$(div) | プローブ 倍数 | せん頭電圧 $V_{pp}$[V] | 最大電圧 $V_{max}$[V] | 実効値 $V_{rms}$[V] | 掃引時間 $t$(s/div) | 画面スケール $x$(div) | 周期$T$ [s] | 周波数$f$ [Hz] |
| | | | | | | | | | | |
| | | | | | | | | | | |
| | | | | | | | | | | |
| | | | | | | | | | | |

### 考　察

**1.** 低周波発振器を用いて，いろいろな波形を観察してみよ。

**2.** 交流波形以外，ほかにどんな形の波形があるか調べてみよ。

実

習

# 電子実習1　整流回路の製作と測定

### 目　標

**1.** ダイオードに関する理解を深める。

**2.** 整流回路の種類と特徴を理解する。

**3.** コンデンサの平滑作用を知る。

### 使用機器

**1.** オシロスコープ

**2.** 電源変圧器(CT付き)

**3.** ダイオード，コンデンサ，抵抗器(必要量)

### 準　備

　**ダイオードの性質**　　図6(a)のような図記号で表し，矢印の方向に電流が流れる。

　ダイオードに，図(b)のように電圧を加えると，電流が流れる。この場合の電圧を順電圧，流れる電流を順電流という。

　図(c)のように，図(b)とは反対方向から電圧を加えても，電流はほとんど流れない。この場合の電圧を逆電圧，電流を逆電流という。

　図(d)はダイオードの電圧と電流の関係を示したものである。図のように逆電圧がある程度を超えると，電流が急に流れはじめ，ダイオードとしての性質を失ってしまう。この限界となる電圧を逆耐電圧といい，ダイオードを整流素子として利用する場合には，必ず逆耐電圧を超えない範囲で使用する。

　**整流回路**　　電子回路を働かせるには,直流の電圧・電流が必要である。これは電池から得られるが，交流100Vで働かせるには，交流を直流に変換する回路が必要である。この回路を整流回路といい，電源変圧器とダイオードからできている。

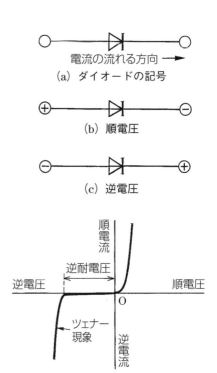

(a) ダイオードの記号

(b) 順電圧

(c) 逆電圧

(d) 特　性

**図6**　**ダイオード**

図7に，おもな整流回路を示す。

図(a)の回路は，単相単波整流回路といい，交流1周波内で，順電圧の半波が負荷電流として利用される。負荷電圧の最大値は，ほぼ電源変圧器の二次電圧の最大値$E_{max}$に等しく，逆電圧も$E_{max}$に等しい。

図(b)，(c)の回路は，交流1周波の全波長を利用しているので，どちらも全波整流回路であるが，図(b)の単相全波整流回路は，電源変圧器のセンタタップで二次電圧を2等分して整流するので，負荷電圧は図(c)の半分である。また，逆電圧は電源変圧器の二次電圧の最大値$E_{max}$となる。

図(c)の単相ブリッジ整流回路は，ダイオードを4個も用いるが，負荷電圧が図(b)より2倍となり，一つのダイオードに加わる逆電圧は，図(b)よりも半分となる利点をもっている。

**平滑回路**　　直流電源とするには，時間とともに変動しないことが望ましいので，整流回路で得られた電圧を，コンデンサを用いて平滑にする。

負荷に並列に平滑用のコンデンサを入れると，図8のように，$t_1$，$t_2$間で充電され，$t_2$，$t_3$間で放電しながら電圧を保つので平滑される。この場合，逆電圧はほぼ2倍の値となることに注意する。

このように，整流波を平滑にするための回路を平滑回路という(図9)。

平滑後の脈動電圧をリップル電圧とよび，リップル電圧が低いほど良好である。リップル含有率$\varepsilon$，電圧変動率$\eta$は，次の式より求める。

$$\varepsilon = \frac{\text{リップル電圧}\,E_r}{\text{直流電圧}\,E_d} \times 100 \quad [\%]$$

$$\eta = \frac{\text{負荷時直流電圧}\,E_d}{\text{無負荷時直流電圧}\,E_{d0}} \times 100 \quad [\%]$$

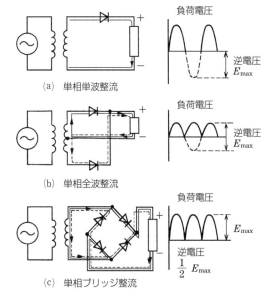

(a) 単相単波整流

(b) 単相全波整流

(c) 単相ブリッジ整流

**図7　おもな整流回路**

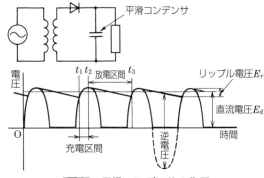

**図8　平滑コンデンサの作用**

**図9　平滑回路の一例**

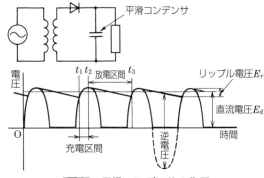

## 方　法

1. 図10(a)に従い，単相単波整流回路を組み立てる。

   可変抵抗器Rを調整して，ダイオードに流れる電流を規定値とする。

2. オシロスコープにより整流波形を観測する。

3. スイッチ$S_2$を接続して，平滑コンデンサの働きによって波形が平滑になるのを観測し，直流電圧を読み取る。

4. 入力信号切換え(AC-DCの切り換え)をACに切り換えて直流分を除き，VOLT DEFL SENS (垂直感度)を調節して，リップル電圧を測定する。

5. 負荷抵抗を切り離し，無負荷直流電圧を測定する。

   **注** このとき，AC-DCの切り換えはDCとする。

6. 図(b)に従い，単相全波整流回路を組み立てる。

7. 2～5の実験を行う。

8. 図(c)に従い，単相ブリッジ整流回路を組み立てる。

9. 2～5の実験を行う。

10. 時間的に余裕があれば，コンデンサCの容量を変えて，平滑になる様子をいろいろ比較してみる。

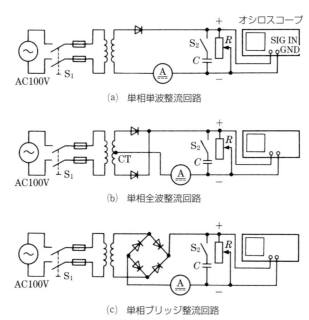

(a)　単相単波整流回路

(b)　単相全波整流回路

(c)　単相ブリッジ整流回路

**図10　整流実験回路**

**結果のまとめ**

　整流回路についての測定結果を次のようにまとめる。p.215の式を用いてリップル含有率$\varepsilon$, 電圧変動率$\eta$を計算する。

| 回　路 | 測　定　値 | | | 計　算　値 | |
|---|---|---|---|---|---|
| | 無負荷直流電圧 $E_{d0}$[V] | 負荷時直流電圧 $E_d$[V] | リップル電　圧 [V] | リップル含有率 [%] | 電　圧変動率 [%] |
| 単相単波整流回路 | | | | | |
| 単相全波整流回路 | | | | | |
| 単相ブリッジ整流回路 | | | | | |

　　　負荷電流 ＿＿＿＿＿A　　　平滑コンデンサ容量 ＿＿＿＿＿μF

**考　察**

**1.** ダイオードに規定以上の電流を流すと，どのようになるか。

**2.** ダイオードに逆耐電圧以上の電圧を加えると，どのようになるか。

**3.** ダイオードにはどのような種類があるか。また，それぞれの逆耐電圧はどのような値か。

**4.** 単波整流・全波整流・ブリッジ整流を比較して，次のことを調べよ。

　① リップル含有率の最小のものはいずれか。

　② 電圧変動率の最小のものはいずれか。

# 電子実習2　トランジスタの増幅とスイッチング動作

### 目標

1. トランジスタの増幅とスイッチング動作について理解する。

### 使用機器

トランジスタ(2SC1815)，抵抗，精密電流計，電圧計，定電圧電源(可変電圧型2台)

### 準備

**トランジスタの構造**　　トランジスタはベース，コレクタ，エミッタとよばれる三つの端子をもち，図11(a)に示すような，電流の向きが異なるNPN型とPNP型の2種類がある。NPN型トランジスタはベースからエミッタへ電流が流れることで動作するが，PNP型トランジスタは，エミッタからベースへ電流が流れることで動作する。本実習では，NPN型2SC1815を使用する。

(a) トランジスタの記号

**トランジスタの動作**　　トランジスタには増幅とスイッチングの動作がある。

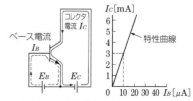

(b) ベース電流$I_B$とコレクタ電流$I_C$

**1)　増幅動作**　　図(b)のような回路を用いて，トランジスタにベース電流$I_B$を流すと，コレクタ電流$I_C$が流れる。ベース電流が直流の場合，$I_C$と$I_B$には次の関係がなりたつ。

$I_C = h_{FE} \times I_B$

ここで，$h_{FE}$はトランジスタの直流電流増幅率であり，トランジスタによって異なる(トランジスタの規格表などに記載されている)。

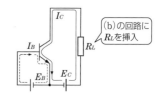

(c) スイッチング動作

**図11　トランジスタ回路**

たとえば，$I_B = 10\mu A$，$h_{FE} = 300$のときのコレクタ電流$I_C$は，$10 \times 10^{-6} \times 300[A] = 3 \times 10^{-3}[A]$ (3 [mA])となる。

**2)　スイッチング動作**　　図(c)の回路は，図(b)の回路のコレクタ側に抵抗$R_L$を入れた回路である。この回路でベース電流$I_B$を増加させると，増幅動作と同じように$I_C$は増加する。しかし，抵抗$R_L$による電圧降下($I_C \cdot R_L$)は，$E_C[V]$以上にはなれないので，$I_C$は最大電流$I_{Cm}$(約$E_C/R_L$)以上には増えない。つまり，$R_L$により最大電流$I_{Cm}$を決定することができる。

　このようなとき，トランジスタのコレクターエミッタ間は短絡しているのと同じ働きをするので，トランジスタはオンの状態になる。ベースに電流を流さないときは，コレクタ電流がほとんど流れない(実際には少し流れる)ので，オフの状態になる。たとえば，リレーをオン・オフさせるときには，図(c)の抵抗$R_L$の代わりに，リレーの電磁石コイルを挿入すればよい。

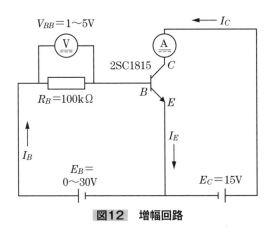

**図12　増幅回路**

方　法

**A——増幅回路**

[1]　使用機器を準備する。$E_B$は0Vから30Vまでの可変の定電圧電源，$E_C = 15$Vとする。

[2]　図12のトランジスタの増幅回路を製作する。$R_B$を100kΩとする。

[3]　$I_B$を10μAから50μAまで変化させ，$I_C$を測定する。このとき，$I_B$は可変の定電圧電源$E_B$によって変化させる。$I_B$値は$R_B$の端子間電圧$V_{BB}$を$R_B$(100 kΩ)で割った値となる。$V_{BB} = $ 1Vであれば，$1/105 = 10 \times 10 - 6\text{A} = 10$μAとなる。

[4]　結果をグラフにまとめ，電流増幅率$h_{FE}$を求める。

| ベース電流$I_B$ 　[μA] | 10 | 20 | 30 | 40 | 50 |
|---|---|---|---|---|---|
| $R_B$の端子間電圧$V_{BB}$ 　[V] | | | | | |
| 可変の定電圧電源$E_B$ 　[V] | | | | | |
| コレクタ電流$I_C$ 　[mA] | | | | | |
| 電流増幅率$h_{FE}$ 　[倍] | | | | | |

①　$R_B$の端子間電圧$V_{BB}$は，$I_B$[μA]×100 kΩで求める。

②　可変の定電圧電流$E_B$は，$V_{BB}$の値になったときの測定値である。

③　コレクタ電流$I_C$は，$I_B$の値になったときの測定値である。

④　電流増幅率$h_{FE}$は，$I_C/I_B$で求める。電源スイッチが切れていることを確認する。

## B——スイッチング回路

1. 使用機器を準備する。

2. 図13のトランジスタのスイッチング回路を製作する。抵抗$R_L(=5.1\,\mathrm{k\Omega})$をコレクタ側に入れる。

3. $I_B$を10μAから50μAまで変化させ，$I_C$を測定する。

4. $I_{Cm}$とそのときの$I_B$を求める。

5. 結果をグラフにまとめる。また，グラフ中に増幅動作とスイッチング動作の範囲を矢印で示す

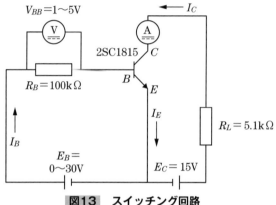

**図13** スイッチング回路

| ベース電流$I_B$ [μA] | 10 | 20 | 30 | 40 | 50 |
|---|---|---|---|---|---|
| $R_B$の端子間電圧$V_{BB}$ [V] | | | | | |
| 可変の定電圧電源$E_B$ [V] | | | | | |
| コレクタ電流$I_C$ [mA] | | | | | |

| | |
|---|---|
| 最大電流$I_{Cm}(\fallingdotseq E_C/R_L)$ [mA] | |
| 最大電流$I_{Cm}$のときのベース電流$I_B$ [μA] | |

**考　察**

増幅回路の実験において，$E_B$がある電圧以上になるまで$I_B$は流れない。この理由を考えよ。

# 電子実習 3　論理回路の基礎実験

## 目　標

**1.** 論理回路の基本動作を理解する。

**2.** 論理回路の記号および論理式を理解する。

**3.** ディジタル回路の入出力信号について理解する。

**4.** ディジタル IC の取り扱いについて学習する。

## 使用機器

**1.** 安定化直流電源(5 V/2 A)

**2.** テスタまたはオシロスコープ

**3.** トランジスタ(2SC1815, 1個)

**4.** ダイオード(10D1, 4個)

**5.** 固定抵抗器(2.2 kΩ, 1/4 W, 4個)

**6.** 配線用コード

**7.** 14 ピン IC ソケット

**8.** CMOS IC

　74HC08(AND回路, 1個), 74HC32(OR回路, 1個), 74HC04(NOT回路, 1個),
74HC00(NAND回路, 1個),　74HC86(EXCLUSIVE-OR回路, 1個)

## 準　備

　マイクロコンピュータは，ディジタル信号によって動かされている。また，頭脳ともいえる
部分を構成しているのは，複雑な論理回路である。ここでは，基礎的なディジタル信号，およ
び論理回路の構成について学ぶ。

### 1 ディジタル信号の取扱い

　ディジタル信号は，スイッチのオン・オフ，電圧の高・
低などの二つの状態だけで示される。図14の例において，
0 V のことを論理「0」，「L レベル」といい，5 V のことを論
理「1」，「H レベル」という。L は Low，H は High の略であ
る。

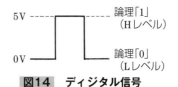

**図14　ディジタル信号**

　一般に，よく使用されている CMOS 形 IC の入出力信号レベルを表3に示す。このように，
実際に使用される場合においては，各レベルは幅をもったものとなる。

**表3　CMOS IC 入出力レベル例**

| | | |
|---|---|---|
| **入　力** | H レベル | 3.15 ~ 4.5 V |
| | L レベル | 0 ~ 1.35 V |
| **出　力** | H レベル | 4.4 ~ 4.5 V |
| | L レベル | 0 ~ 0.1 V |

(東芝 TC74HC08AP　カタログ値 $V_{cc}$ = 4.5 V)

2 ICピンの番号

ICはピンの端子がひじょうに多いため，通常，上面または正面からみて，目印の所から逆時計回りに1番ピン，2番ピン，……と順次番号がふられている。ただし，例外となるタイプもある。

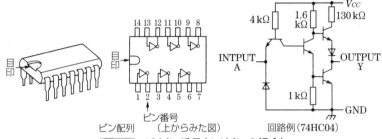

ピン配列　ピン番号（上からみた図）　回路例（74HC04）

**図15　ICピン番号（14ピンの場合）**

3 基礎的な論理回路

①**AND（論理積）回路**　二つの入力端子ともに論理「1」の信号が入力されたときのみ，出力端子に論理「1」の信号が出力される。そのほかの場合は，すべて出力端子に論理「0」の信号が出力される。このような回路をAND回路という。

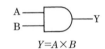

$Y=A\times B$

(a) 論理記号（MIL記号）と論理式

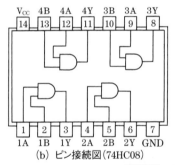

(b) ピン接続図（74HC08）

| 入力端子 | | 出力端子 |
|---|---|---|
| A | B | Y |
| 0 | 0 | 0 |
| 0 | 1 | 0 |
| 1 | 0 | 0 |
| 1 | 1 | 1 |

(c) 真理値表

**図16　AND回路**

**②OR（論理和）回路**　　二つの入力端子のいずれか一つの入力端子，または両方に論理「1」の信号が入力されたとき，出力端子に論理「1」の信号が出力される。このような回路をOR回路という。

$$Y = A + B$$

（a）論理記号（MIL記号）と論理式

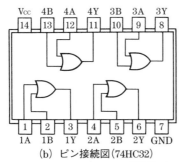

（b）ピン接続図（74HC32）

| 入力端子 | | 出力端子 |
|:---:|:---:|:---:|
| A | B | Y |
| 0 | 0 | 0 |
| 0 | 1 | 1 |
| 1 | 0 | 1 |
| 1 | 1 | 1 |

（c）真理値表

**図17　OR回路**

**③NOT（論理否定）回路**　　一つの入力端子と一つの出力端子をもち，入力端子に論理「0」の信号が入力されたとき，出力端子に論理「1」の信号が出力される。逆に，入力端子に論理「1」の信号が入力されたとき，出力端子に論理「0」の信号が出力される。このような回路をNOT回路という。

$$Y = \bar{A}$$

（a）論理記号（MIL記号）と論理式

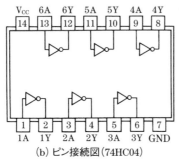

（b）ピン接続図（74HC04）

| 入力端子 | 出力端子 |
|:---:|:---:|
| A | Y |
| 0 | 1 |
| 1 | 0 |

（c）真理値表

**図18　NOT回路**

### 方　法

**実験1──ダイオード・トランジスタを利用した論理回路**

⓵　使用機器および試料を準備する。

⓶　図19を参照し，ダイオードやトランジスタを用いて，まとめの表に描かれている論理回路を製作する。

⓷　テスタのプラス側の端子を出力端子Yに接続し，マイナス側の端子をGNDに接続する。

⓸　入力端子Aに0V，Bに5Vの電圧をそれぞれ加え，そのときの出力端子Yの電圧を測定する。

⓹　測定電圧を表3と照らし合わせ，「H」，「L」レベルに分類し，真理値表を完成させる。

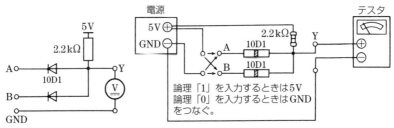

**図19**　実体配線図

**実験2──ICを利用した論理回路**

⓵　使用機器および試料を準備する。

⓶　図20を参照し，各論理回路を製作する。

⓷　ICの7番ピンにGND，14番ピンに5V電圧を接続する。

⓸　直流電圧計のプラス側の端子を出力ピンに接続し，マイナス側の端子をGNDに接続する。

⓹　入力ピンAに0V，Bに5Vの電圧をそれぞれ加え，そのときの出力ピンYの電圧を測定する。

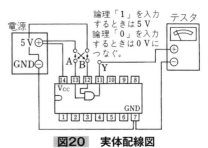

⓺　測定電圧を表3と照らし合わせ，「H」，「L」レベルに分類し，真理値表を完成させる。

**図20**　実体配線図

## 結果のまとめ

次の表をつくり，測定の結果をまとめよ。

実験1（基礎論理回路の動作実験）

①

| 論理回路図 (AND) | 入力端子A，B | | | | 出力端子Y | |
|---|---|---|---|---|---|---|
| | 端子A 電圧[V] | 端子B 電圧[V] | 真理値 | | 測定値 電圧[V] | 真理値 |
| | | | A | B | | |
| 5V<br>2.2kΩ<br>10D1<br>A ——▷—— Y<br>B ——▷—— | 0 | 0 | 0 | 0 | | |
| | 0 | 5 | 0 | 1 | | |
| | 5 | 0 | 1 | 0 | | |
| | 5 | 5 | 1 | 1 | | |

②

| 論理回路図 (OR) | 入力端子A，B | | | | 出力端子Y | |
|---|---|---|---|---|---|---|
| | 端子A 電圧[V] | 端子B 電圧[V] | 真理値 | | 測定値 電圧[V] | 真理値 |
| | | | A | B | | |
| 10D1<br>A ——▷—— Y<br>B ——▷——<br>2.2kΩ | 0 | 0 | 0 | 0 | | |
| | 0 | 5 | 0 | 1 | | |
| | 5 | 0 | 1 | 0 | | |
| | 5 | 5 | 1 | 1 | | |

③

| 論理回路図 (NOT) | 入力端子A | | 出力端子Y | |
|---|---|---|---|---|
| | 端子A 電圧[V] | 真理値 A | 測定値 電圧[V] | 真理値 |
| 5V<br>2.2kΩ<br>2.2kΩ<br>A ——□—— Y<br>2SC1815 | 0 | 0 | | |
| | 5 | 1 | | |

④

実験2（ICを利用した論理回路の動作実験）

| 論理回路図 | 入力端子A，B | | | | 出力端子Y | |
|---|---|---|---|---|---|---|
| 74HC08 | 端子A 電圧[V] | 端子B 電圧[V] | 真理値 | | 測定値 電圧[V] | 真理値 |
| | | | A | B | | |
| Vcc 4B 4A 4Y 3B 3A 3Y<br>14 13 12 11 10 9 8<br>1 2 3 4 5 6 7<br>1A 1B 1Y 2A 2B 2Y GND | 0 | 0 | 0 | 0 | | |
| | 0 | 5 | 0 | 1 | | |
| | 5 | 0 | 1 | 0 | | |
| | 5 | 5 | 1 | 1 | | |

⑤

| 論理回路図 | 入力端子A，B | | | | 出力端子Y | |
|---|---|---|---|---|---|---|
| 74HC32<br>Vcc 4B 4A 4Y 3B 3A 3Y<br>14 13 12 11 10 9 8<br>1 2 3 4 5 6 7<br>1A 1B 1Y 2A 2B 2Y GND | 端子A<br>電圧[V] | 端子B<br>電圧[V] | 真理値 | | 測定値<br>電圧[V] | 真理値 |
| | | | A | B | | |
| | 0 | 0 | 0 | 0 | | |
| | 0 | 5 | 0 | 1 | | |
| | 5 | 0 | 1 | 0 | | |
| | 5 | 5 | 1 | 1 | | |

⑥

| 論理回路図 | 入力端子A | | 出力端子Y | |
|---|---|---|---|---|
| 74HC04<br>Vcc 6A 6Y 5A 5Y 4A 4Y<br>14 13 12 11 10 9 8<br>1 2 3 4 5 6 7<br>1A 1Y 2A 2Y 3A 3Y GND | 端子A<br>電圧[V] | 真理値 | 測定値<br>電圧[V] | 真理値 |
| | | A | | |
| | 0 | 0 | | |
| | 5 | 1 | | |

⑦

| 論理回路図 | 入力端子A，B | | | | 出力端子Y | |
|---|---|---|---|---|---|---|
| 74HC00<br>Vcc 4B 4A 4Y 3B 3A 3Y<br>14 13 12 11 10 9 8<br>1 2 3 4 5 6 7<br>1A 1B 1Y 2A 2B 2Y GND | 端子A<br>電圧[V] | 端子B<br>電圧[V] | 真理値 | | 測定値<br>電圧[V] | 真理値 |
| | | | A | B | | |
| | 0 | 0 | 0 | 0 | | |
| | 0 | 5 | 0 | 1 | | |
| | 5 | 0 | 1 | 0 | | |
| | 5 | 5 | 1 | 1 | | |

⑧

| 論理回路図 | 入力端子A，B | | | | 出力端子Y | |
|---|---|---|---|---|---|---|
| 74HC86<br>Vcc 4B 4A 4Y 3B 3A 3Y<br>14 13 12 11 10 9 8<br>1 2 3 4 5 6 7<br>1A 1B 1Y 2A 2B 2Y GND | 端子A<br>電圧[V] | 端子B<br>電圧[V] | 真理値 | | 測定値<br>電圧[V] | 真理値 |
| | | | A | B | | |
| | 0 | 0 | 0 | 0 | | |
| | 0 | 5 | 0 | 1 | | |
| | 5 | 0 | 1 | 0 | | |
| | 5 | 5 | 1 | 1 | | |

考　察

**1.** ディジタル信号とアナログ信号のそれぞれの長所，短所を述べよ。

**2.** ICの構造について調べてみよ。

**3.** CMOS IC以外ではどのようなものがあるか調べてみよ。

# 3 Arduinoマイコン

 **マイコンの概要**

　マイコンとは，マイクロコンピュータ（micro computer）もしくはマイクロコントローラ（micro controller unit, MCU）の略称で，電気機器を制御するため，CPUやメモリを一つのICチップに搭載した電子部品のことである。マイコンは，家庭用電化製品から玩具，自動車，産業用機械など幅広い分野で使用され，ものをつくり電気的に制御する装置としては必要不可欠な存在である。世界中でさまざまなマイコンがつくられ，使用目的によって使い分けられている。

 **Arduinoマイコンの特徴と機能**

　Arduinoマイコンは，2005年にイタリアで誕生したマイコンである。一つの基板上に入出力装置や電子部品が取り付けられたワンボードマイコンに分類され，マイコンを使いやすくするための機能が備わっている。Arduinoマイコンの特徴として，入出力端子に各種センサやLED，モータを接続し制御を行うことができる。入出力端子もアナログ・ディジタルと使い分けることができるため，用途に応じたセンサ類を追加することで，物理的変化の感知，光や温度などを電圧や電流に変換された電気信号で入力し処理を行うことができる。さらに，LEDの点滅・調光，モータの速度制御など，さまざまなアクチュエータを追加し動作させることも可能である。ソフトウェアもハードウェアもオープンソースで提供され，3Dプリンタやロボットなど幅広い組込みシステムにも使われている。プログラムはC言語に似た記法や構文を持つ独自のプログラミング言語（Arduino言語）ではあるが，シンプルなプログラミング言語でプログラミングできることから，学習をはじめやすいマイコンである。また，センサやモジュールなどとArduinoマイコンとの接続を容易にするため，プログラム言語を定型化して機能的に使用できるライブラリも豊富に準備されている。

## ■ Arduinoの種類

　Arduinoマイコンには，Arduino MEGA，図1のようなArduino NANO，Arduino UNOなどの種類があり，大きさや搭載インタフェースの数が異なるほか，無線モジュールなどを搭載したものもある。用途に応じてArduinoマイコンの種類を選定する必要がある。Arduino NANOとArduino UNOでは，入出力端子形状が異なるほか，アナログ端子の数に差があるものの基本的なスペックはほぼ同じレベルにある。Arduino NANOは，基板に実装しやすい入出力端子形状になっている。Arduino UNOは，プログラムの実行や各種インタフェースの制御などを行う中核であるプロセッサーが故障したさいに，交換することができる特徴をもつ。Arduino MEGAは，入出力装置の端子数がArduino UNOと比較して多く設置されている。本書では，Arduino NANOとArduino UNOを基本として学習する。

(a) Arduino NANO

(b) Arduino UNO

**図1** おもなArduinoマイコンの種類

## ❷ Arduino NANO

Arduino NANOは，直接入力装置や出力装置が接続できる入出力端子や，パソコンと接続するためのUSBコネクタがマイコンボードに取り付けられている（図2）。

また，表1におもな入出力端子や各種機能・用途を示す。

**注** 入出力端子(I/Oポート，input-output-port)またはピンともいう。

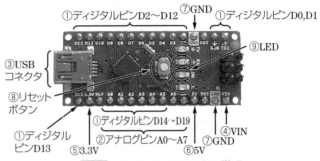

①ディジタルピンD2〜D12　⑦GND　①ディジタルピンD0,D1
③USBコネクタ
⑧リセットボタン
⑨LED
①ディジタルピンD13
①ディジタルピンD14〜D19
②アナログピンA0〜A7
⑤3.3V
④VIN
⑦GND
⑥5V

**図2** Arduino NANOの説明

**表1** おもな入出力端子とその機能・用途

| 名称 | 機能・用途 |
|------|-----------|
| ①ディジタルピン | D0からD19までの20本のピンがある。プログラムの設定で入力または出力としての役割を変更することができる。また，D3，D5，D6，D9，D10，D11のピンはPWM信号が出力できる仕様になっている。 |
| ②アナログピン | 0Vから5Vまでのアナログ値を入力することができるピンである。D14からD19のディジタルピンはアナログピンとしても使用でき，A0からA7までの8本のピンがある。 |
| ③USBコネクタ | パソコンで作成したプログラムをUSBケーブルにてArduinoマイコンへ転送するためのコネクタである。またパソコンからArduinoマイコンへ給電することも可能である。 |
| ④Vin（電源） | 電源入力電圧は7〜12Vである。Arduinoマイコンをパソコンからの供給電源を使用しないで制御させるときや，モータなど多くの電流を流し制御するときに使用する。 |
| ⑤3.3V | USBコネクタまたはVinから入力された電圧を3.3Vまで降圧し，出力している。3.3Vで動作するICなどで使用することがある。 |
| ⑥5V | USBコネクタまたは電源ジャックから入力された電圧を5Vまで降圧し，出力している。5Vで動作するICやアナログ入力電圧として使用する。 |
| ⑦GND | Arduinoマイコンでは，電源のマイナス（−）側と接続されている。Arduino NANOでは合計二つのGNDピンが存在する。 |
| ⑧リセットボタン | プログラムを最初から再実行することができるボタンである。 |
| ⑨LED | "L"と印字されているLEDは，D13のピンと接続されている。プログラムで動作可能である。"TX"，"RX"と印字されているLEDは，プログラムを書き込んでいるときやシリアル通信を行っているときに点滅する。"ON"と印字されているLEDは，電源が入力されているときに点灯する電源確認用のLEDである。 |

## ❸ メモリ

　Arduino NANOのマイコン(ATmega328P)には，3種類のメモリがある。メモリは，情報やデータを格納したり取り出したりする半導体素子である。

①フラッシュメモリ　　電源を切っても内容が保存される不揮発性のメモリで，Arduinoマイコンの書き込んだプログラムが格納される。Arduino NANOでは32kBの格納領域をもつ。

②RAM(Random Access Memory)　　プログラムを実行中，変数の作成と操作に一時的に利用されるメモリで，電源を切ると中のデータも削除される。Arduino NANOでは2kBの格納領域をもつ。

③EEPROM(Electrically Erasable Programmable Read-Only Memory)　　不揮発性のメモリで長期的に情報を記録するための領域である。Arduino NANOでは1kBの格納領域をもつ。

　PWM(Pulse Width Modulation)とは，オン(5V)とオフ(0V)を高速で切り替えながら，オンのパルス幅に比例した任意の電圧を作り出す方式である。図3に示すとおり，オンとオフの比率を3:2にした場合，出力電圧は，オンの電圧(5V)×デューティー比(オンの期間／周期)で約3Vとなる。

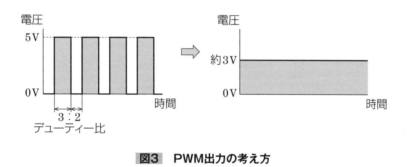

**図3　PWM出力の考え方**

## プログラムの作成

Arduinoマイコンを動作させるためには，Arduino IDE(Integrated Development Environment)などでプログラムを作成し，Arduinoマイコンに書き込む環境が必要である(図4)。Arduino IDEはArduinoマイコン上で動作するソフトウェアを開発するための総合開発環境で，パソコンのOSの種類に合わせたArduino IDEが用意されている。

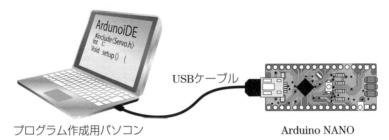

**図4　パソコンとArduino NANOの構成**

### ■ Arduino IDEのマイコンボード設定とプログラム作成手順

Arduino IDEは図5のような画面構成で示される。

Arduino IDEを起動後は，はじめに，図5左図①のような設定手順から使用するArduinoマイコン種類を選択する必要がある。その後は，図5の右図の画面をもとに，図6の順番でプログラムを作成する。

図6は，プログラム作成からArduinoマイコンへプログラムを書き込むまでの流れと，Arduino IDEの画面における各エリア②〜⑥の解説を示したものである。

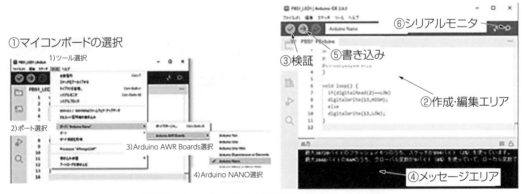

**図5　Arduino IDEの画面構成(Windows版)**

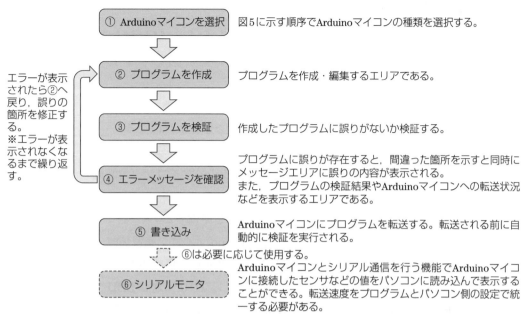

| | |
|---|---|
| ① Arduinoマイコンを選択 | 図5に示す順序でArduinoマイコンの種類を選択する。 |
| ② プログラムを作成 | プログラムを作成・編集するエリアである。 |
| ③ プログラムを検証 | 作成したプログラムに誤りがないか検証する。 |
| ④ エラーメッセージを確認 | プログラムに誤りが存在すると，間違った箇所を示すと同時にメッセージエリアに誤りの内容が表示される。また，プログラムの検証結果やArduinoマイコンへの転送状況などを表示するエリアである。 |
| ⑤ 書き込み | Arduinoマイコンにプログラムを転送する。転送される前に自動的に検証を実行される。 |
| ⑥ シリアルモニタ | ⑥は必要に応じて使用する。Arduinoマイコンとシリアル通信を行う機能でArduinoマイコンに接続したセンサなどの値をパソコンに読み込んで表示することができる。転送速度をプログラムとパソコン側の設定で統一する必要がある。 |

エラーが表示されたら②へ戻り，誤りの箇所を修正する。
※エラーが表示されなくなるまで繰り返す。

**図6** プログラム作成の流れと画面構成における各エリアの解説

## ❷ Arduinoプログラミングの基本

プログラムの基本的な構成を図7に示す。

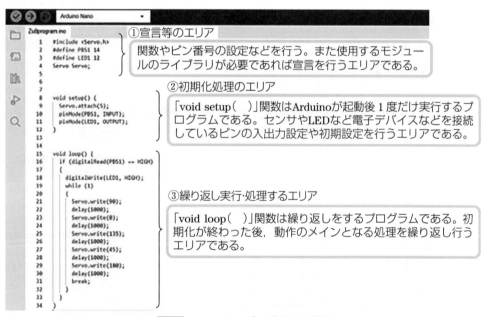

①宣言等のエリア

関数やピン番号の設定などを行う。また使用するモジュールのライブラリが必要であれば宣言を行うエリアである。

②初期化処理のエリア

「void setup（ ）」関数はArduinoが起動後1度だけ実行するプログラムである。センサやLEDなど電子デバイスなどを接続しているピンの入出力設定や初期設定を行うエリアである。

③繰り返し実行·処理するエリア

「void loop（ ）」関数は繰り返しをするプログラムである。初期化が終わった後，動作のメインとなる処理を繰り返し行うエリアである。

**図7** Arduinoプログラムの構成

# Arduino実習1　入出力制御

### 目　標

**1.** Arduinoマイコン実習装置を理解する。

**2.** Arduinoマイコンの基本的なプログラミング方法を理解する。

**3.** 押しボタンスイッチ(BS)でLEDを自由に制御ができるようになる。

### 使用機器・使用ソフト

パソコン　Arduino NANO および Arduino IDE　Arduinoマイコン実習装置

### 準　備

1 Arduinoマイコン実習装置のハードウエアを理解し準備する。

　Arduinoマイコン実習装置の回路図を図8に, Arduinoマイコン実習装置の外観を図9に示す。

　Arduinoマイコン実習装置は, Arduino NANOを使用し, 構成されている。ディジタルピン D14, D15, D16, D17はBSを4個接続, D12, D11, D10, D9はLEDを4個接続している。また, サーボモータの制御を行えるようPWM信号が出力できるD3を割り当てている。さらにDCモータの制御学習ができるよう, モータドライバDRV 8835を使用した。モータドライバを使用することでDCモータの正転・逆転, スピード制御が可能である。ピンはPWM信号が出力できるD5, D6を割り当てている。DCモータはモータによって多くの電流が流れるため, モータ駆動用の電源はArduinoマイコンの電源とは切り離し, 別電源を供給できるように配線をしている。AD変換の学習などを目的に, 可変抵抗器と照度センサ(NJL 7502L)をアナログ端子A6, A7にそれぞれ接続している。各ピンのピン番号と用途を示したI/O割り付け表を表2に示す。

　BSにはそれぞれプルダウンのための抵抗10kΩの抵抗を取り付けている。また, モータドライバが故障しても取り換えられるようピンヘッダに配線し取り付けている。

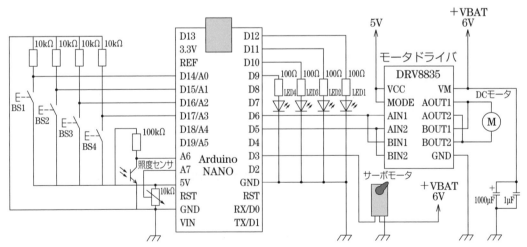

**図8**　Arduino実習装置の回路図

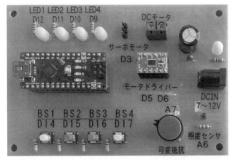

**図9　Arduinoマイコン実習装置の外観**

**表2　I/O割り付け表**

| ピン番号 | 用途 |
|---|---|
| D14, D15, D16, D17 | BS1, BS2, BS3, BS4 |
| D12, D11, D10, D9 | LED1, LED2, LED3, LED4 |
| D3 | サーボモータ |
| D5, D6 | モータドライバ |
| A6 | 照度センサ |
| A7 | 可変抵抗 |

[2]　Arduinoマイコンプログラムを理解する。

以下の条件でLEDを点灯させるプログラムを例に解説する。

【条件】BS1を押すとLED1が点灯し離すと消灯する。

①　ピン番号と用途を関連付ける。

多くのピンを使用する場合，プログラムをわかりやすくするため，ピン番号を文字列に置換する方法がある。#defineはプログラムにある文字列を他の文字列に置換する働きがある。使用方法は「#define　定数名　置換後の値」となり，「#define LED1 12」では，定数名に"LED1"，置換後の値に"12"のピン番号を入力する。

| プログラム | 解　説 |
|---|---|
| #define BS1　　14 | BS1は "14" に置換 |
| #define LED1　　12 | LED1は "12" に置換 |

②　ピンの入出力設定を行う。

初期化の処理を行う「void setup ( )」中に「pin Mode ( ) ;」の命令を使用し設定を行う。

| プログラム | 解　説 |
|---|---|
| pin Mode(BS1，INPUT) ; | D14のピンに接続されたBS1は入力に設定 |
| pin Mode(LED1，OUTPUT) ; | D12のピンに接続されたLED1は出力に設定 |

③　BS1が押された場合LED1を点灯させるプログラムを「void loop ( )」内にif文と「digital Write ( ) ;」を使用しプログラミングを行う。

| プログラム | 解　説 |
|---|---|
| if(digital Read(BS1) == HIGH) | D14に接続されたBS1が押された場合， |
| 　　digital Write(LED1，HIGH) ; | D12に接続されたLED1をHIGH(点灯)させる |
| else | BS1が押されていない場合， |
| 　　digital Write(LED1，LOW) ; | LED1はLOW(消灯)を出力 |

内　容

図10の動作条件に示すように点灯するプログラムを作成する。

| | | |
|---|---|---|
| 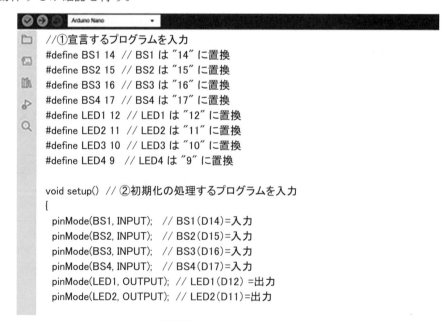 BS1 LED1 LED2 LED3 LED4 | ①BS1を押すとすべてのLEDが点灯 | |
| BS2 LED1 LED2 LED3 LED4 | ②BS2を押すとLED1とLED3が点灯 | |
| BS3 LED1 LED2 LED3 LED4 | ③BS3を押すとLED2とLED4が点灯 | |
| BS4 LED1 LED2 LED3 LED4 | ④BS4を押すとすべてのLEDが<br>0.5秒間隔で点滅 | |

**図10　プログラムの動作条件**

順　序

1　プログラムの作成

　①　宣言するプログラムを入力

　②　初期化の処理するプログラムを入力

　　I/O割り付け表を参考にピンの入出力設定を行う。

　③　繰り返し実行する処理プログラムを入力

　　図10のプログラムの動作を参考にプログラムを入力する。

2　プログラムを転送し動作確認を行う。

　①　プログラムの検証（図5③）後，書き込み（図5⑤）を実行する。

　実習1のすべてのプログラムを図11に示す。

　②　USB電源もしくは外部電源をArduinoマイコンに供給し図10の動作条件どおりLED
　　が動作するか確認を行う。

```
                Arduino Nano          ▼
     //①宣言するプログラムを入力
     #define BS1 14  // BS1 は "14" に置換
     #define BS2 15  // BS2 は "15" に置換
     #define BS3 16  // BS3 は "16" に置換
     #define BS4 17  // BS4 は "17" に置換
     #define LED1 12  // LED1 は "12" に置換
     #define LED2 11  // LED2 は "11" に置換
     #define LED3 10  // LED3 は "10" に置換
     #define LED4 9   // LED4 は "9" に置換

     void setup()  // ②初期化の処理するプログラムを入力
     {
       pinMode(BS1, INPUT);   // BS1(D14)=入力
       pinMode(BS2, INPUT);   // BS2(D15)=入力
       pinMode(BS3, INPUT);   // BS3(D16)=入力
       pinMode(BS4, INPUT);   // BS4(D17)=入力
       pinMode(LED1, OUTPUT); // LED1(D12) =出力
       pinMode(LED2, OUTPUT); // LED2(D11)=出力
```

**図11　実習1プログラム**

```
    pinMode(LED3, OUTPUT);  // LED3(D10)=出力
    pinMode(LED4, OUTPUT);  // LED4(D9)=出力
}
void loop()  // ③繰り返し実行する処理プログラムを入力
{
  if (digitalRead(BS1) == HIGH)  // もしBS1 がONならば，以下を実行する。
  {
    digitalWrite(LED1, HIGH);  // LED1 に"HIGH" を出力
    digitalWrite(LED2, HIGH);  // LED2 に"HIGH" を出力
    digitalWrite(LED3, HIGH);  // LED3 に"HIGH" を出力
    digitalWrite(LED4, HIGH);  // LED4 に"HIGH" を出力
  }
  if (digitalRead(BS2) == HIGH)  // もしBS2 がONならば，以下を実行する。
  {
    digitalWrite(LED1, HIGH);  // LED1 に"HIGH" を出力
    digitalWrite(LED2, LOW);   // LED2 に"LOW" を出力
    digitalWrite(LED3, HIGH);  // LED3 に"HIGH" を出力
    digitalWrite(LED4, LOW);   // LED4 に"LOW" を出力
  }
  if (digitalRead(BS3) == HIGH)  // もしBS3 がONならば，以下を実行する。
  {
    digitalWrite(LED1, LOW);   // LED1 に"LOW" を出力
    digitalWrite(LED2, HIGH);  // LED2 に"HIGH" を出力
    digitalWrite(LED3, LOW);   // LED3 に"LOW" を出力
    digitalWrite(LED4, HIGH);  // LED4 に"HIGH" を出力
  }
  if (digitalRead(BS4) == HIGH)  // もしBS4 がONならば，以下を実行する。
  {
    digitalWrite(LED1, HIGH);  // LED1 に"HIGH" を出力
    digitalWrite(LED2, HIGH);  // LED2 に"HIGH" を出力
    digitalWrite(LED3, HIGH);  // LED3 に"HIGH" を出力
    digitalWrite(LED4, HIGH);  // LED4 に"HIGH" を出力
    delay(500);               // タイマ0.5秒
    digitalWrite(LED1, LOW);   // LED1 に"LOW" を出力
    digitalWrite(LED2, LOW);   // LED2 に"LOW" を出力
    digitalWrite(LED3, LOW);   // LED3 に"LOW" を出力
    digitalWrite(LED4, LOW);   // LED4 に"LOW" を出力
    delay(500);               // タイマ0.5秒
  } else
    digitalWrite(LED1, LOW);   // LED1 に"LOW" を出力
    digitalWrite(LED2, LOW);   // LED2 に"LOW" を出力
    digitalWrite(LED3, LOW);   // LED3 に"LOW" を出力
    digitalWrite(LED4, LOW);   // LED4 に"LOW" を出力
}
```

**図11　実習1プログラム**

# Arduino実習2　LEDの明るさ制御

・・・・・・・・・・・・・・・・・・・・・・・・・・・・・・・・・・・・・・・・・・・・

### 目　標

**1.** アナログ値とディジタル値の取り扱い(AD変換)について理解する。

**2.** PWM出力方式を理解する。

**3.** シリアルモニタを設定できるようになる。

### 使用機器・使用ソフト

パソコン　Arduino NANO および Arduino IDE　Arduino マイコン実習装置

### 順序・内容

1 Arduino マイコンにおけるアナログ値とディジタル値の取り扱い(AD変換)についての基礎知識

① Arduino マイコンの場合，ディジタル入力は HIGH(5V)と LOW(0V)の2値信号を読み取り処理をする。アナログ入力は 0V から 5V を 0 から 1023 間の 1024 段階(10ビット)に分け扱うことが可能である。例えば，0V は 0，5V は 1023，2.5V は 512 のようになる。

② アナログ値を入力できるピンは A0 から A7 までの8ピンあり，本実習装置は可変抵抗を A7 と接続している。(図12)A7 にアナログ値を入力するための命令は「analog Read(7)」を使用する。読み取った値を int 型で"val"を宣言し，"val"へ代入するため以下のようなプログラムとなる。

int val = analog Read(7);

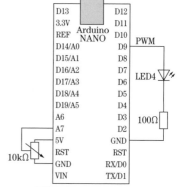

**図12**　実習2回路図

2 PWM出力とピンについての基礎知識

① PWM出力により，LED の明るさを変えることができる。PWM の分解能は 0 から 255(8ビット)であるため，アナログ値(最大値1023)を4で割り算(1023 ÷ 4 ≒ 255)し，0 から 1023 を 0 から 255 と変更している。その後，変更した値を"LED1"へ入力している。

analog Write(LED4, val / 4);

② PWM信号を出力できるピンは表1①を参照する。Arduino マイコンの種類により異なるため，Arduino マイコンの入出力ピンをよく理解しておく必要がある。本実習装置では LED2，LED3，LED4 が明るさの制御ができる。

3 シリアルモニタの設定

① Arduino マイコンで処理した値や状況などを，パソコンで確認できる機能「シリアルモニタ(図5⑥)」がある。その機能を使い"val"と"LED4"の値をパソコンのモニタで確認する。

1) シリアルモニタを使用するため宣言する。またそのさい，通信速度(bps)も設定する。

Serial.bigin(9600);　//通信速度9600bps設定

2) シリアルモニタに表示する内容のプログラムを入力するため，アナログ値が代入された "val" とPWM値が代入された "LED4" を視覚的にわかりやすくするため，以下のプログラムを入力する。ダブルクォーテーション(" ")で囲むとそのまま文字列で表示される。

| プログラム | 解　　説 |
|---|---|
| Serial.print("val = "); | シリアルモニタへ「val =」を表示 |
| Serial.print(val); | シリアルモニタへ　val　の値を表示 |
| Serial.print(" LED4 = "); | シリアルモニタへ「LED4 =」を表示 |
| Serial.println(LED4); | シリアルモニタへ　LED1　の値を表示 |

**4** プログラム転送と動作・シリアルモニタ確認

① プログラムを転送し動作確認を行う。プログラムを図13に示す。可変抵抗を操作することで，LED4の明るさが変わることを確認する。

② シリアルモニタを実行し，アナログ値とPWMの値を確認する。(図13下)

**図13** 実習2プログラムとシリアルモニタ

**研　究**

**1.** BS1を押すとPWM値128で点灯し，BS2を押すとPWM値255で点灯するプログラムを作ってみよ。

**2.** 照度センサで部屋が暗くなるにつれてLED2が徐々に明るくなるプログラムを作ってみよ。

# Arduino実習3　サーボモータの制御

### 目　標

**1.** サーボモータの動作原理について理解する。

**2.** プログラムの宣言方法や値の代入について理解する。

**3.** AD変換でサーボモータを制御できるようになる。

### 使用機器・部品

パソコン　Arduino NANOおよびArduino IDE　Arduinoマイコン実習装置

サーボモータ(型番：SG-90)

### 順序・内容

1 サーボモータ制御の基礎知識

① サーボモータはPWM信号で目的の位置へ動作するモータで，玩具から産業用機器まで
幅広く使用されているモータである。サーボモータの特徴として，位置や速度を正確に制
御できることに加え，外力によるずれが生じても，エンコーダでずれを検知し，フィード
バック制御を行い，ずれを修正できる。

② PWM信号は一定周期($T = 20\,\text{ms}$)における，パルス幅($T_H$)で動作を制御できる。図14
に示すように，$T_H = 0.5\,\text{ms}$の場合，0°の位置に動作し，$T_H = 2.4\,\text{ms}$では180°の位置に
動作する。90°の位置に制御するためには，$T_H = 0.5\,\text{ms}$と$T_H = 2.4\,\text{ms}$の間の$T_H = 1.45\,\text{ms}$
のパルス幅をもつPWM信号を出力する。

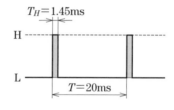

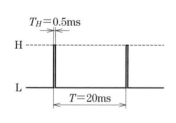

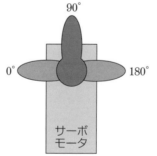

**図14　サーボモータの動作原理**

③ サーボモータの接続線は，＋V，GND，PWM（制御信号）の3本である。サーボモータを制御するための信号線には，PWM信号を入力する。そのため，ディジタルピンの中でもPWM出力が出来るピンを選ぶ必要がある。実習3における回路図を図15に示す。

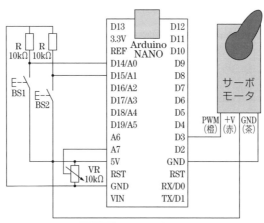

**図15　実習3回路図**

② スイッチ入力によるサーボモータ制御のプログラムの作成（実習3-1）

図16にライブラリの読み出し手順を示す。

① Arduino IDEには，標準でサーボを制御するライブラリが準備されている。

② ライブラリを読み込み，以下のとおりのプログラムで角度を指定するとサーボモータは指定された角度へ動作する。

| プログラム | 解　説 |
|---|---|
| Servo.Write(160); | 目的の角度　160°まで動作する |

③ 次の条件でプログラムを作成する。

プログラムの条件（実習3-1）
・BS1を押すとサーボモータは，20度の位置まで動作する。
・BS2を押すとサーボモータは，160度の位置まで動作する。
・BSを押していない状態では，90度の位置で停止している。

**図16　ライブラリの読み出し手順**

④ プログラムを転送し動作確認を行う。プログラムを図17に示す。

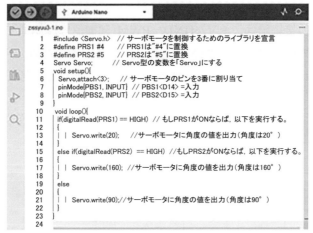

**図17　実習3-1プログラム**

3 可変抵抗によるサーボモータ制御のプログラムの作成（実習3-2）

① A7のアナログピンに接続された可変抵抗の抵抗値の変化に合わせて，サーボモータを回転させるプログラムを作成する。（図18）

実習3-2のプログラムで使用しているmap関数は，数値をある範囲から別の範囲に変換できる。下記のプログラムでは，変数valに代入されたアナログ値（0～1023）をサーボモータを動作させるための値（0～180）に変換し，変数angleに代入をしている。

int angle＝map(val,　0,　1023,　0,　180);

② プログラムを転送後，シリアルモニタを起動し動作確認と値の確認をする（図18）。

**図18　実習3-2プログラム**

研　究

BS1を押すとサーボモータが1秒間隔で　90°，0°，135°，45°，180°の順番で繰り返し動作するプログラムを作ってみよう。

# Arduino実習4　モータの速度制御

## 目　標

**1.** モータドライバの使用方法について理解する。

**2.** 入力された信号により，モータの動きを自由に制御することができる。

## 使用機器・部品

パソコン　Arduino NANOおよびArduino IDE　Arduinoマイコン実習装置

ギヤードモータ(ギア比1：298，定格電圧：6V)・モータドライバ(DRV8835)

## 順序・内容

1　モータドライバ(DRV8835)の基礎知識

① モータドライバの選定については，モータの定格電圧，定格電流を確認し，モータドライバを制御するロジック側電源($V_{cc}$)，モータを回転させるための電源($V_s$)が使用範囲内であることを考え選定する必要がある。

② モータドライバの外観と端子番号を図19に，端子の説明を表3に示す。一つのモータを制御するために，マイコンから正転・逆転の出力信号(IN1，IN2)の2つのピンを使用する。出力信号を加える組み合わせにより，表4のようにモータを制御することができる。また，PWM信号を入力することで，速度制御が可能である。

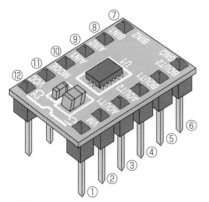

**図19　モータドライバ外観と端子番号**

### 表3　端子の説明

| 端子番号 | 端子記号 | 端子説明 |
|---|---|---|
| ① | VM | モータ出力電源 |
| ② | AOUT1 | Aモータ接続 |
| ③ | AOUT2 | Aモータ接続 |
| ④ | BOUT1 | Bモータ接続 |
| ⑤ | BOUT2 | Bモータ接続 |
| ⑥ | GND | グランド |
| ⑦ | BIN2 | B入力2 |
| ⑧ | BIN1 | B入力1 |
| ⑨ | AIN2 | A入力2 |
| ⑩ | AIN1 | A入力1 |
| ⑪ | MODE | モード設定 |
| ⑫ | VCC | 制御電源 |

③ 実習4では，BS1，BS2，可変抵抗器を使用しDCモータを制御する。その回路図を図20に示す。

　ここでは，1個のモータを制御するため，入力信号，出力電流ともに並列接続し使用している。

### 表4　出力信号のよる動作(MODEがLOW接続の場合)

| ⑤IN1 | ⑥IN2 | モータの状態 |
|---|---|---|
| LOW | LOW | ストップ |
| HIGH | LOW | 正転 |
| LOW | HIGH | 逆転 |
| HIGH | HIGH | ブレーキ |

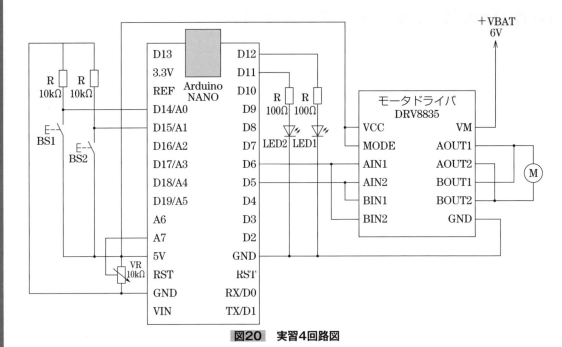

**図20　実習4回路図**

[2]　スイッチによるDCモータの正転・逆転制御プログラム（実習4-1）

①　BS1を押すとDCモータは正転しBS2を押すと逆転するプログラムを「if文」を使用し作成する。

| プログラム | 解　　説 |
|---|---|
| if (digitalRead(BS1) ==HIGH)<br>　{<br>　　digitalWrite(LED1, HIGH);<br>　　digitalWrite(LED2,LOW);<br>　　digitalWrite(IN1, HIGH);<br>　　digitalWrite(IN2,LOW);<br>　} | もしBS1がONならば，以下を実行する<br><br>LED1に"HIGH"を出力<br>LED2に"LOW"を出力<br>IN1に"HIGH"を出力<br>IN2に"LOW"を出力 |

②　モータドライバへ出力している信号を可視化するため，LED1とLED2をIN1とIN2と同じ条件で点灯させるプログラムである図21にすべてのプログラムを示す。

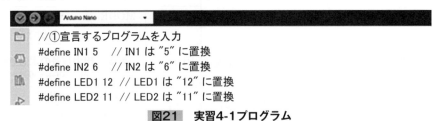

**図21　実習4-1プログラム**

```
Arduino Nano                    ▼

#define BS1 14  // BS1 は "14" に置換
#define BS2 15  // BS2 は "15" に置換
void setup()  // ②初期化の処理するプログラムを入力
{
  pinMode(BS1, INPUT);    // BS1(D14)=入力
  pinMode(BS2, INPUT);    // BS2(D15)=入力
  pinMode(IN1, OUTPUT);   // IN1(D5)=出力
  pinMode(IN2, OUTPUT);   // IN2(D6)=出力
  pinMode(LED1, OUTPUT);  // LED1(D12)=出力
  pinMode(LED2, OUTPUT);  // LED2(D11)=出力
}
void loop()  // ③繰り返し実行する処理プログラムを入力
{
  if (digitalRead(BS1) == HIGH)  // もしBS1 がONならば，以下を実行する。
  {
    digitalWrite(IN1, HIGH);   // IN1 に"HIGH" を出力
    digitalWrite(IN2, LOW);    // IN2 に"LOW" を出力
    digitalWrite(LED1, HIGH);  // LED1 に"HIGH" を出力
    digitalWrite(LED2, LOW);   // LED2 に"LOW" を出力
  }
  else if (digitalRead(BS2) == HIGH)  // もしBS2 がONならば，以下を実行する。
  {
    digitalWrite(IN1, LOW);    // IN1 に"HIGH" を出力
    digitalWrite(IN2, HIGH);   // IN2 に"LOW" を出力
    digitalWrite(LED1, LOW);   // LED1 に"LOW" を出力
    digitalWrite(LED2, HIGH);  // LED1 に"HIGH" を出力
  }
  else
    digitalWrite(IN1, HIGH);   // IN1 に"HIGH" を出力
    digitalWrite(IN2, HIGH);   // IN2 に"HIGH" を出力
    digitalWrite(LED1, LOW);   // LED1 に"LOW" を出力
    digitalWrite(LED2, LOW);   // LED2 に"LOW" を出力
}
```

**図21** 実習4-1プログラム

**3** 可変抵抗器によるモータの速度制御プログラム(実習4-2)

① 可変抵抗を操作することで，DCモータの回転数を変えるプログラムを作成する。

アナログ値の入力範囲は0～1023をディジタル値の出力範囲の0～255に変換するため，map関数を使用する。下記のプログラムはmapの値をint型で宣言したspeed関数に代入している。

$$int\ speed = map(val\ ,\ 0\ ,\ 1023\ ,\ 0\ ,\ 255);$$

---

**参考**

map関数についてそれぞれの意味は下記とおりである。

int speed = map(val, fromLow, fromHigh, toLow, toHigh)；

val：変換したい変数

fromLow：現在の範囲の下限　　　　fromHigh：現在の範囲の上限

toLow：変換後の範囲の下限　　　　toHigh：変換後の範囲の上限

---

② 図22に実習4-2のプログラムを示す。プログラムを転送後，シリアルモニタを起動し動作確認と値の確認をする。シリアルモニタにはspeedの値が表示されている。

**図22　実習4-2プログラム**

**研　究**

**1.** 表4にある，「停止」と「ブレーキ」の違いを説明し，どのような用途があるか考えよ。

**2.** ディジタル値0～120までは正転し，121～130までは停止，131～255までは逆転するプログラムを作成せよ。ただし，正転の場合は，0が一番速く，値が増すほど遅くなり，逆転の場合は，255が一番速く，値が減るほど遅くなるものとする。

# 第16章

# シーケンス制御

/////////////////////////////////////////////////////////////////////

　自動制御は，コンピュータ制御技術を用いて自動化された工場や，各種の工作機械，ビルの自動ドアやエレベータ，交通機関など幅広く用いられている。たとえば，エレベータでは，利用者が押すボタンの操作だけで所定の位置に停止し，ビルの空気調和設備では，全体が自動化されている。工場における自動化（ファクトリーオートメーション：FA）では，製品を搬送するコンベアや無人搬送車と産業用ロボット，工作機械などが一体となって一つの自動生産システムを構築し，多くの製品をつくり出している。

　情報ネットワーク技術の加速により，自動化生産設備は世界中の生産設備とインターネットでつながり，生産に必要なデータの受け渡しや生産管理システムなどを統括することで，生産の効率化などが日々進化し続けている。

　この章では，自動制御の中でもシーケンス制御に焦点を絞り，機械技術者として必要なシーケンス制御に関する基本的な知識や技術を学習する。

# シーケンス制御

## ① 概　要

　機械や装置の制御を人間の直接的な判断や操作によらず，制御装置によって自動的に行うことを自動制御という。

　シーケンス制御は自動制御の一種で，シーケンス(sequence)とは「続いて起こる」，「順序」という意味である。したがって，シーケンス制御とは，あらかじめ定められた順序に従って，制御の各段階を逐次進めていく制御である。

　シーケンス制御には，図1のように，有接点リレーを使用したリレーシーケンス制御(有接点シーケンス制御ともいう)と，プログラマブル(ロジック)コントローラ(Programmable Logic Controller；以下PLCという)を使用してプログラム制御を行うPLC制御(無接点シーケンス制御ともいう)がある。電気洗濯機や自動販売機などの日常的なものから，旋盤のオン・オフスイッチや，工作機械の主軸の正転・逆転などの工業分野まで，幅広く使用されている。

　一方，フィードバック制御とは，NC工作機械の位置決め制御のように，制御量を目標値と比較し，それらを一致させるように操作量を生成する制御である。ロボットの位置決め制御や室内の温度調節のために使われているエアコンなど，シーケンス制御と同様に広く用いられている。

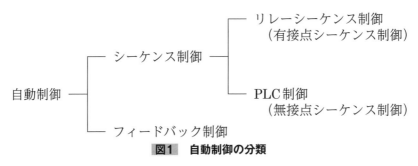

**図1　自動制御の分類**

# 2 リレーシーケンス制御

## ◆1 制御機器

### 1 押しボタンスイッチ(BS)

押しボタンスイッチは，図1に示すように，メーク接点とブレーク接点に分類される。

**a.メーク接点(Make contact)** 押している時間のみ閉路となる。a接点ともいう。

**b.ブレーク接点(Break contact)** 押している時間のみ開路となる。b接点ともいう。

### 2 リミットスイッチ(LS)

図2に示すリミットスイッチは検出スイッチのことで，機器の運動中，定められた位置で作動するものである。

リミットスイッチは，図2のように，マイクロスイッチにアクチュエータを取り付けた簡易的なものからアルミニウムダイカスト製のケースにマイクロスイッチを封入し，耐水・耐油・耐塵の性能をもたせたものまである。図3のように，検出

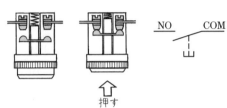

a接点

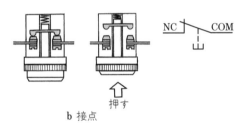

b接点

**図1 押しボタンスイッチと図記号**

する物体の形状や用途によりさまざまなアクチュエータの形がある。

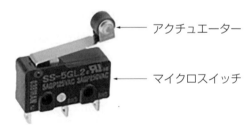

アクチュエーター

マイクロスイッチ

**図2 リミットスイッチの外観**

a接点

b接点

(a) ローラ調節　(b) 横プランジャ形　(c) ローラレバー形　(d) コイル
　　レバー形　　　　　　　　　　　　　　　　　　　　　　　　　スプリング形

**図3 リミットスイッチ(動作表示付)の種類と図記号**

図4に示すマイクロスイッチは，微小接点間隔とスナップアクション機構をもち，規定された動きと，規定された力で開閉動作をする接点機構がケースでおおわれ，その外部にアクチュエータを備え，小形につくられたスイッチをいい，JISに定められている。また，図4に示すとおり，制御機器にはマイクロスイッチの接続をまちがいなくできるように，端子のわきに，共通端子(COM)，常時閉路端子(NC)，常時開路端子(NO)の記号を付けるように定められている。

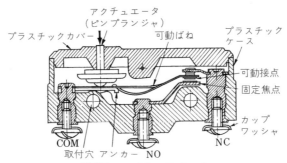

アクチュエータ
（ピンプランジャ）
プラスチックカバー　　可動ばね　　プラスチックケース
可動接点
固定焦点
カップワッシャ
COM　取付穴　アンカー　NO　　NC

**図4　マイクロスイッチ**

## 3 電磁リレー(R)

　電磁リレーは，接点部と電磁コイルおよび鉄心からなり，その電磁コイルに電流が流れると，鉄心が磁化されてその電磁力によって可動鉄片を吸引し，これに連動した接点を開閉する。

　電磁リレーには，押しボタンスイッチと同様に，a接点とb接点がある。図5に，電磁リレーの例と回路図で用いる図記号を示す。

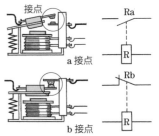

接点
Ra
a接点
Rb
b接点

**図5　電磁リレーと図記号**

　電磁コイルを働かす回路が必要であるが，そのためのコイルを──R──で示す。とくに，電磁リレーは，電磁コイルを流れる電流が微少であっても，磁化された鉄心の電磁力によって大電流を開閉することができるのが特徴で，一種の増幅作用をもっているといえる。電磁コイルの作動する最小電流を電流感度という。

　電磁リレーを動作原理によって分類すると，ヒンジ形のほかに，コイル内の可動鉄心(プランジャ)の移動により電気回路を断続するプランジャ形と，コイル内にバネ機構の接点を設けたリード形がある。図6に，各種リレーの外観を示す。

ばね

(a) ヒンジ形　　　　(b) プランジャ形　　　　(c) リード形

**図6　各種リレーの外観**

## **4** 電磁開閉器

　電磁開閉器は，マグネットコンダクタ(MC)ともよばれるプランジャ形の電磁リレーを大型化した電磁接触器と，過電流による誘導機等の熱焼損を防ぐための熱動継電器(サーマルリレー：THR)を組み合わせたものである。三相回路開閉用のR，S，Tの主接点と補助接点をもち，モータなどの大きな電流を流すことができるほか，補助接点を用いて，自己保持回路などを組めるようになっている。電磁開閉器の各部名称を図7に示す。

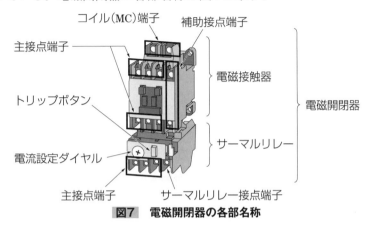

図7　電磁開閉器の各部名称

　図8に電磁接触器の内部構造を，図9に電磁開閉器の回路図を示す。

　図9から，電磁コイル(MC)に通電すると，主接点が閉じ，補助接点(1-2)も閉じる。サーマルリレー(THR)のヒータは，R，Tの負荷電流が通るように接続され，負荷電流が過大となると発熱してバイメタルを駆動し，サーマルリレー接点を開路にするので，電磁コイルは磁力を失い，主接点は開路となり，負荷による損傷を防ぐ。過大電流の原因が除かれると，サーマルリレー接点は復帰ボタンを手動で押すことによって再び使用できる状態へ戻る。負荷電流の値は，電流設定ダイヤルで調節して決める。

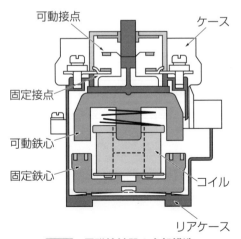

図8　電磁接触器の内部構造

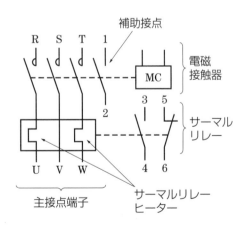

図9　電磁開閉器の回路図

図10は，電磁開閉器で三相モータを制御できる自己保持回路の例である。BS₁(a接点)を押すことでモータを回転させ，BS₁を離しても，MCは自己保持されたままでモータは回転し続ける。BS₂(b接点)を押すことで，モータの回転を停止することができる。さらに，設定以上の過電流が流れた場合は，サーマルリレーのb接点(5-6)が開き，モータは停止する。

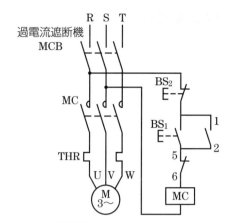

**図10** 電磁開閉器の配線

## 5 タイマ(TLR)

タイマは，入力信号を受けてから，設定された一定時間後に出力信号を出す機械で，限時リレーとスイッチからなっている。図11は，アナログタイマで前面のダイヤルを回すことで時間を設定できる。

タイマは，装置や機器の運転にさいして時間の要素を導入するもので，設定時間や復帰時間などの使用条件によって，次のような種類がある。

**図11** アナログタイマ

制動式タイマ　　CR式タイマ　　モータ式タイマ

計数式タイマ　　プログラム式タイマ

タイマの出力接点には，限時動作接点と限時復帰接点がある。タイマの出力接点の種類とそれぞれの動作とその図記号を表1に示す。

**表1** 限時動作接点と限時復帰接点

| タイマ出力接点の種類 | | 接点の動作 | 図記号 |
|---|---|---|---|
| 限時動作接点 | a接点 | 動作するときに，時間遅れがあり，閉じる接点 | |
| | b接点 | 動作するときに，時間遅れがあり，開く接点 | |
| 限時復帰接点 | a接点 | 復帰するときに，時間遅れがあり，開く接点 | |
| | b接点 | 復帰するときに，時間遅れがあり，閉じる接点 | |

## ② タイムチャート

タイムチャートとは，図12(b)のように，各機器が時間ごとにどのような動作を行っているかを図で表したものである。動作内容の理解や検討に利用される。

図(a)のシーケンス図の動きをタイムチャートで図式化すると，図(b)のようになる。

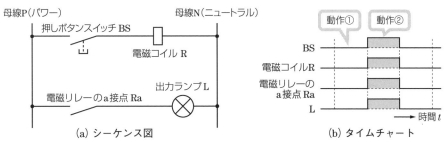

動作①：押しボタンスイッチBSがオフの状態であるため，電磁コイルRに電流が流れない。そのため，電磁リレーRaは動作せず，ランプLは消灯している。
動作②：押しボタンスイッチBSがオンの状態であるため，電磁コイルRに電流が流れる。そのため，電磁リレーRaが作動し，ランプLは点灯する。

**図12　シーケンス図とタイムチャート**

## ③ 論理回路

### ■ AND回路

入力がBS$_1$，BS$_2$の直列接続であるとき，BS$_1$，BS$_2$の両方が「1」すなわちオンの状態になったときだけ出力が「1」(オンの状態)となり，そのほかは，すべて出力が「0」(オフの状態)となる回路をいう。図13にAND回路を示す。

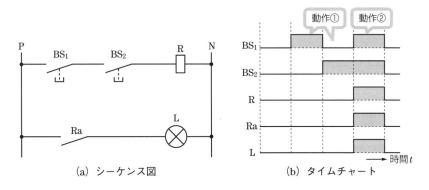

(a) シーケンス図　　　　(b) タイムチャート

| 入力 | | 出力 |
|:---:|:---:|:---:|
| BS$_1$ | BS$_2$ | L |
| 0 | 0 | 0 |
| 1 | 0 | 0 |
| 0 | 1 | 0 |
| 1 | 1 | 1 |

(c) 真理値表

動作①：押しボタンスイッチBS$_1$，もしくはBS$_2$のみを押しただけでは電磁コイルRに電流が流れないため，電磁リレーRaの接点が動作せず，表示ランプLは点灯しない。
動作②：押しボタンスイッチBS$_1$とBS$_2$を同時に押したときには，電磁コイルRに電流が流れ電磁リレーRa接点が閉じ，表示ランプLは点灯する。

**図13　AND回路**

## 2 OR回路

　入力がBS₁，BS₂の並列接続であるとき，BS₁，BS₂のどちらか一方が「1」すなわちオンになったとき，出力が「1」(オンの状態)となる回路をいう。図14にOR回路を示す。

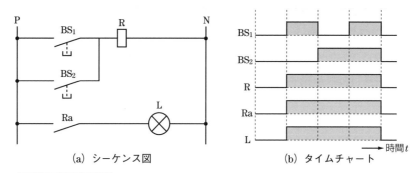

(a) シーケンス図　　　　　　　　　(b) タイムチャート

| 入力 | | 出力 |
|---|---|---|
| BS₁ | BS₂ | L |
| 0 | 0 | 0 |
| 1 | 0 | 1 |
| 0 | 1 | 1 |
| 1 | 1 | 1 |

(c) 真理値表

　押しボタンスイッチBS₁，もしくはBS₂を押したときには，電磁コイルRに電流が流れ，電磁リレーRaが動作して，表示ランプLが点灯する。
　また，押しボタンスイッチBS₁とBS₂を同時に押したときも同様である。

**図14　OR回路**

## 3 NOT回路

　入力がBSであるとき，BSが「0」すなわちオフのとき，出力が「1」(オンの状態)となり，BSが「1」すなわちオンになったとき，出力が「0」(オフの状態)となる回路をいう。図15にNOT回路を示す。

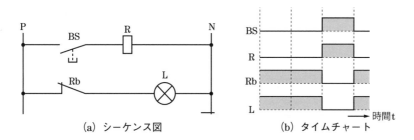

(a) シーケンス図　　　　　　　　　(b) タイムチャート

| 入力 | 出力 |
|---|---|
| BS | L |
| 0 | 1 |
| 1 | 0 |

(c) 真理値表

　押しボタンスイッチBSがオフのときには電磁リレーのコイルRに電流が流れず，電磁リレーRbの接点は閉じたままとなり，表示ランプLは点灯する。
　押しボタンスイッチBSをオンにしたときには，電磁リレーのコイルRに電流が流れ，電磁リレーRbの接点が開き，表示ランプLは消灯する。

**図15　NOT回路**

# シーケンス制御実習1　基本回路

## 目　標

**1**．シーケンス図とその実際の機器を対応させ，回路結線のあらましを理解する。

**2**．基本的な回路を結線し，その動作状況を確認し理解する。

## 使用機器

押しボタンスイッチ，電磁リレー，表示ランプ，タイマ，結線用電線

## 内　容

① 自己保持回路

押しボタンスイッチだけを使用してランプを点灯させる回路では，押しボタンを押しているときは，ランプは点灯するが，スイッチから手を離すとランプは消灯してしまう。しかし，電磁リレーを使用した回路を用いることでランプを点灯し続けることができる。この回路のことを自己保持回路という。

図16(a)において，押しボタンスイッチ$BS_1$を押すと，電磁リレーのコイルRが動作し，電磁リレーの接点$Ra_1$に電流が流れる。押しボタンスイッチ$BS_1$を離しても電磁リレーの接点$Ra_1$に電流が流れているため電磁リレーのコイルRは保持され続ける。電磁リレーのコイルRが動作している間，電磁リレーの接点$Ra_2$は動作し$BS_2$が押されるまでは，表示ランプLは点灯する。

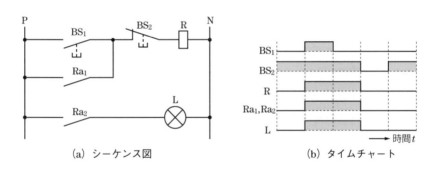

(a) シーケンス図　　　　　　　　(b) タイムチャート

**図16**　**自己保持回路とインタロック回路**

② インタロック

図16(a)においては，自己保持回路を解除し表示ランプを消灯するためには，押しボタンスイッチ$BS_2$(b接点)を押し，電磁リレーRを切断する。押しボタンスイッチ$BS_2$(b接点)がインタロックである。図16におけるインタロックとは，動作を阻止したり，動作後の状態を初期状態に戻したりすることを目的とした機器またはしくみのことである。

**3** 先行優先インタロック回路

図17(a)において，はじめにBS₁を押した場合には電磁リレーR₁が先に動作するため，電磁リレーR₂は動作できなくなる。このように，複数のリレー回路のなかで，一方の回路を動作させると，他方の回路に入力があっても動作させないようにする回路を，先行優先インタロック回路という。

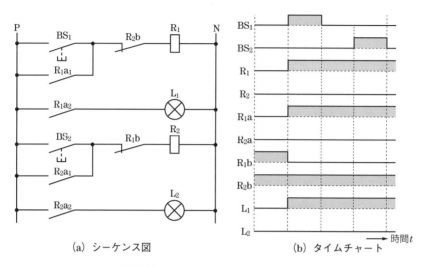

(a) シーケンス図　　　　　(b) タイムチャート

**図17** **先行優先インタロック回路**

**4** タイマ回路（オンディレイ回路）

タイマを使用し，任意に設定した時間（$t$秒）が経過すると，接点が動作する回路をタイマ回路という（図18(a)）。図(a)において，BS₁を押すと電磁リレーRが動作し，電磁リレーの接点Ra₂がタイマ（TLR）を動作させる。$t$秒後，タイマリレー接点TLRaが動作しBS₂が押されるまでは，表示ランプは点灯する。

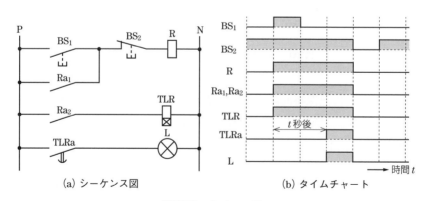

(a) シーケンス図　　　　　(b) タイムチャート

**図18** **タイマ回路**

**注** 設定時間後に時限リレーを動作させる回路をオンディレイ回路，解除させる回路をオフディレイ回路という。

[5] 遅延動作限時復帰回路

　一番目に設定した時間($t_1$)になると動作を開始し，自動運転が始まる。その後二番目に設定された時間($t_2$)がくると解除され，運転が停止する回路を遅延動作限時復帰回路という(図19)。

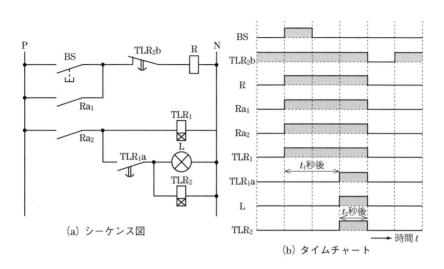

(a) シーケンス図

(b) タイムチャート

**図19　遅延動作限時復帰回路**

**方　法**

[1]　[1]～[5]に示す各回路のシーケンス図に従い，結線を行う。

[2]　押しボタンスイッチを操作して，表示ランプが点灯・消灯するようすを確認し，その動作内容を記録する。

[3]　確認した動作をもとに，タイムチャートを作成し確認する。

**考　察**

1. シーケンス制御は，身近な所ではどんな所に用いられているか調べてみよ。

2. インタロック回路は，どのような所に利用されているか考えよ。

# シーケンス制御実習2　自動ドアの開閉制御

## 目　標

**1.** 遅延動作限時復帰回路を使用して，自動ドアの制御を行う。

## 使用機器

押しボタンスイッチ，電磁リレー，表示ランプ，タイマ，結線用電線

## 内　容

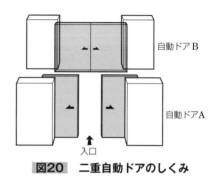

ドーム球場などのような全天候型施設において，施設内の空気圧を外より高めて天井を支えているような構造の場合，圧力が外に漏れないように自動ドアを二重にしている。これは，自動ドアを遅延動作させることで圧力を外に漏らすことなく，ドアを自動開閉するためである。

ここではドアの開閉動作をランプ($L_1$, $L_2$)の点消灯，人を感知するセンサを押しボタンスイッチ(BS)で代用し，自動ドアの制御回路を製作する。

**図20　二重自動ドアのしくみ**

## 方　法

1. 図21に示すシーケンス図に従い，動作内容を理解したうえで，自動ドアの制御回路を結線する。

2. 押しボタンスイッチを操作して，ランプが点灯・消灯するようすを確認する。

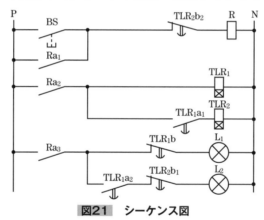

**図21　シーケンス図**

**3** 動作内容をもとに，図22のタイムチャートを完成させる。

① 自動ドアAは，押しボタンスイッチ(BS)を押すと開く(出力ランプ$L_1$は点灯する)。

② $t_1$秒後に自動ドアAが閉まる(出力ランプ$L_1$)と同時に，自動ドアBが開く(出力ランプ$L_2$は点灯する)。

③ $t_2$秒後に自動ドアBが閉まる(出力ランプ$L_2$は消灯する)。

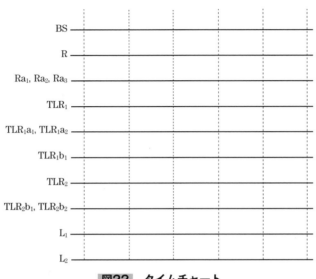

**図22 タイムチャート**

考 察

　自動ドアBにも人を感知するセンサの代用として押しボタンスイッチ(BS)を取り付けた場合のシーケンス図を考えよ。また，そのときのタイムチャートを作成せよ。

# 3 プログラマブルコントローラ

## ① プログラマブルコントローラ

　機械を制御するシーケンス装置として，プログラマブル(ロジック)コントローラ(PLC)が利用されている。とくに，ロボット間の作業指令やネットワークによる遠隔制御の必要な生産システムに高い頻度で導入されている。

　PLCは，スイッチ・センサなどの入力信号に対応した動作を，ランプ・モータ制御・シリンダ動作・表示器などに反映させることができる。リレーシーケンス制御では，電磁リレーのコイルと接点を利用してシステムを制御しているが，PLC制御では，入出力端子に接続された入出力機器を内蔵したマイクロコンピュータのプログラムで制御している。このことから，PLC制御は，汎用性に富み，複雑な制御や大規模な生産システムに欠かすことのできない装置として導入が進んでいる。

　本書では，PLCの構成や各種リレー(接点)の使い方，PLCを動作させる制御プログラムを，シーケンス実習装置を用いて実習する。図1にプログラマブルコントローラの外観の例を示す。

**図1** プログラマブルコントローラの外観の例

## ② PLCの入出力リレーと内部リレー

　PLCを構成する各種リレーについて三菱FX3G-40MRを用いて解説する。図2の模式図のように，I/Oエリアに入出力リレーが配置され，内部メモリエリアにPLCシステムや内部リレーが配置されている。これらのデバイスを組み合わせてプログラムを作成していく。

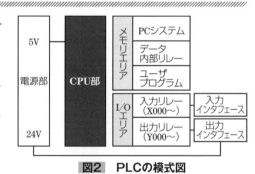

**図2** PLCの模式図

## 1 入力リレー（入力接点X）

　図3に入力リレーの接続例を示す。これは，PLC外部の信号を読み込む端子で，ONまたはOFFを読み込むビット単位の接点である。スイッチ（X1）が押されると，端子電圧が0Vとなり，内部のホトカプラが動作してONと認識される。また，光センサなどは，内部のトランジスタの特性（シンク入力かソース入力）によって，S/Sを0Vに接続か24Vに接続するかを選択する必要がある。

　接点はX000〜X007，X010〜X017，X020〜X027の24点が使用できる。

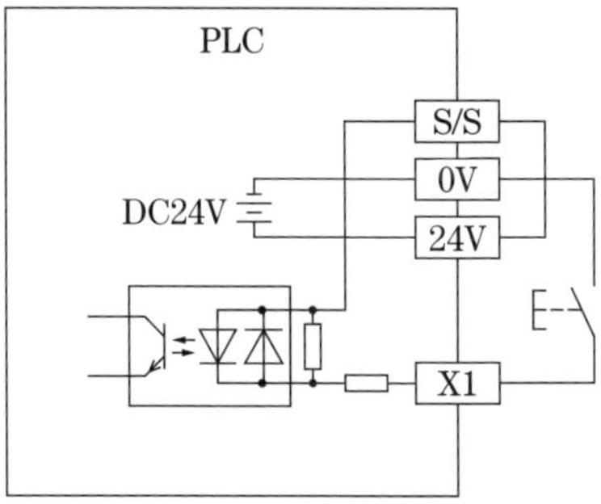

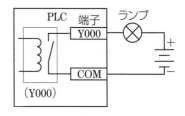

**図3** 入力リレーの接続例
（シンク入力配線の場合）

## 2 出力リレー（出力接点Y）

　図4に出力リレーの接続例を示す。これは，内部のリレー接点をONまたはOFFとすることで外部機器を操作できるビット単位の接点である。内部リレー接点がONになると，Y000とCOMの端子が接続する。端子には，ランプ，モータ，表示器等の出力機器と動作させる電源を接続する。接点は，Y000〜Y007，Y010〜Y017の16点が使用できる。

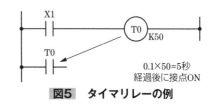

**図4** 出力リレーの接続例

## 3 補助リレー（内部リレーM）

　補助リレーとは，PLC内部メモリの1ビットを一つの接点として使用するビット単位の仮想リレーである。M0〜M383の384点は一般的に使用することができる。さらに，M384〜M1535の1152点はバッテリーでバックアップされるキープリレーとなり，さまざまな機能をもっている特殊リレーもある。三菱FX3G-40MRの場合，合計8192点の補助リレーがある。

## 4 タイマ（タイマリレーT）

　タイマリレーの動作を図5に示す。これは，PLCのシステムプログラムでつくられるソフトウエアタイマ接点である。設定時間は，0.1秒単位で設定する。タイマT0は，動作開始後0.1秒を50回繰り返した5秒後に接点T0をONにする。

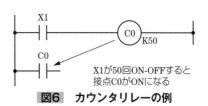

0.1×50＝5秒
経過後に接点ON

**図5** タイマリレーの例

## 5 カウンタ（カウンタリレーC）

　カウンタリレーの動作を図6に示す。これは，PLCのシステムプログラムでつくられるソフトウエアカウンタ接点である。カウンタはX1がON・OFFした回数をカウントし，設定値になると接点をONとする。

X1が50回ON-OFFすると
接点C0がONになる

**図6** カウンタリレーの例

# ❸ PLCプログラム

PLCを制御するプログラム言語やプログラムはいろいろあるが，ここでは，最も基本的なプログラム言語と基本プログラムを述べる。

## ◼ 基本プログラム言語

**a. ラダー図プログラム** ラダー図プログラム（ラダー図）は，シーケンスシンボルと要素番号を使って，グラフィック画面上にシーケンス回路を視覚的に作成していく方法である。シーケンス回路が接点記号やコイル記号で表現されるためプログラムの内容を理解しやすい。図7(a)にラダー図プログラムを示す。

**b. リストプログラム** リストプログラムは，シーケンス命令をマイコンのアセンブラ言語のような命令語で入力していく方式である。この方式は，シーケンスプログラムを考える上で基本となる入力形態であるが，制御内容が視覚的に分かりにくいという欠点がある。図7(b)にリストプログラムを示す。

## ◻ 基本プログラム

PLCプログラムの基本プログラムについて，ラダー図プログラムを用いて解説する。また，リストプログラムについても学習する。

**a. LD回路（ロード）** 図7のように，PLCの入力側（X001）に接続された押しボタンスイッチをONにすると，PLCの出力側（Y001）に接続した表示ランプが点灯する。

(a) ラダー図 (b) プログラム

**図7　LD回路**

**b. LDI回路（ロードインバース）** 図8のように，PLCの入力側（X001）に接続されたスイッチをONにすると，PLCの出力側（Y001）に接続したランプが消灯する。

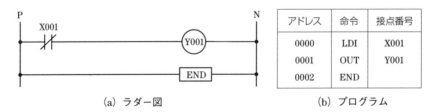

(a) ラダー図 (b) プログラム

**図8　LDI回路（NOT回路）**

**c. AND回路（アンド）**　図9のように，PLCの入力スイッチX001とX002が同時に押された（ON）とき，Y001に接続したランプが点灯する。

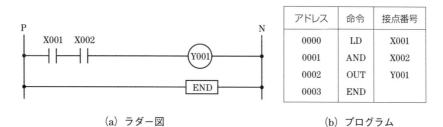

（a）ラダー図

| アドレス | 命令 | 接点番号 |
|---|---|---|
| 0000 | LD | X001 |
| 0001 | AND | X002 |
| 0002 | OUT | Y001 |
| 0003 | END | |

（b）プログラム

**図9　AND回路**

**d. OR回路（オア）**　図10のように，PLCの入力スイッチX001またはX002が押された（ON）ときは，Y001に接続したランプが点灯する。

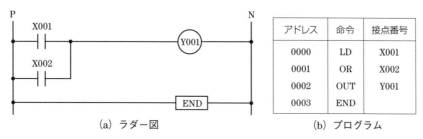

（a）ラダー図

| アドレス | 命令 | 接点番号 |
|---|---|---|
| 0000 | LD | X001 |
| 0001 | OR | X002 |
| 0002 | OUT | Y001 |
| 0003 | END | |

（b）プログラム

**図10　OR回路**

**e. 自己保持回路**　図11のように，PLCの入力スイッチX001を押すと，出力Y001に接続したランプが点灯する。X001を離しても，出力Y001の接点がONのため，ランプは点灯を続けることができる。この回路を自己保持回路という。

**注** 自己保持回路はほかに，SET命令で出力を保持することができる。

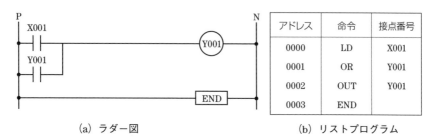

（a）ラダー図

| アドレス | 命令 | 接点番号 |
|---|---|---|
| 0000 | LD | X001 |
| 0001 | OR | Y001 |
| 0002 | OUT | Y001 |
| 0003 | END | |

（b）リストプログラム

**図11　自己保持回路**

**f. インタロック回路**　　図11の自己保持回路では，出力Y001に接続したランプを消灯することはできない。自己保持を解除するには，図12のように，出力の直前にb接点スイッチX000を入れる。このように，出力を遮断する回路をインタロック回路という。

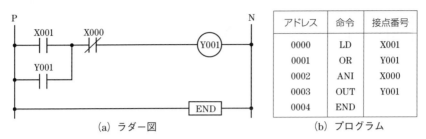

(a) ラダー図

| アドレス | 命令 | 接点番号 |
|---|---|---|
| 0000 | LD | X001 |
| 0001 | OR | Y001 |
| 0002 | ANI | X000 |
| 0003 | OUT | Y001 |
| 0004 | END | |

(b) プログラム

**図12　インタロック回路**

**g. 内部リレー回路**　　図13のように，自己保持回路において，保持するリレー接点を出力リレーY001ではなく，内部リレーM0で行うと，内部リレーがONになると出力Y001に接続したランプが点灯する。消灯するには，インタロックX000で行う。

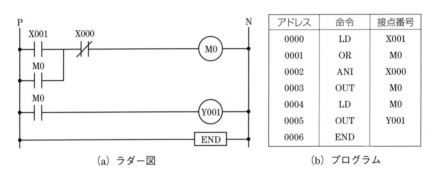

(a) ラダー図

| アドレス | 命令 | 接点番号 |
|---|---|---|
| 0000 | LD | X001 |
| 0001 | OR | M0 |
| 0002 | ANI | X000 |
| 0003 | OUT | M0 |
| 0004 | LD | M0 |
| 0005 | OUT | Y001 |
| 0006 | END | |

(b) プログラム

**図13　内部リレーを用いた回路**

**h. タイマ回路（オンディレイ回路）**　　図14のように，PLCの入力スイッチX001を押すと，内部リレーM0で自己保持し，タイマT0を動作させる。タイマT0の接点が10秒後ONになり，出力Y001に接続したランプが点灯する。

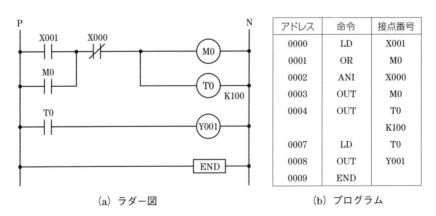

(a) ラダー図

| アドレス | 命令 | 接点番号 |
|---|---|---|
| 0000 | LD | X001 |
| 0001 | OR | M0 |
| 0002 | ANI | X000 |
| 0003 | OUT | M0 |
| 0004 | OUT | T0 |
| | | K100 |
| 0007 | LD | T0 |
| 0008 | OUT | Y001 |
| 0009 | END | |

(b) プログラム

**図14　タイマ回路**

**i. カウンタ回路**　図15のように，PLCの入力スイッチX001がOFFからONに変化する回数を数え，設定回数(10回)に達すると，カウンタC0の接点がONになり，出力Y001に接続したランプが点灯する。入力X000でカウンタをリセットする。

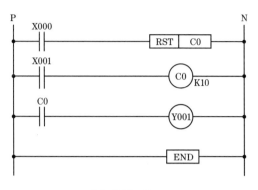

(a)　ラダー図

| アドレス | 命令 | 接点番号 |
|---|---|---|
| 0000 | LD | X000 |
| 0001 | RST | C0 |
| 0003 | LD | X001 |
| 0004 | OUT | C0 |
| | | K10 |
| 0007 | LD | C0 |
| 0008 | OUT | Y001 |
| 0009 | END | |

(b)　プログラム

**図15　カウンタ回路**

 カウンタをリセットしたRST命令は，SET命令で保持された出力リレーや内部リレーを解除する場合にも使用される。

# ④ SFCプログラム

SFCとは，IEC(国際電気標準会議)規格に基づくSFC図(状態遷移図；sequential function chart)のシンボルを用いて，制御の流れをプログラムにしたものである。SFCでプログラムを作成すると，次のメリットがある。

① プログラム全体の流れがフローチャート形式なので理解しやすい。
② 入力に対する動作が非常にわかりやすい。
③ 実行時間が非常に短く，条件以外はほかの処理を実行しない。
④ 選択動作，並進動作など複雑な動きも分割してプログラムできる。
⑤ 自己保持回路は不要で，インタロックも最小限で作成できる。

このことから，長いプログラムの必要な現場では広く利用されている。

## ◼ SFCプログラムの構成

SFCのプログラムは，動作状態を記入するステートと，移行条件を記入するトランジッションで構成されている。移行条件に従い，次々とステート内で指示された動作を処理していくため，プログラムの流れが理解しやすい表示形式となっている。SFCプログラムの基本構成を図16に示す。

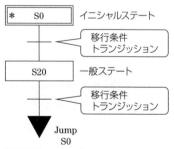

**図16　SFCプログラムの基本構成**

## 2 SFCプログラム

SFCプログラムについて図17を参考に解説する。

**a. ラダーブロック**　　ラダーブロックは，SFCプログラムの先頭部と最終部に配置され，初期設定と終了設定を記入する。

Ladder 0は，電源投入後，イニシャルステートS0を実行させる。

Ladder 1は，プログラムの終了設定でEND処理を行う。

**b. ステートブロック**　　ステートブロックはイニシャルステートS0からスタートする。プログラムは，イニシャルステートS0で待機し，移行条件（入力条件）により次のステートに移行する。ステートブロックは一般ステートとよばれる動作処理と，トランジッションとよばれる移行条件を組み合わせることで構成する。動作処理をするステートブロック内の出力は自己保持されており，移行条件で自己保持は解除される。また，何も実行しない未記入のステートは，ダミーステートとよばれ「＊」マークが自動的に表示される。このダミーステートは，プログラムのジャンプ先や待機動作を実行する場合に用いる。トランジッションとよばれる移行条件は入力接点を記入する。接点が複数あってもラダー図プログラムで一つにまとめることができる。プログラムの流れを分岐させる場合は，複数の移行条件で動作ステートを指定する。

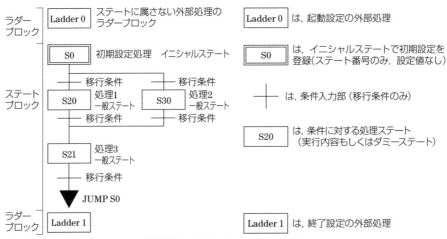

**図17　SFCプログラムの解説**

## 3 SFCプログラムの作成手順

PLCの電源投入後，入力スイッチX001を押すとランプY001が点灯する。点灯から3秒後にタイマT0接点が入りランプは消灯する。入力スイッチX001が再び押されると同じ動作を繰り返すプログラムを作成する。図18に，SFCプログラムを示す。

①　SFC入力画面でフローチャート形式のSFCプログラムを作成する（図18左図）。

②　ラダーブロックやステートブロックの動作や移行条件はラダー図プログラムで作成する（図18中央図）。SFC画面と内部ラダー入力画面の切り替えは Ctrl ＋ L を押すことで行える。

各ラダー図プログラムを解説すると次のようになる。移行条件t1は，入力スイッチX001の接点が入ると，S20のステートに移行する。S20ステート内部ではランプY001を点灯し，タイマT0が動作し3秒後に接点T0をONにする。さらに，移行条件t2はタイマT0接点が，ONになるとイニシャルステートS0へジャンプする。

③　入力後，変換キーで全体を変換するとステート名を接点としたステップラダー図が完成する（図18右図）。また，同時にリストプログラムも作成される。

④　作成されたリストプログラムをPLCに転送し実行する。

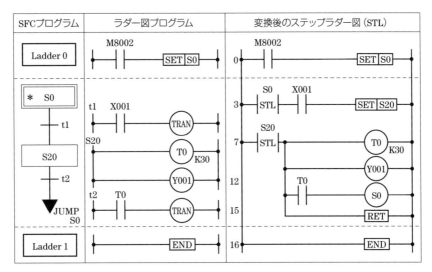

**図18** SFCプログラムとラダー図プログラム

## プログラムの解説

**1.** M8002は，電源投入後1度だけONとなる内部接点である。

**2.** ＊S0は，ダミーステートで，ラダー図プログラムは何もないが，起動時に電源確認ランプを点灯させるなどに用いられる。

**3.** S20は，3秒間のタイマの起動とランプY001の点灯の二つの動作を実行させている。複数動作入力は可能である。

**4.** JUMP S0移行条件成立後，初期状態にジャンプさせる。

**5.** ステップラダー図のRET（リターン）は自動的に入力される。

**6.** ステートの移行はステップラダー図のとおりSET命令で行われるためステートの自己保持回路は不要である。

# シーケンス制御実習3　PLC回路組立実習

### 目　標

**1.** PLCと制御実習装置の入出力端子の使い方
を理解し，配線作業を正しく行う。

**2.** 動作チェックの方法を理解する。

### 使用機器・工具等

**機器**　PLC（三菱FX3G-40MR/ES），
シーケンス制御実習装置（株式会社バイナス
BSK-300FA/S），パソコン（プログラミングソフ
ト：GX Works2），

**工具**　プラスドライバ，テスタ，配線ケーブル

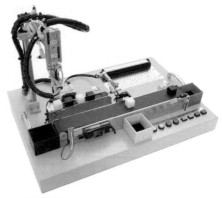

**図19　シーケンス制御実習装置**

### 準　備

図19にシーケンス制御実習装置を示す。

この制御装置は，入力として押しボタンスイッチ，光電センサ，近接センサがあり，出力に
は表示ランプ，ベルトコンベヤ（大・小の2個），エアシリンダ，エアシリンダを組み合わせた
ワークを運搬するロボット（エアロボ）がある。PLCと配線作業を行い，PLCにプログラムを
転送し実行することで，基本的なPLC制御から応用的なPLC制御を学習することができる装
置となっている。基本的な動作であるため，ほかの機器を代用してシーケンス制御の実習も可
能である。

### 順序・内容

**1** PLCとシーケンス制御実習装置を配線する。配線は，信号の用途別に色分けされた配線
　　コードをプラスドライバで接続する。

　① 　使用するPLC（FX3G）は，入力をシンク入力（マイナス共通）とソース入力（プラス共通）
　　　のどちらも使用できるが，外部配線を施す必要がある。実習装置はシンク入力であるため，
　　　PLCの S/S と 24V を接続する（図20）。

　② 　PLCへの電源供給用ケーブルをPLCの100VAC端子 L と N に接続する（この時点でコ
　　　ンセントプラグにはささない）。

　③ 　各 COM と 0V ，実習装置の 0V とPLCの 0V を接続する。

　④ 　I/O割り付け一覧表（表1）に従い，配線を行う。

　　　**注** 感電による災害の危険やショートによる機器の故障を防ぐ
　　　　ため，配線作業時は必ずPLC，制御装置ともに電源が供給
　　　　されていないようにする。

　　　**注** PLCの端子台は，2列になっている場合は下の段から配線
　　　　する。

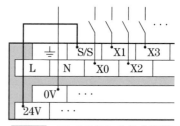

**図20　PLCのシンク入力配線**

**表1　I/O割り付け一覧表**

| PLC | 装置 | 入力機器名 | PLC | 装置 | 出力機器名 |
|---|---|---|---|---|---|
| X000 | BS1 | 押しボタンスイッチ1 | Y000 | SL1 | ランプ1 |
| X001 | BS2 | 押しボタンスイッチ2 | Y001 | SL2 | ランプ2 |
| X002 | BS3 | 押しボタンスイッチ3 | Y002 | SL3 | ランプ3 |
| X003 | BS4 | 押しボタンスイッチ4 | Y003 | SL4 | ランプ4 |
| X004 | PHS1 | 供給コンベア・ワーク検出センサ | Y004 | SOL1 | エアロボ前進・後退 |
| X005 | LS1 | エアロボ前進端センサ | Y005 | SOL2 | エアロボ上昇・下降 |
| X006 | LS2 | エアロボ後退端センサ | Y006 | SOL3 | エアロボハンド開・閉 |
| X007 | LS3 | エアロボ上昇端センサ | Y007 | SOL4 | 押出しシリンダ前進・後退 |
| X010 | LS4 | エアロボ下降端センサ | Y010 | M1正転 | 供給コンベア |
| X011 | LS5 | エアロボハンド閉センサ | Y011 | M2正転 | 仕分けコンベア右行 |
| X012 | LS6 | エアロボハンド開センサ | Y012 | M2逆転 | 仕分けコンベア左行 |
| X013 | PHS2 | 仕分けコンベア左端センサ(色判別) | | | |
| X014 | PHS3 | 仕分けコンベア左端センサ(ワーク検出) | | | |
| X015 | PHS4 | 仕分けコンベア中央センサ(ワーク検出) | | | |
| X016 | LS7 | 押出しシリンダ前進端センサ | | | |
| X017 | PHS5 | 仕分けコンベア右端センサ | | | |

BS：押しボタンスイッチ　　　LS：近接センサ　　　PHS：反射型光電センサ
SL：ランプ　　　SOL：ソレノイドバルブ　　　M：モータ

**2** 配線されたPLCとシーケンス制御実習装置の動作確認を行う。

① テスタで接続端子間の導通をチェックする。

② 入出力側の確認については，ソフトウェアの機能「デバイス/バッファメモリ一括モニタ」を使い，画面上で信号の有無を確認する(図21)。または，PLCの電源を入れてSTOPモードにしておき，制御実習装置の各スイッチやセンサを手動でONしたときにPLCの入力接点表示用LEDが点灯する，といった動作確認方法もある。

③ 出力側の確認については，入力側確認でも使用した「デバイス/バッファメモリ一括モニタ」または「現在値変更」機能を使い，強制的に指定したデバイスを出力してそれぞれのアクチュエータが正常に動作するか確認する。

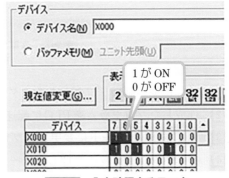

**図21　入力確認するモニタ**

# シーケンス制御実習4　PLC制御実習（ラダー編）

## 目　標

**1.** シーケンス制御実習装置を用いてPLC制御の基礎を学習する。

**2.** PLCラダー図プログラムの基本回路を学習する。

**3.** コンベヤのモータ制御を学習する。

## 使用機器・工具等

**機器**　PLC（三菱FX3G-40MR/ES），シーケンス制御実習装置（株式会社バイナス BSK-300FA/S），パソコン（プログラミングソフト：GX Works2）

**工具**　プラスドライバ，テスタ，配線コード

## 内　容

**作業1**——押しボタンスイッチ（BS）操作により，以下の動作条件1～4に従い，図22のコンベア上においた白ワークをコンベア両端のBOXに格納するプログラムを作成する。

1　押しボタンスイッチ1（BS1：X000）を押すとコンベアは左行（M2逆転：Y012）し，ワークはコンベア左端のBOXへ格納する。格納後，コンベアは停止する（図22）。

2　押しボタンスイッチ2（BS2：X001）を押すとコンベアは右行（M2正転：Y011）し，ワークはコンベア右端のBOXへ格納する。格納後，コンベアは停止する。

3　コンベアが動作中，ランプ1（SL1：Y000）は点灯している。

4　動作中，押しボタンスイッチ4（BS4：X003）を押すとすべての動作は停止する。

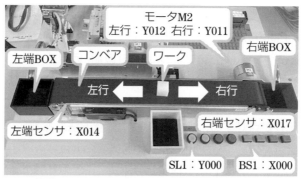

**図22**　**作業1に用いる各部名称とそのデバイス**

## 手　順

1　動作に従い制御プログラムをラダー図で作成する（図23）。

2　作成したプログラムをPLCに転送する。

3　PLCをRUNモードに変更し，プログラムを実行する。

4　押しボタンスイッチを押し，ワークの動作とランプの点灯状態を確認する。

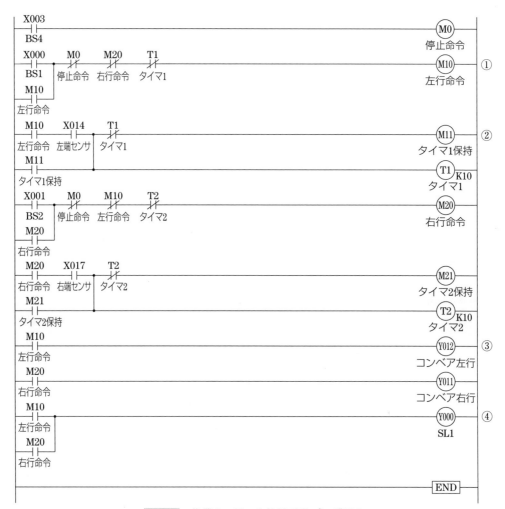

**図23** 作業1　ワーク格納手動プログラム

---

### 図23プログラムの解説

#### パレット左行（①）

　スイッチBS1が押されると，内部リレーM10を自己保持させている。M10は，ワークを左行動作（③）とランプ1（SL1）を点灯（④）させるデバイスとして使用している。その自己保持された補助リレーを解除する条件として，停止命令M0，タイマT1が動作したときとしている。M20はインターロックとなり，M20が出力されている間はBS1を押しても動作しないようにしている。

#### タイマ回路（②）

　コンベアの端にあるセンサが動作することでコンベアを停止させる命令である。センサ反応後即時にコンベアが動作するとワークがBOXに格納できないため，センサが反応して1秒後に自己保持された補助リレーM10を解除している。

## 作業2——自動色判別運転プログラム

押しボタンスイッチを押すことで，以下の動作条件1～4に従い色判別を自動で行うプログラムを作成する。図24に動作に関わる各部名称とそのデバイスを示す。

1. ワークを右端にセットし，押しボタンスイッチ1(BS1：X000)を押すとコンベアは左行（M2逆転：Y012)し，コンベア左端の色識別センサの前で停止する。

2. 黒ワークであれば，左端のBOXに格納し，白ワークであれば中央のBOXに格納される。

3. コンベアが動作中，ランプ1(SL1：Y000)は点灯している。

4. 非常停止機能として，押しボタンスイッチ4(BS4：X003)を押すとすべての動作は停止し，ランプ3(SL3：Y002)は点灯している。押しボタンスイッチ3(BS3：X002)が押されるまでは，動作を再開できない。

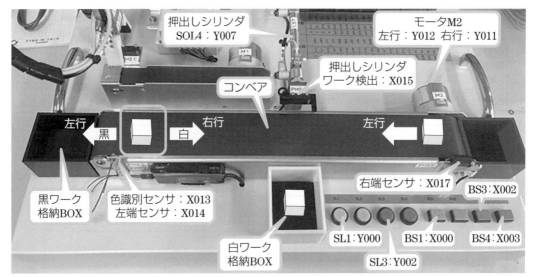

**図24　作業2に用いる各部名称とそのデバイス**

手　順

1. 動作に従い制御プログラムをラダー図で作成する(図25)。
2. 作成したプログラムをPLCに転送する。
3. PLCをRUNモードに変更し，プログラムを実行する。
4. 動作条件どおり装置が動作するかを確認する。

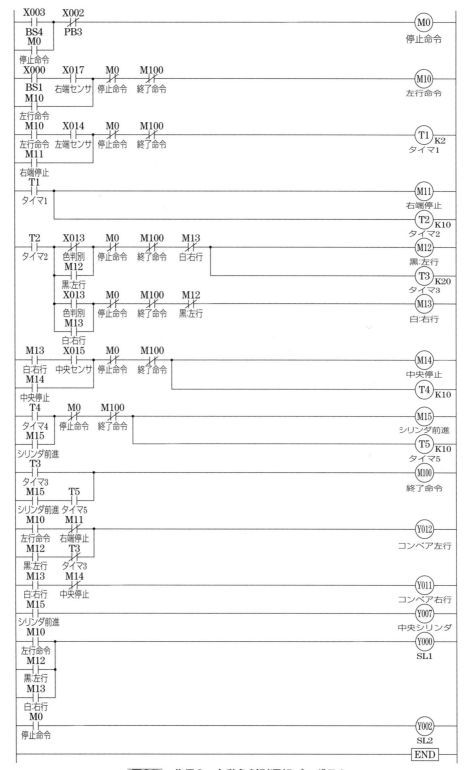

**図25　作業2　自動色判別運転プログラム**

**作業3——エアロボによるワーク搬送プログラム**

　以下の条件1～4に従い，エアロボを使用して供給コンベアにおかれているワークを仕分けてコンベアに搬送し，コンベア右端にあるBOXに格納するプログラムを作成する。図26にエアロボの各名称とデバイスを示す。

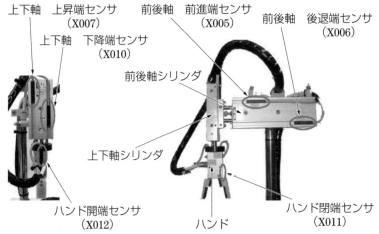

**図26　エアロボに用いる各部名称とそのデバイス**

1　供給コンベアにワークをセットする。押しボタンスイッチ1(BS1：X000)を押すと供給コンベアは左行(M1正転：Y010)し，供給コンベア左端のワーク検出センサ(PHS1：X004)の前で停止する。

2　エアロボのハンドは開の状態で下降する(SOL2：Y005)。その後，ワークをつかみ(SOL3：Y006)，ワークを持ち上げ，前後シリンダ軸を前進(SOL1：Y004)させて，その後，仕分けてコンベアにワークを運搬する。

3　運ばれてきたワークは仕分けコンベアの上を右行(M2：Y011)し，コンベア右端のBOXに格納する。格納後，供給コンベアにワークが残っていれば，連続的にすべてのワークを格納するまで動作を繰り返す。

4　非常停止機能として，押しボタンスイッチ4(BS4：X003)を押すとすべての動作は停止し，ランプ3(SL3：Y002)は点灯している。押しボタンスイッチ3(BS3：X002)が押されるまでは，動作を再開できない。

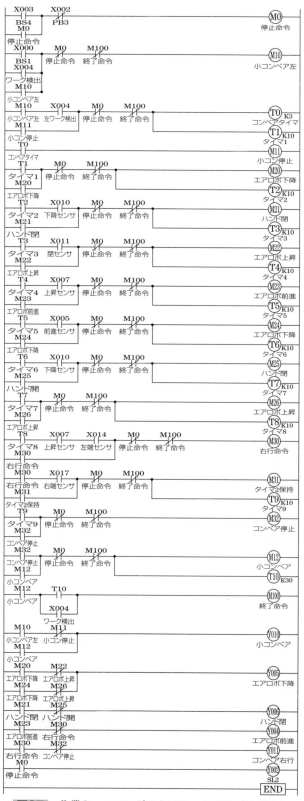

**図27　作業3　エアロボによるワーク搬送プログラム**

# シーケンス制御実習5　PLC制御実習（SFC編）

### 目　標

**1.** SFCプログラムの開発方法を学習する。

**2.** SFCプログラム内部のラダー回路構成を理解する。

**3.** コンベヤのモータ制御をSFCプログラムで実行する。

### 使用機器・工具等

**機器**　PLC（三菱FX3G-40MR/ES），シーケンス制御実習装置：：BSK-300FA/S（株式会社バイナス），パソコン（プログラミングソフトGX Works2）

**工具**　プラスドライバ，テスタ，配線コード

### 内　容

　シーケンス制御実習4（ラダー編）の作業1において，操作スイッチに従いコンベヤを手動運転するプログラムをSFCで作成する。

### 手　順

1. 動作に従い制御プログラムの流れ図を作成する（図28(a)）。

2. 流れ図からSFCプログラムを作成する（図28(b)）。

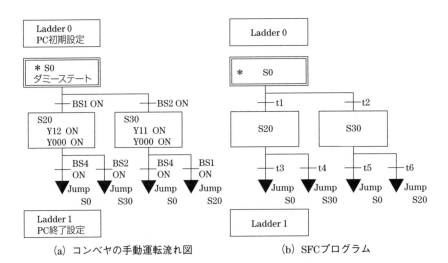

(a) コンベヤの手動運転流れ図　　　　(b) SFCプログラム

**図28　コンベヤの手動運転流れ図**

3. SFC内部プログラムをラダー図で作成する（図29(a)）。

4. 作成したSFCプログラムを変換しリストプログラムを作成する。

> **注** 変換作業は内部ラダー単位で行わなければならない。さらに，全体を変換することでステップラダープログラムが構成される（図29(b)）。このプログラムからリストプログラムが作成される（図29(c)）。

⑤ PLCに作成したプログラムを転送する。

⑥ プログラムを実行し，コンベヤの動作とランプの点灯状態を確認する。

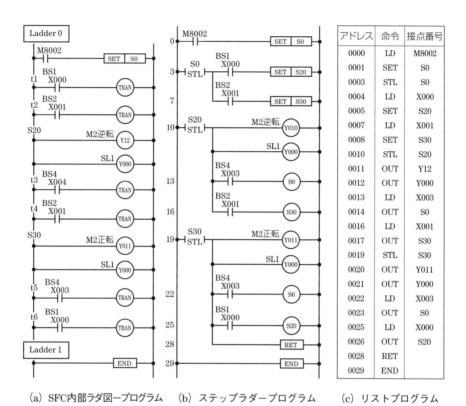

（a）SFC内部ラダ図－プログラム　（b）ステップラダープログラム　（c）リストプログラム

**図29　作業3　ワーク格納手動プログラム**

## 図29のプログラムの解説

**Ladder 0　（PLCの初期設定）**

　電源投入後ONになる内部リレーM8002が投入されS0へ移行する。

**スタート条件　（t1とt2）**

　スイッチPB1またはスイッチPB2が押されると，S20またはS30へ移行する。

**コンベヤ移動　（s20とs30）**

　ステート20と30ではコンベヤ移動とランプの点灯を実行する。

**停止および切替　（t3，t4，t5，t6）**

　移行条件t3とt5は非常停止する。t4とt6はコンベヤ反転の切替となる。

**考 察**

　プログラムの流れを確認するため，パソコンとPLCとを接続してモニタ実行を行う。SFC画面とラダー画面の両方で動作の流れを確認する。

**研 究**

　シーケンス制御実習4(ラダー編)の作業2において，自動色判別運転プログラムをSFCプログラムで作成し動作させてみよう。

第17章

# 総合実習

///////////////////////////////////////////////

　この章では，これまで学んできた要素実習を組み合わせ，総合的に実習できる題材として，スターリングエンジンとライントレースカーをとりあげた。これらの製作を通して，機械実習の知識と技術を確実なものにする。

# スターリングエンジンの製作

## ① 概要

　スターリングエンジンは，1815年，イギリスのロバート・スターリングによって考案された外燃機関である。このエンジンは，密閉したシリンダ内のガス（空気，ヘリウム，水素など）を外部から加熱・冷却し，ガスの圧力を変化させてピストンを動作させ，動力を発生させるのが特徴である。

　蒸気機関車の発達や，ガスエンジン・ガソリンエンジン・ディーゼルエンジンなどの内燃機関の登場により姿を消すことになったが，1970年代のオイルショック以降，エネルギー源が化石燃料以外でもよいことや駆動時の静粛性から，改めてみなおされるようになった。近年，船舶用補助エンジンや発電機駆動用の原動機として，実用化にむけて研究・開発が行われるようになった。

## ② 原理

　ディーゼルエンジンやガソリンエンジンは，燃焼ガスの膨張を利用してピストンを動かし，動力を発生させているが，スターリングエンジンでは，熱交換機を通して外部の熱をシリンダ内のガスに伝えている。

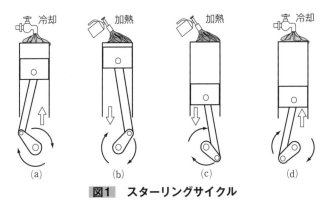

**図1**　スターリングサイクル

図1(a)のように，シリンダ内のガスを冷却すると，ガスは収縮してピストンは上昇する。次に，図(b)のように加熱すると，ガスの圧力が上昇して膨張し，ピストンを押し下げてクランクシャフトを回転させる。膨張後にふたたび冷却すると，ガスの圧力が低下し，収縮してもとに戻り，ふたたび圧縮にはいる(図(d))。

　このサイクルでは，低温で収縮させたときよりも，高温で膨張させたときのほうがはるかに圧力が高いので，この圧力の差を利用して外部に動力を取り出す。しかし，短時間にシリンダの加熱・冷却を交互に繰り返すことは極めて困難である。ロバート・スターリングはこの問題を解決するために，図2に示したようなディスプレーサによってシリンダを高温室と低温室に分け，動作ガスを入れ替える方法を考案した。

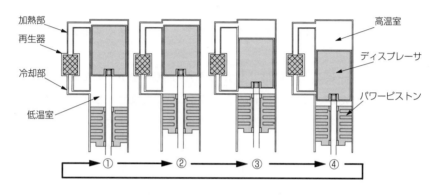

**図2**　スターリングエンジンの動作

　実際のエンジンでは，ディスプレーサとパワーピストンは，コンロッドやクランクシャフトなどにより，連動して動作させるので，ディスプレーサやパワーピストンが停止していることはなく，90°の位相差をつけて回転させている。

## 製作にあたって

　この製作実習では，加熱部・再生器・冷却部の熱交換機の部分を省略したスターリングエンジンの製作を行う。このため，作動ガスの移動は，ディスプレーサシリンダ内壁とディスプレーサの間に設けた，わずかな隙間(1mm)を利用して行う。この隙間が大きいと，ガスの移動は滑らかであるが，熱交換がじゅうぶんに行われないため，性能に大きな影響を与える。逆に少なすぎるとディスプレーサが壁面に接触して抵抗が増大し，発生した熱によりアルミニウム製のディスプレーサが溶けることもある。

　作動ガスには空気を用い，加熱は外部からディスプレーサシリンダを火炎で加熱する。したがって，ディスプレーサシリンダは加熱器と再生器の役割ももつことになる。一方，ディスプレーサはもっぱら作動ガスの移動のために用いるので，質量を軽くするために内部は空洞とする。

　動力を発生させるパワーピストンには，じゅうぶんな気密性が必要であるが，しゅう動抵抗は少ないほうがよい。したがって，製作にあたってはこの兼ね合いが重要である。また，クランクシャフトを一体で製作するのは困難なので，クランクジャーナル，クランクアーム，クランクピンと3分割にして製作し，それらを組み立てる。なお，組み立てたときにクランクシャフトの中心がわずかでもずれていると，回転させたときの抵抗が大きくなり，ほとんどの場合に動作しないため，部品の製作や組立は正確に行うことが重要である。

　また，部品の製作にあたっては，各学校の設備に応じてくふうすることも必要である。

　図3に今回製作するディスプレーサ形単気筒スターリングエンジンの組立図を，表1に使用する部品を示す。

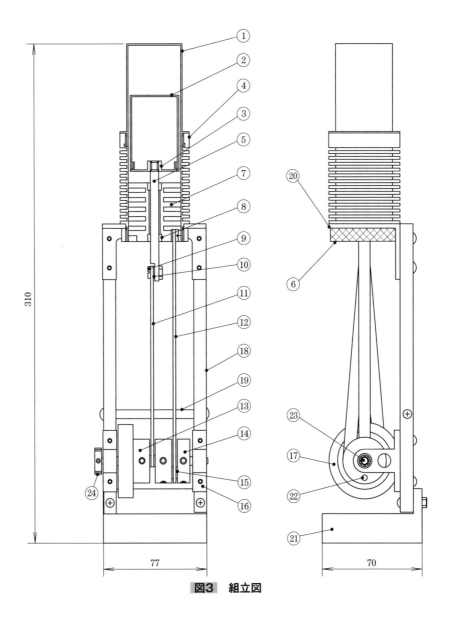

図3 組立図

**表1 スターリングエンジン部品表**

| 番号 | 品 名 | 材 質 | 個数 | 記 事 |
|---|---|---|---|---|
| 1 | ディスプレーサシリンダ | SUS304 | 1 | |
| 2 | ディスプレーサ | A2017BD | 1 | 強度が高く被削性がよい |
| 3 | ディスプレーサキャップ | A2017BD | 1 | |
| 4 | 冷却シリンダ | A6063BE | 1 | 耐食性がよい |
| 5 | ディスプレーサロッド | A4032FD | 1 | 熱膨張係数が小さい |
| 6 | シリンダ取付リングナット | A6063BE | 1 | |
| 7 | パワーピストン | A2017BD | 1 | 8の部品を圧入後に加工 |
| 8 | ロッドスライドシール | C2700BD　φ10 | 2 | 7に圧入後に加工 |
| 9 | コンロッド取り付けねじ | SKロッド　φ4 | 2 | |
| 10 | スペースねじカラー | C2700BD　φ8 | 2 | |
| 11 | ディスプレーサコンロッド | A2017P　t2 | 1 | ベアリングMR63を挿入 |
| 12 | パワーピストンコンロッド | A2017P　t2 | 1 | ベアリングMR63を挿入 |
| 13 | クランクアーム（丸駒） | A6063BE | 1 | |
| 14 | クランクアーム（丸駒） | A6063BE | 2 | |
| 15 | スペースカラー | C2700BD　φ8 | 4 | |
| 16 | ベアリングブロック | A6063BE | 2 | ベアリングMR104を挿入 |
| 17 | フライホイール | C2700BD　φ50 | 1 | |
| 18 | パイプフレーム | A6063S | 2 | 9mm角パイプ |
| 19 | フレーム補強軸 | A4032FD | 1 | |
| 20 | シリンダ取付金具 | A6063S | 1 | 50mmL型等辺アングル |
| 21 | ベース | FC200 | 1 | 連鋳棒（デンスバー） |
| 22 | クランクピン | SKロッド　φ3 | 2 | |
| 23 | クランクシャフト | SKロッド　φ4 | 2 | |
| 24 | 小歯車 | A4032FD | 1 | モジュール0.8　歯数28 |
| その他 | MR63ベアリング（4個）　MR104ベアリング（2～3個）M3×12（M3×15）なべ小ねじ，M3ナット，ワッシャ，M3×6六角穴付止めねじ等を必要数用意する。 | | | |

**注** MR104ベアリングが2個の場合はベアリングブロックに1個ずつ，3個の場合はフライホイール側に2個，4個の場合はそれぞれのベアリングブロックに2個ずついれる。

# 総合実習1　ディスプレーサシリンダの加工（部品番号①）

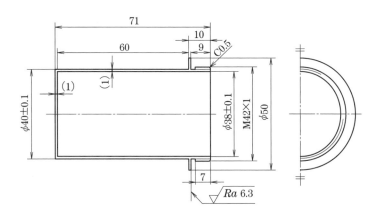

## 加工内容

1. NC旋盤による端面削り・外丸削り
2. 普通旋盤による穴あけ・中ぐり・ねじ切り

## 準　備

**工作物**　SUS304　$\phi 50 \times 74$

**工　具**　片刃バイト・穴ぐりバイト・突切りバイト（2mm幅）・おねじ切りバイト・正面削り用バイト（穴ぐりバイトを成形したもの）・センタ穴ドリル・ドリル（$\phi 35$）

**測定具**　ノギス・ピッチゲージ

**消耗品**　潤滑油・切削油・ウエス

## 順序・内容

1. 端面削りと外丸削りを行い，外径部を加工する。
   ① 工作物を普通旋盤に取り付け，長さが74mmになるよう片刃バイトを使用して端面削りを行う。
   ② 工作物をNC旋盤に取り付けたのち，端面削りと外丸削りを行って，端面から長さ63mmまでを外径40mmに加工する（図4）。

   注 普通旋盤で加工してもよい。

2. 穴あけと中ぐりを行い，内径部を加工する。
   ① 普通旋盤に取り付けたあと，センタ穴をあける。
   ② $\phi 35$のドリルを使用し，回転速度$120\,\mathrm{min}^{-1}$で深さが70mmになるよう穴あけを行う（図5）。

   注 ドリルの逃げ角は，少し大きくなるように研ぎ，切刃角をわずかに鋭くしておく。加工のさいは，ときどきドリルを戻しながら穴あけをするとよい。切削油をじゅうぶん注げば，下穴がなくても1回で$\phi 35$の穴あけができる。

**図4　丸外削り**

**図5　穴あけ**

③ 穴ぐりバイトを使用して，内径を所定の寸法($\phi38 \times 70$）に加工する。切削中に旋盤の回転速度は$120\,\mathrm{min}^{-1}$，送りは$0.15\,\mathrm{mm/rev}$とし，切削油はじゅうぶんに注いで行う（図6）。

**図6 中ぐり**

> **注** 穴底が円すい形になっているのでバイトをくふうして削ることになる。なお，円すい形のままでもさし支えないが，軽量化と加熱時間を短縮するためには穴底を平面に加工したほうがよい。穴ぐりバイトを成形して正面削り用にしたバイトで，穴底をたいらに削ったあと，中ぐり加工をする。この段階では穴底の肉厚が$4\,\mathrm{mm}$になるが，これは途中の加工での強度をもたせるためである。最終的には冷却シリンダに組み付けた状態で，端面削りを行い肉厚を$1\,\mathrm{mm}$に仕上げる。また，穴底はエンドミルを使用して削ることもできる。

**3** おねじ切りを行う。

① ねじ切り部に，片刃バイトで$\phi42 \times 9$の外丸削りと，突切りバイトで$2\,\mathrm{mm}$幅の溝切りを行う。

② 回転速度は最低回転速度とし，冷却シリンダにはめ込むためのおねじの切削を行う（図7）。

**図7 おねじ切り**

> **注** ピッチが$1\,\mathrm{mm}$なので，ねじ切りのさいに，ハーフナットとかみ合わせのタイミングを考えなくてもよい。ただし，逃げ溝の部分でハーフナットをはずすとき冷却シリンダのつばに干渉するおそれがあるので慎重にねじ切りを行うこと。ハーフナットをはずすタイミングは，往復台の目盛に印を付けておくと，はずすめやすとなり干渉を防げる。

## NC旋盤の生づめの加工

　生づめ加工では，油圧チャックのマスタージョーのバックラッシを取り除くため，スペーサをチャックにつかみ(500～600kPa)，ボーリングバイトで加工する。スペーサは，チャックストロークの中間で止まるような寸法になるよう，鋼材を加工して製作する。生づめの加工寸法は，工作物の外径より0.05mm程度大きくとって，工作物が遊びなくはいり，生づめ全体で工作物の外周をつかむようにする(生づめの内径を大きく削りすぎないように注意する)。ハンドルモードでもプログラムモードでもよいが，最後の仕上げ削りではチップを交換してから回転速度を上げ，削りしろを0.1～0.2mmの仕上げ削りを行う。つめの底をバイトのノーズアール分だけX方向に削り込み，工作物がつめの底にしっかりと密着するように仕上げることが重要である。

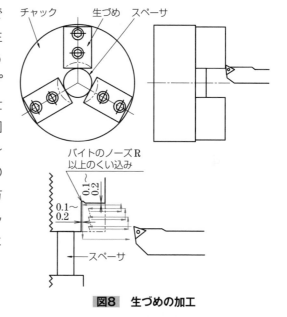

図8　生づめの加工

# 総合実習2　ディスプレーサの製作（部品番号②，③，⑤）

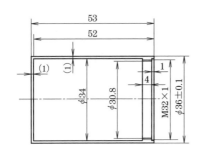 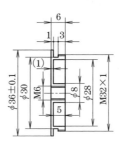

### 加工内容

**1.** 普通旋盤による，端面削り・穴あけ・中ぐり・めねじ切り・おねじ切り

**2.** 帯のこ盤による切断

### 準　備

**工作物**　A2017BD　φ40×55　　A4032FD　φ6×83

**工　具**　片刃バイト・穴ぐりバイト・おねじ切りバイト・先丸剣バイト・突切りバイト・センタ穴ドリル・ドリル(φ4.8, φ30)タップ(M6)・回転センタ・アルミカラー(カラーは先丸剣バイトがチャックに干渉しない厚みのもの)・銅板・プラスチックハンマ

**測定具**　ノギス・ピッチゲージなど

**消耗品**　潤滑油・切削油・ウエス

### 順序・内容

#### A——ディスプレーサの加工

**1** 普通旋盤に工作物を取り付け，長さが55mmになるよう片刃バイトで端面削りを行う。

**2** 穴あけと中ぐりを行い，内径部を加工する。

① センタ穴をあけたのち，φ30のドリルで深さ52mmまで穴あけを行う。

② 入口部はM32のめねじを切るためにφ30.8mm，奥部はφ34mmになるよう穴ぐりバイトで中ぐりを行う。

> **注** 入口から1mmのところまで内径をφ34mmに加工すれば，ディスプレーサキャップをはめ込んだときにしっかりと密着する。この時点での底の肉厚は3mmであるが，ディスプレーサキャップを取り付けたあとに端面削りを行い，肉厚を1mmに仕上げる。

**3** めねじ切りバイトで，入口部にM32×1のめねじを切る(図9)。

#### B——ディスプレーサキャップの加工

**1** φ40mmの加工物を図面に従って端面に段付け，溝削りをしたのち，外周にM32×1のおねじを切る。

**2** 軽量化のためにディスプレーサの端面を正面削りする。

**3** センタ穴をあけたあと，φ4.8のドリルで穴あけをし，

**図9　めねじの加工**

M6のタップを立てる。図16(p.289)に示したタップホルダを心押し軸に取り付け，旋盤のチャックを手で回して行う(図10)。

> **注** タップはばねの力で押し込まれるため，ほぼ水平にめねじが切れる。また，あまり強引にやるとねじ山をつぶしてしまうので，切削油を使用しながらゆっくりと行うこと。

> **注** 部品を2個取りする場合は，工作物を反転させ，反対側も同じ加工を施す。

**図10　タップホルダによるねじ切り**

**4** 帯のこ盤を使用し，8mm程度の長さで切断する。

## C——ディスプレーサピストンの組立と加工

**1** 先に加工したディスプレーサに，ディスプレーサキャップを取り付けたあと，ディスプレーサキャップ側にある帯のこ盤の切り口を，片刃バイトで端面削りを行い，全長を56mmに仕上げる。ディスプレーサの端面加工の前に行う。

**2** ディスプレーサピストンにディスプレーサロッドをねじ込んで固定する(ディスプレーサロッドの加工は次ページを参照)。

> **注** ロッドを旋盤のチャックでつかんで回転させると，わずかではあるが偏心している。そのため，プラスチックハンマで軽くたたいて偏心を修正する。

**3** ディスプレーサロッドにアルミカラーをさし込んだのち，銅板の保護具を巻いたロッドをチャックで軽くつかむ。ついで，心押し軸の回転センタでディスプレーサのヘッドをチャック方向に押し込む。

> **注** アルミカラーがチャックのつめに押さえ付けられ，先丸剣バイトの干渉がなくなる。

**4** センタ穴はあけずに，回転センタが1mm程度くい込んだ状態にして，先丸剣バイトで外丸削りを行い，外周をφ36に仕上げる(図11)。

> **注** ディスプレーサロッドはφ6mmのアルミニウム製なので，あまり強くチャックで締めると変形するので注意する。

**5** ディスプレーサの外周を端面削り用のスプリングコレット(図15)でつかみ，ヘッド部を0.1～0.2mm程度の切込みで長さが54mmとなるよう端面削りを行い，全体の肉厚を1mmに仕上げる。

**図11　先丸剣バイトによる外丸削り**

**図12　完成したディスプレーサ**

## ディスプレーサロッドの加工

ディスプレーサロッド（部品番号⑤）のおねじ（M6）を，手作業で真っ直ぐに立てることは極めて困難である。ねじの傾いたディスプレーサロッドをディスプレーサに組み付けると，外径を削るさい，偏心が大きくなり加工できない。そこで，ロッドのねじを真っ直ぐに立てるために，ダイスホルダがスプリングによってスリーブの中を前後にスライドするホルダを製作する。なお，ロッドの端面はC0.5の面取りをしておくとくい込みがよい。また，ロッドの右側の平面加工は，立てフライス盤を使用してエンドミルで削っても，手仕上げでやすりを使って削ってもよい。素材は，あらかじめつかみしろを加えた長さとし，平面にM3のタップを立てたあとでつかみ部分を切断する。

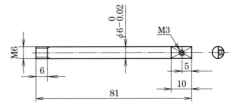

**図13　製作図**

**図14　ダイスホルダによるねじ切り**

## スプリングコレットとホルダの製作

①ディスプレーサ端面削り用スプリングコレット

　旋盤・横フライス盤・割出し台を使用して製作する。

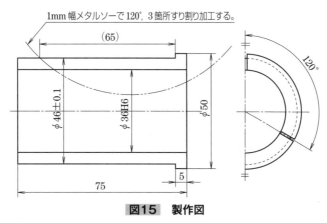

**図15　製作図**

②タップ・ダイス両用ホルダ

　普通旋盤・立てフライス盤を使用して製作する。

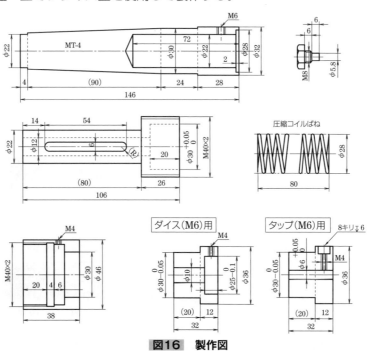

**図16　製作図**

# 総合実習3　冷却シリンダの加工（部品番号④）

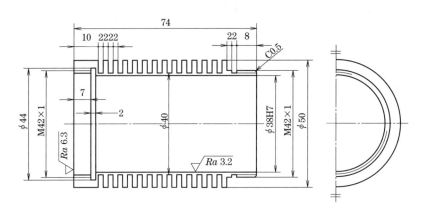

**加工内容**

**1.** NC旋盤による端面削り・外丸削り・溝削り・おねじ切り

**2.** 普通旋盤による穴あけ・中ぐり・めねじ切り

**準　備**

**工作物**　A6063BE　φ50×76

**工　具**　片刃バイト・真剣バイト・突切りバイト・穴ぐり荒バイト・穴仕上げバイト・おねじ
切りバイト・めねじ切りバイト・センタ穴ドリル・ドリル（φ35）・やすり

**測定具**　ノギス・ピッチゲージ・内側マイクロメータ

**消耗品**　潤滑油・切削油・ウエス

**順序・内容**

1 普通旋盤に工作物を取り付け，長さが76mmになるよう端面削りを行う。

2 外径の加工を行う。

①　端面削り・外丸削り・溝削り・おねじ切り・外周溝
削り（冷却フィン）の順に加工プログラムを作成する。

②　工作物をNC旋盤チャックに取り付けて加工を行う
（図17）。

③　切削速度は周速度一定のG96S 100～150を用い，
荒削りの送り0.2mm，仕上げ削りの送り0.15mm/
rev，ねじ切りは回転速度一定のG97S500を使用する
とよい。

**図17　冷却フィンの溝切り**

注 NC旋盤では，刃物がチャックに近づきすぎると，衝突防止のためアラームが鳴る場合がある。この
場合には制御装置のパラメータを変更し，チャックに衝突する寸前までパラメータの数値を変更する。
これにより材料のむだをはぶくことができる。工作機械ごとにパラメータの数値が違うので，必ず製
造メーカに確認してから変更すること。

3 穴あけと中ぐりを行い内径を加工する。

①　工作物を普通旋盤に取り付け，センタ穴をあける。

② φ35のドリルを使用して，回転速度190 min$^{-1}$で穴あけを行う。

> **注** じゅうぶんに切削油を注げば，下穴をあける必要はなく，1回で貫通できる。

③ 穴ぐりバイトを使用して，回転速度190 min$^{-1}$，自動送り0.2 mm/revで内径がφ37.6 mmになるよう中ぐり加工する。

**4** 内径を内側マイクロメータで測定し（図18），残りの仕上げしろを「同一条件2度加工の原則」で仕上げ削りを行う。

**図18** 内側マイクロメータによる測定

> **注** 同一の切削条件で2度加工することにより，穴ぐりバイトのシャンクのたわみによる誤差を少なくすることができる。

> **注** 回転速度120 min$^{-1}$送り0.1 mm/revで切削油をじゅうぶんに注ぐこと。回転速度が速いと構成刃先ができやすく内面に傷がつきやすい。なお，内径が大きくなりすぎたときは，パワーピストンの外径をNC旋盤で加工するときに，オフセット加工することで合わせることができるので，削りすぎてもわずかな量であれば使用できる。

**5** めねじ部を加工する。

① 穴ぐりバイトを使用し，めねじ部分の中ぐりを行う。

> **注** 穴ぐりバイトの刃幅を2 mmに成形しておけば，ねじ切りバイトの逃げ溝も同時に加工できる。溝幅は2 mmより広くてもさし支えない。

② めねじ切りバイトで，めねじ切りを行う。

> **注** バイトをぶつけないようにするために，ハーフナットをはずす時期は逃げ溝の位置ではずすように，往復台としゅう動面などにマークを付けておくとよい。

**6** すべての加工が終わったら，糸面取りを施す。

# 総合実習4　リングナットの加工（部品番号⑥）

**加工内容**

**1.** 普通旋盤によるローレット切り・穴あけ・めねじ切り・突切り

**準　備**

**工作物**　A6063BE　$\phi 50 \times 100$

**工　具**　ローレット・センタ穴ドリル・ドリル（$\phi 35$）・穴ぐりバイト・めねじ切りバイト・突切りバイト・真剣バイト・やすり・銅板

**測定具**　ノギス・ピッチゲージ

**消耗品**　潤滑油・切削油・ウエス

**順序・内容**

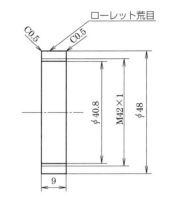
（右上図：C0.5, C0.5, ローレット荒目, $\phi 40.8$, $M42 \times 1$, $\phi 48$, 9）

1. じゅうぶんな長さの素材（$\phi 50 \times 100$）を外丸削りを行って$\phi 48$ mmに加工する。

2. $75\,\mathrm{min}^{-1}$程度の回転速度で，ローレットこまを工作物に強く押し付けてローレット切りを行う（図19）。

3. センタ穴をあけたあと，$\phi 35$のドリルで穴あけを行う。

   **注** このとき，ローレット部をチャックで直接つかむとローレット部に傷がつくので，銅板で外周を巻いて保護するとよい。

**図19　ローレット切り**

   **注** ドリルの深さは，じゅうぶんにリングナットの寸法がとれる深さまであける。しかし，あとでめねじ切りをするさいに，ねじ切り深さが長いとバイトのたわみにより穴の奥の内径寸法が小さくなるので，あまり深すぎないほうがよい。

4. 穴ぐりバイトで中ぐりを行い，内径を$\phi 40.8$ mmに加工する。

   **注** 内径は小さすぎるとおねじにはまらない。$+0.1$ mm程度の誤差があってもよい。

5. 真剣バイトを用いて外径の面取り加工を行う。

6. めねじ切りバイトを用いて，$45\,\mathrm{min}^{-1}$の回転速度で$M42 \times 1$のめねじを切る。

   **注** めねじ切りバイトの材料の底穴に干渉させないよう注意すること。また，冷却シリンダのおねじと確実にはまりあうことを確認する。

7. 切削油をじゅうぶん注ぎながら，突切りバイトで幅9 mmに切断する（回転速度$175\,\mathrm{min}^{-1}$）（図20）。

   **注** アルミニウム合金の場合，突切りを行うと刃先に構成刃先ができやすいので，じゅうぶんな切削油を用いて行うこと。

8. 切断面のばり取りと面取りをやすりを使用して行う。

**図20　突切り**

## 各種のバイトおよび切削工具

左から荒削りバイト，仕上げバイト，突切りバイト（3mm幅），突切りバイト（2mm幅），おねじ切りバイト，ボーリングバー（荒削り用），ボーリングバー（仕上げ用）

**図21　NC旋盤で使用するスローアウェイバイト**

高速度鋼バイトは加工箇所に応じてグラインダで研削して使用する。なお，ねじ切りバイトはねじ切りバイト顕微鏡を使用して検査し，正確な角度にすること。

**図22　普通旋盤，NCフライス盤，ねじ立てに用いる切削工具**

# 総合実習5　パワーピストンの加工（部品番号⑦，⑧）

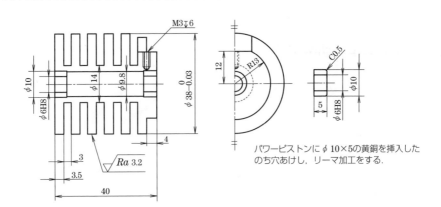

パワーピストンに φ10×5の黄銅を挿入した
のち穴あけし，リーマ加工をする.

## 加工内容

1. NC旋盤による，端面削り・外丸削り・溝切り
2. 普通旋盤による穴あけ，リーマ加工
3. 立てフライス盤によるパワーピストンコンロッド取り付け部の平面加工・穴あけ・ねじ切り

## 準　備

**工作物**　A2017BD　　φ40×50　　C2700BD　　φ10×5

**工　具**　片刃バイト・真剣バイト・突切りバイト（3mm幅）・センタ穴ドリル・ドリル（φ2.4，
φ5.8，φ9.6）・リーマ（φ6）・タップ（M3）・エンドミル（φ14）・やすり・銅板

**測定具**　ノギス・外側マイクロメータ・ピッチゲージ

**消耗品**　潤滑油・切削油・ウエス

## 順序・内容

**1**　普通旋盤に工作物を取り付け，片刃バイトで端面削りを行い，長さ50mmにする。

> 注　50mmの長さに加工するのは，NC旋盤のチャックのつかみしろを加えたためであり，**5**の加工で長
> さ40mmになる。

**2**　内径の加工とロッドスライドシールの圧入を行う。

① センタ穴をあけたあと，φ9.6のドリルで貫通穴をあける。

② φ9.6mmの穴にロッドスライドシール（部品番号⑧は事前に製作しておく）を圧入す
る。なお，圧入する深さはパワーピストンの両端の寸法に合わせる。

> 注　図23のような押込み具を深さに合わせて製作しておけば，
> 一定の深さまで押し込むことができる。

**3**　外径の加工を行う。

① NC旋盤にロッドスライドシールを圧入した工作物
を取り付け，端面と外径を加工する。制御装置のオフ
セットによりシリンダ内径に挿入できるように加工す
る。

**図23　ピストン・ロッドスライド
シール・押込み具**

このとき，冷却シリンダの内径に合わせるため，外径を大きめに加工し，プログラムのオフセットにより少しずつ修正加工を行う。

② 外径を外側マイクロメータで測定しながら（図24），はじめは切込みを0.05mm程度でオフセット加工し，冷却シリンダの内径に近づいたら切込みを0.005mmにして慎重に加工する。

③ オフセットにより外径加工が終わったピストンを冷却シリンダに挿入し，気密性を確認する（図25）。

注 強めの抵抗をもって往復する程度にする。

④ 突切りバイトを使用して，外周部の溝切りを行う。

注 外径のプログラムに続けてパートプログラムとすることで連続して加工ができる。

注 ばりをとるさいには，細かな布やすりを使用する。

⑤ 普通旋盤に取り付け，片刃バイトで端面削りを行ってNC加工時のつかみしろを削り落とし，長さを40mmに仕上げる。

注 パワーピストンの仕上がった外周をチャックでつかむことになるが，傷などがつくとシリンダとの気密が低下する。そのため，銅板などの保護具で巻くか，スプリングコレットを製作して取り付けること。

⑥ 小径部（φ26）の段付け加工を行う。

注 φ26はM3のめねじを加工する平面部分になるので，精度はあまり要しない。

⑦ 工作物の中心にセンタ穴をあけ，φ5.8のドリルで貫通穴をあける。

注 このとき，ドリルの送りが速いと圧入したロッドスライドシールが抜けることがある。そのため，送りは慎重に行うこと。とくに，奥側のスライドシールは，センタ穴をあけずに貫通させるので，きわめて慎重にドリルを送ること。

⑧ φ5.8の貫通穴に，φ6のリーマを使用してリーマ加工を施す（図26）。

注 回転速度は$75\,min^{-1}$とし，切削油をじゅうぶんに注ぎながらゆっくりと通すこと。

図24 外側マイクロメータによる測定

図25 シリンダのはめあわせ

図26 リーマ加工

⑨ パワーピストンコンロッド取り付け部を加工する。

① 立てフライス盤に取り付け，パワーピストンコンロッドを取り付けるためのねじ面を$\phi$14のエンドミルで平面加工を行う（図27）。

注 万力で強く締め付けると変形してしまうので注意する。

② けがきを行い，$\phi$2.4のドリルでタップの下穴をあけたあとM3のタップでねじ切りを行う。

注 穴は貫通させないこと。

図27 エンドミルによる平面加工

⑩ 冷却シリンダに挿入し，潤滑油をじゅうぶんに注ぎながら手で往復させてあたりを出す。

注 はじめは固くて動きにくいが，数多く往復させることで抵抗なくスライドできるようになる。また，穴をふさいで気密性を確かめる。このシリンダとピストンの出来具合が性能に大きく影響する。

図28 完成した
パワーピストン

# 総合実習6　クランクアームの加工(部品番号⑬, ⑭)

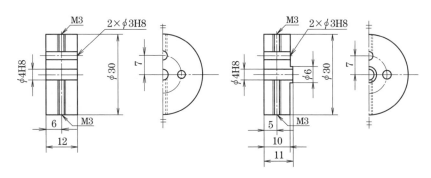

### 加工内容

**1.** 普通旋盤による端面削り・中心部の穴あけ・リーマ加工

**2.** 帯のこ盤による切断

**3.** マシニングセンタによる偏心位置の穴あけ(ほかの方法で加工してもよいが, 中心と偏心の寸法が正確でないと, 組立てさい, ねじれによる抵抗でエンジンが動作しない)

**4.** 手仕上げによるタップ立て

### 準　備

**工作物**　A6063BE　$\phi 30 \times 50$

**工　具**　片刃バイト・真剣バイト・センタ穴ドリル・ドリル($\phi 2.4$, $\phi 3$, $\phi 3.8$)・タップ(M3)・タップハンドル・リーマ($\phi 4$)

**測定具**　ノギス・ピッチゲージ

**その他**　端面削り用スプリングコレット・偏心穴加工用位置決め治具

**消耗品**　潤滑油・切削油・ウエス

### 順序・内容

**1** 外径部の加工を行う。

① 工作物を普通旋盤に取り付け, 両端を片刃バイトで端面削りし, 真剣バイトで面取りする。

② 帯のこ盤を使用して, 中央部を切断する(それぞれの片面は**1**で仕上がっている)。

③ 工作物の仕上がり面を奥にして, クランクアーム端面削り用スプリングコレットに入れたあと, 旋盤のチャックに取り付け, 部品番号⑬は12 mm, 部品番号⑭は10 mm(中心部は11 mm)の厚さになるよう, 片刃バイトで端面削りし(図29), 真剣バイトで面取りを行う。

**2** 中心にセンタ穴をあけ, $\phi 3.8$のドリルで穴あけしたあと, $\phi 4$リーマを通す。

　　**注** 回転速度は$75\,\text{min}^{-1}$でゆっくりと通すこと。

**図29　スプリングコレットを使用した加工**

注 リーマを通すのは，マシニングセンタを使用して偏心位置に穴をあけるさい，穴基準で穴あけをするためである。偏心の寸法誤差が大きいと，クランクシャフトが滑らかに回転しないので，エンジンは動かない。そのため，正確に位置決めし，穴あけすることが重要である。

③ 偏心位置の穴あけを行う。

① クランクアームの偏心位置に，$\phi 3\,mm$の穴をあけるための治具（図33）をマシニングセンタに万力で取り付け，②でつくったクランクアームの素材をねじ止めにする。

② 7mmの偏心位置（ストロークは14mmとなる）に$\phi$2mmのセンタ穴ドリルでセンタ穴をあけ，$\phi 3$のドリルで穴あけを行う（図30）。

注 ディスプレーサとパワーピストンの位相差は90°とするので，穴の位置決めは偏心量を含めて正確に行うこと。また，位置決め治具を製作して取り付ければ，互換性のある部品を製作できる利点がある。

図30 位置決め治具を使用した加工

④ クランクピンおよびクランク中心軸を固定するための止めねじの下穴を$\phi 2.4$のドリルであけ，M3のタップ立てを行う。

⑤ ③の作業にともない，シャフトの穴にばりができるので，$\phi 3$のドリルまたはリーマで内部のばりをとる。

図31 完成したクランクアーム

## クランクアーム端面削り用スプリングコレット

旋盤・横フライス盤・割出し台を使用して製作する。

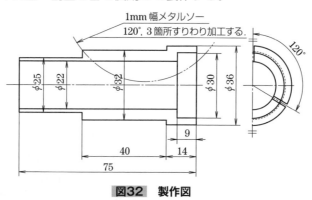

図32 製作図

## クランクアームの偏心穴加工用位置決め治具

3個のクランクアームを固定し，連続で穴あけをするための位置決め治具で，マシニングセンタの万力に取り付けて使用する。あまり力はかからないので，鋳鉄やアルミニウムなどでベースをつくり，φ4のリーマ穴に，φ4のSKロッドを挿入し，ねじで材料を固定する。

**図33** 偏心穴加工用位置決め治具

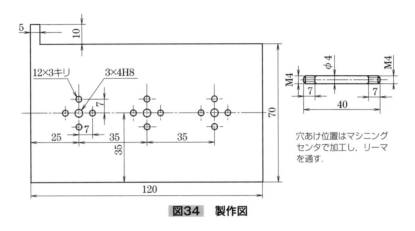

穴あけ位置はマシニング
センタで加工し，リーマ
を通す．

**図34** 製作図

# 総合実習7 ベアリングブロックの加工（部品番号⑯）

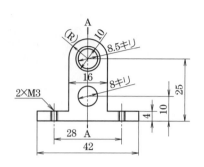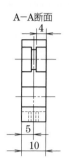

## 加工内容

**1.** 普通旋盤による端面削り・穴あけ・中ぐり

**2.** 立てフライス盤による正面加工・側面加工

**3.** 帯のこ盤による切断

**4.** ボール盤による穴あけ

## 準備

**工作物** A6063BE φ50×30

**工具** 片刃バイト・穴ぐりバイト・センタ穴ドリル・ドリル（φ2.4，φ8，φ8.5）・エンドミル（φ20）・タップ（M3）・スプリングコレット・位置決め治具

**測定具** ノギス・ピッチゲージ

**消耗品** 潤滑油・切削油・ウエス

## 順序・内容

① 工作物を普通旋盤に取り付け，片刃バイトで両端面の端面削りを行う。

② 仕上がった端面から11mmのところを帯のこ盤で切断する。

③ 工作物の仕上がっている面を奥にして，ベアリングブロックおよびフライホイール加工用スプリングコレット（図39）に取り付けたのち，旋盤のチャックで締め付け，片刃バイトで端面削りを行い，厚さ10mmに仕上げる。

**図35 エンドミルによる側面加工**

④ 複数個を同時に立てフライス盤の万力に固定し，φ20のエンドミルを使用して切込み深さ30mmで両側から側面加工を行う（図35）。

注 万力から取り外すまえに，位置決め治具の幅にはまり合うか確認すること。

注 あらかじめ，けがきをしておくと加工のめやすになる。また，立てフライス盤をハンドルモードで使用すれば，正確に加工できる。

5 底面の加工を行う。

① 工作物を反転させて万力に固定し，平面加工を施して厚さを4mmに仕上げる(図36)。

② 底面の長さが42mmになるように側面加工を行う。

6 ベアリング取り付け穴を加工する。

① 旋盤加工でベアリング取り付け穴を正確に加工するため，位置決め治具(図40)を使用する。

② 位置決め治具に取り付けるための穴の位置をけがき，ボール盤でφ8mmの穴あけを行う。

> 注 治具にはM6の六角穴付きボルトで取り付けるが，ボルトがはいればよいので，とくにφ8mmでなくてもよい。

③ 位置決め治具を旋盤のチャックに取り付けたあと，工作物を六角穴付きボルトで固定する。

④ 中心にセンタ穴をあけたあと，φ8.5のドリルで穴あけを行う(図37)。

> 注 シャフトが通る穴の寸法は，ベアリングの内輪以上あればさし支えないが，ここでは外輪の内径に合わせている。

⑤ 工作物の両面にベアリング取り付け穴(φ10×4)をあけるため，穴ぐりバイトで中ぐりを行う。

> 注 ベアリングMR104(外径φ10mm，内径φ4mm，幅4mm)を入れて確認すること。

7 フレームに取り付けるねじ穴を加工する。

① ねじ穴の位置をけがき，φ2.4のドリルで下穴をあける。

② M3のタップでねじ立てを行う。

図36 エンドミルによる底面の加工

図37 治具を使った穴あけ

図38 完成したベアリングブロック

## ベアリングブロックおよびフライホイール加工用スプリングコレット

旋盤・横フライス盤・割出し台を使用して製作する。

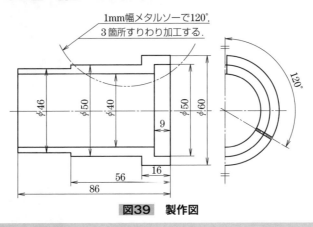

図39　製作図

## ベアリングブロック加工用位置決め治具

　図40に示した位置決め治具は，4種類の高さにベアリング穴が加工できるようにしたものである。

　普通旋盤・立てフライス盤（φ16エンドミル）・手仕上げで製作する。

　素材は，鋼でもアルミニウムでもよい。

図40　位置決め治具

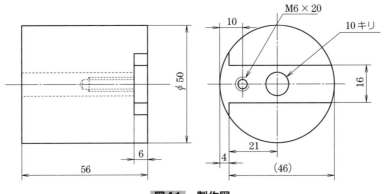

図41　製作図

# 総合実習8　フライホイールの加工（部品番号⑰）

### 加工内容

1. 普通旋盤による端面削り・正面削り・穴あけ
2. 手仕上げによるねじ切り

### 準　備

**工作物**　C2700BD　φ50 × 13

**工　具**　片刃バイト・穴ぐりバイト・真剣ドリル・ドリ
　　　　ル（φ2.4，φ3.5，φ3.8）・リーマ（φ4）・タップ
　　　　（M3）

**測定具**　ノギス・ピッチゲージ

**消耗品**　潤滑油・切削油・ウエス

### 順序・内容

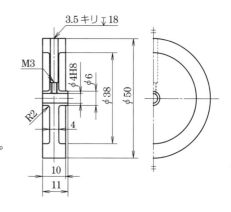

1. 工作物をスプリングコレットに入れたあと，旋盤の
チャックに取り付け，片刃バイトで端面削りをする。
外周部は真剣バイトで面取りをする。

2. 中心にセンタ穴をあけ，φ3.8のドリルで下穴をあ
けたのち，φ4のリーマを通す（図42）。

   注　低速回転で行い，切削油をじゅうぶんに注ぐこと。

**図42　リーマ仕上げ**

3. 軽量化のため，穴ぐりバイトで正面削りを行い，リ
ム状に加工する（図43）。

4. 材料を反転させ，厚さ10 mm（中心部は11 mm）に
なるよう片刃バイトで端面削りを行う。

5. ③と同様に，中心部を穴ぐりバイトを使用して正面
削りを行い，肉厚を4 mmにする。

   注　リム状に加工することで，軽量化とともに慣性効果を大
   きくできる。

**図43　リム状に加工**

6. 真剣バイトで面取りを行う。

7. 固定ねじ（M3）の下穴をあけるためにけがきを行う。

⑧ 穴あけのためにボール盤の万力に取り付ける。このとき，けがき線を直線定規で垂直に合わせてボール盤の万力に取り付ける。ドリルの中心をポンチ穴にあわせたあと，しゃこ万力で機械万力をテーブルに固定し，先に φ3.5 のドリルで深さ 18 mm まで深座ぐりを行い，次に φ2.4 のドリルで貫通させる（図44）。

> **注** 必ず座ぐりを先に行うこと。材料が黄銅などの柔らかい材料の場合，下穴をあけたあとで座ぐりを行うと，ドリルが急激に下穴に食い込み，思わぬ失敗をすることがある。また，より安全のために，しゃこ万力で固定しておくこと。

**図44 側面への穴あけ**

⑨ M3のタップでねじ立てを行う。

> **注** 中心の穴にばりができるので，φ4 mm のリーマを通して，ばりを取っておくこと。

**図45 完成したフライホイール**

# 総合実習9　シリンダ取付金具の加工(部品番号⑳)

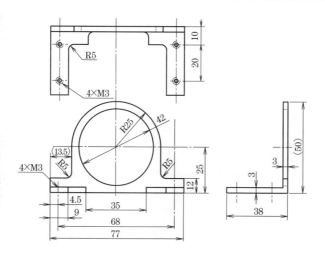

## 加工内容

**1.** NCフライス盤による加工

## 準　備

**工作物**　A6063S　等辺アングル　　50 × 50 × 77, t3

**工　具**　エンドミル(φ10 ~ φ20)・ドリル(φ2.4)・タップ(M3)・やすり

**消耗品**　潤滑油・切削油・ウエス

## 順序・内容

1 　NCフライス盤の万力に工作物を取り付け,エンドミルを使用してシリンダ取付穴を加工する(図46)。

> 注 エンドミルの径は工具径補正を行うことで対応できるので,とくに指定しないがφ10mmからφ20mmでよい。内径は冷却シリンダのおねじの外径(φ42mm)より0.1mm程度大きめに削る。

> 注 刃物が万力の上面に接触しないよう,工作物を5mmほど上にずらしてつかむこと。

**図46　シリンダ取付穴の加工**

② 反転させて万力でつかみ，フレーム取付部を加工する（図47）。

　注 けがきをしてからハンドルモードで加工してもよい。

③ 取付け部のねじの位置をけがき，φ2.4のドリルで穴あけをしたあと，M3のタップでねじ立てを行う。

　注 冷却シリンダをリングナットで締め付けたさい，エンドミル加工のR面が接触する場合には，接触する部分をやすりで斜めに削り取る。

**図47　フレーム取付部の加工**

**図48　完成したシリンダ取付金具**

# 総合実習10　その他の部品－1（部品番号⑨，⑩，⑪，⑫，⑮，⑲）

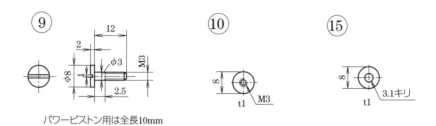

パワーピストン用は全長10mm

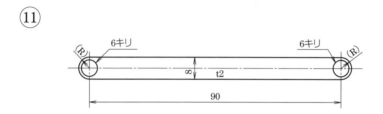

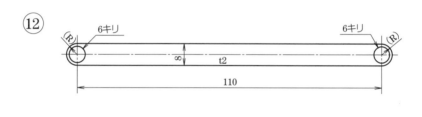

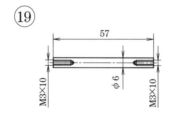

# 総合実習11　その他の部品－2(部品番号⑱,㉑,㉒,㉓,㉔)

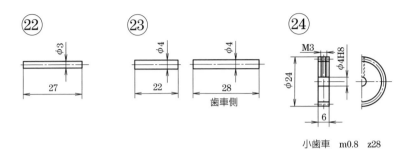

㉒　⌀3　27

㉓　⌀4　22　⌀4　28　歯車側

㉔　M3　⌀4H8　⌀24　6

小歯車　m0.8　z28

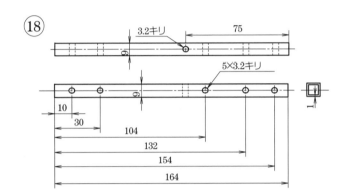

⑱

3.2キリ　75

5×3.2キリ

10
30
104
132
154
164

9

1

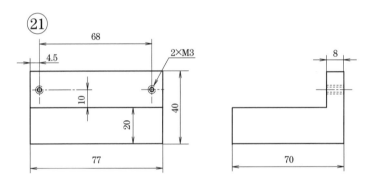

㉑

68
4.5
2×M3
10
20
40
77

8
70

# 総合実習12　組立・調整および運転

　部品ができあがったところで組立を行う。部品が正確にできていても，組立と調整が悪いと動作しないので，組立の途中で滑らかに動くかを確認しながら組み立てる。抵抗が大きいときは，その都度原因を究明し，解決しながら組み立てていくことがたいせつである。

**図49　完成したすべての部品**

**準　備**

**工作物**　組立部品①〜㉚

**工　具**　ドライバ(＋，−)・六角レンチ・スパナ

**消耗品**　潤滑油・ガスバーナ・ウエス

**順序・内容**

**A——組立**

1　クランクシャフトの組立を行う。

　①　クランクピンの中心が合っていなければならないため，長めのφ4のSKロッドにクランクアームを挿入する。

　②　クランクピンをさし込むとき，1mmカラー，ベアリング(MR63)，コンロッド，1mmカラーの順番に組み立てたのち，0.2mm程度の遊びを設けて六角穴付き止めねじ(M3×6)で固定する(図50)。

**図50　クランクシャフトの組立**

　③　はじめに挿入したφ4のSKロッドを引き抜く。

　　注 これによりクランク軸のねじれを防止できる。

　④　両側のクランクシャフトを中心穴に取り付ける。

　　注 回転方向に対して，ディスプレーサがパワーピストンよりも90°先に進むように組み立てること。

2　フレームにフレーム補強材をM3の植え込みねじ(長さ26)となべ小ねじで取り付け，フレームが水平になるように組み立てる。転がり軸受(MR104)を左右2個ずつ挿入したベアリングブロックとセンターシャフト，フライホイールを組み立てて，フレームの内側になべ小ねじで固定する(図51)。

3　1で組み立てたクランクを，フライホイールの中心シャフトにさし込む。

　　注 両側のクランクシャフトの中心が偏心しているとエンジンは抵抗が大きくて動かないので，中心をしっかり出すこと。また，0.2mm程度のあがき(軸方向の遊び)を付けることが必要である。

4　両側のクランクシャフトにベアリング(MR104)をはめたベアリングブロックをさし込み，フレームになべ小ねじで固定する(図52)。

　　注 この状態でフライホイールを回転させたとき，抵抗なく回転することが重要である。この調整が悪いと抵抗が大きすぎてエンジンが動かないことが多い。

5 パワーピストンおよびディスプレーサの組立を行う。

① ディスプレーサロッドをパワーピストンの穴に通し，ディスプレーサに取り付ける。

② パワーピストンコンロッドにベアリング(MR63)を挿入したのち，スペースねじカラーを入れ，コンロッド取付けねじでパワーピストンに固定する。

③ ディスプレーサコンロッドにベアリング(MR63)を挿入したのち，スペースねじカラーを入れ，コンロッド取付けねじでディスプレーサロッドに取り付ける。

**注** ディスプレーサロッド側はナットで締め付けるが，滑らかに動かすためにはベアリング側面にわずかなすき間が必要であり，0.2 mm程度の遊びが必要である。ロッドやピストンに直接締め付けて，かしめてしまわないこと。

 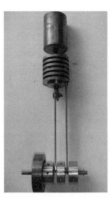 

| 図51 フレームの組立 | 図52 クランク部の組立 | 図53 パワーピストンおよびディスプレーサの組立 |

6 先にリングナットを挿入しておき，シリンダ取付け金具をなべ小ねじでフレームに固定する(図53)。その後，冷却シリンダを取付け金具に挿入し，リングナットでゆるまないようしっかりと締め付ける。

**注** ここで，フライホイールを回転させ，ディスプレーサを上下に動かし，シリンダの壁面にディスプレーサが接触しないことを確かめる。

7 ディスプレーサシリンダを冷却シリンダに取り付ける。

**注** 空気が漏れるおそれがあるほど，ねじに隙間がある場合は，パッキンニスなどを塗ってから締め付ける。フライホイールを手で回転させることにより，ピストンによる圧縮を，上死点・下死点付近で感じることができればよい。

8 なべ小ねじでベースを取り付ける。

**B──調整**

1 加熱するまえに回転部分としゅう動面に潤滑油を注油する。

**注** 潤滑油は，粘度が高いものを使用すると粘性抵抗で回転速度が上がらないので，粘度の低いものを使用すること。

2 ディスプレーサシリンダを外部からバーナで加熱する。じゅうぶんに加熱したのち，ディスプレーサが90°先に進む方向にフライホイールを手で回してやると勢いよく回転をはじめる。

図54 完成

図55 ガスバーナを取り付けた
スターリングエンジン

**2** # ライントレースカーの製作

 ## ① 概　要

第15章では，Arduinoマイコンの基礎とプログラムの作成方法を学習した。

ここでは，マイコンで制御できるライントレースカーを製作することで，機械工作，電子工作，センサ技術，モータ制御など，マイコンを活用した制御プログラム等の総合的な知識や技術を学習する。

## ② ライントレースカーの紹介

製作するライントレースカーは，左右にDCモータを備え，プログラムで自律走行できるロボットである。図1に示すように，このライントレースカーは入力としてスイッチ・センサ・通信ポートを装備し，その信号をArduinoマイコンで処理することで，LEDやモータを制御して走行させることができる。また，システムモニタプログラムを搭載することで，通信機能や学習機能をもたせることも可能である。

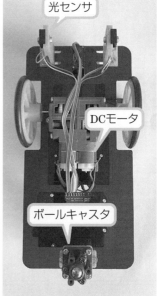

光センサ

DCモータ

ボールキャスタ

超音波センサ

Arduino UNOマイコン

単3乾電池

LED

PBS

モータドライバIC

9V角形電池

車輪

**図1　ライントレースカーの構成**

## ③ ライントレースカーの構成と概要

ライントレースカーは，電源・駆動部，ライントレースカー車体，センサ，制御回路部の4部門で構成されている。各部について紹介する。

### ■1 電源・駆動部

走行用モータは，一定のトルクが必要なため，ギヤボックス付き小型DCモータを使用する（図2）。駆動電源は，マイコン電源として，9V角形電池（006P）1個とモータ駆動用として単三乾電池4本を使用している。車輪は，3Dプリンタで製作し，グリップ力確保のためOリングを取り付けている（図3）。直径65mmのアルミ材を旋盤で加工することも可能である。

**図2　ギヤボックス（タミヤ製）**

**図3　車輪**

### ■2 ライントレースカー車体

ライントレースカーの車体は，厚さ3mmのアクリル板を使用する。アルミ材でも加工できる形状である。アクリル板は，レーザー加工機で，アルミ材は手仕上げや放電加工機，マシニングセンタでも加工できる。

### ■3 センサ

センサは白の地面に貼られた黒のライン（黒地に白ラインでも可）を読み取り走行できるように，光センサを装備する。また，ライントレースだけではなく，壁を感知したり距離を計測したりするなど，発展的な制御ができるように，超音波センサも装備する（図4）。

**a.光センサ**　　光センサはラインを読み取るため，反射型の光センサを使用する。光センサは発光素子（赤外線LED）と受光素子（ホトトランジスタ）が組み込まれており，白では赤外線の反射率が高く，黒では反射

**図4　光センサと超音波センサ**

率が低いため，黒ライン上ではホトトランジスタに入射する光が白よりも弱く，ホトトランジスタに流れるコレクタ電流も白よりも小さくなる。コレクタ電流が流れる回路に取り付けた30kΩの抵抗により，白と黒を読み取ったときとの電圧差が生じる。その電圧差をアナログ入力端子に接続し，アナログ値を読み取る回路となっている。室内の照度によっても，しきい値が異なるため，シリアルモニタの機能を使って白ラインと黒ラインの値を計測し，その値をプログラムで利用する。

**b. 超音波センサ**　　超音波センサは，スピーカとマイクのような原理で，スピーカ(トリガー)から出た超音波が物体に当たり，跳ね返ってきた超音波をマイク(エコー)が受信した時間で距離を計測できるしくみである。また，物体の有無も判断できる。利点としては，検出する物体の色が異なっても影響を受けず，透明の物体でも検知できることや物体までの検出距離が長いことである。欠点としては，柔らかい布や泡立った液体など音を吸収しやすい物体の検知に不向きなことや，風や温度の影響を受けやすいことなどがある。

## 4 制御回路

**a. Arduinoマイコン**　　マイコンはArduino UNOを使用する。Arduino UNOを使用する理由は，上部に制御回路基板を設置できるような入出力ピンの向きになっているためである。Arduino UNOと接続されたセンサやスイッチ，モータドライバなどのI/O割り付け表を表1に示す。

**表1　I/O割り付け表**

| ピン番号 | 用　途 | ピン番号 | 用　途 |
|---|---|---|---|
| D2 | BS1 | D10 | B_IN_1 |
| D3 | BS2 | D11 | B_IN_2 |
| D4 | 超音波センサ(エコー) | D12 | LED1 |
| D5 | サーボモータ | D13 | LED2 |
| D6 | A_IN_1 | A0 | 光センサ1 |
| D7 | 超音波センサ(トリガー) | A1 | 光センサ2 |
| D9 | A_IN_2 | | |

**b. モータドライバ**　　ライントレースカーで使用するDCモータドライバは，DRV8835である。一つのドライバで2個のモータをそれぞれ制御できる。なお，今回は，ドライブ能力を増すため，モータ出力A・Bを並列に接続し，1つのモータドライバで1個のモータを制御している。出力信号による動作パターンについては図5を参照する。モータスピードを制御するため，PWM信号が出力可能なピンであるD6，D9，D10，D11に接続している。DCモータと並列に接続されているコンデンサ(0.01μF)はノイズ対策である。

## 5 ライントレースカーの動き

ライントレースカーは，左右二つのDCモータを正転，逆転，停止，ブレーキさせることで制御する。図5にライントレースカーの動きと左右のDCモータの制御信号を示す。また，光センサで検知したデータや超音波センサからのデータをArduinoマイコンに取り込んで処理することで，車輪を制御し自在に走行できる。基板上のLED2個を使用し，プログラムにより状態を可視化することも可能である。

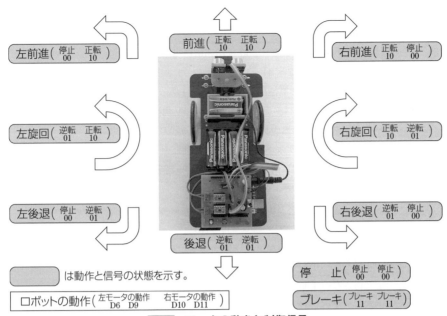

左前進 ( 停止 正転 )
         00   10

前進 ( 正転 正転 )
       10   10

右前進 ( 正転 停止 )
         10   00

左旋回 ( 逆転 正転 )
         01   10

右旋回 ( 正転 逆転 )
         10   01

左後退 ( 停止 逆転 )
         00   01

後退 ( 逆転 逆転 )
       01   01

右後退 ( 逆転 停止 )
         01   00

停　止 ( 停止 停止 )
          00   00

ブレーキ ( ブレーキ ブレーキ )
           11    11

　　　　　　 は動作と信号の状態を示す。

ロボットの動作 ( 左モータの動作 右モータの動作 )
                  D6  D9     D10  D11

**図5　モータの動きと制御信号**

## 6 ライントレースカー仕様と必要部品

　ライントレースカーは，走行を2輪のタイヤで行う。方向転換など自由に走行するため，後方にはボールキャスタを使用する。モータドライバについては，回路設計を行い基板加工機で製作する。そのほか，エッジングで基板を製作することやユニバーサル基板を使用し製作することも可能である。注意点として，試作等における動作のさいは，安定化電源を必ず使用し，モータ等の動作を確認後，乾電池での走行を行う。また，電源電圧を管理するため，小さな電圧計を取り付けてもよい。

　ライントレースカーに使用する部品を表2に示す。

表2　部品表

| 部品名 | 材料・規格・数量 |
|---|---|
| 本体部 | ・車体(アクリル樹脂, 150×250×t3mm)　1枚 |
| | ・電池ボックス　(UM3×4)　1個 |
| | ・電池ボックス9V角形電池用(PLA樹脂)　1個 |
| | ・2.1mmDCプラグ付バッテリースナップ(9V角形電池用)　1個 |
| | ・ボールキャスタ　(タミヤ製　No.144)　1個 |
| | ・ボールキャスタブラケット(PLA樹脂)　1個 |
| | ・十字穴付きなべ小ねじ(M1.6×8)　4個　※超音波センサ用 |
| | ・ナット　(M1.6)　4個　※超音波センサ用 |
| | ・タッピングネジ(M2×8mm)　2個 |
| | 　※超音波センサブラケット取り付け用 |
| | ・タッピングネジ(M2×5mm)　1個　※サーボホーン取り付け用 |
| | ・十字穴付きなべ小ねじ(M2×8)　2個　※サーボ取り付け用 |
| | ・十字穴付きなべ小ねじ(M2×12)　2個　※光センサ取り付け用 |
| | ・十字穴付きなべ小ねじ(M3×12)　4個 |
| | 　※ギヤボックス取り付け用　2個 |
| | 　※タイヤ固定用　2個 |
| | ・十字穴付きなべ小ねじ(M3×10)　8個 |
| | 　※光センサブラケット取り付け用　4個 |
| | 　※ボールキャスタブラケット取り付け用　2個 |
| | 　※ギヤボックス取り付け用　2個 |
| | ・プラスチック小ねじ(M3×10)　3個　※Arduinoマイコン取り付け用 |
| | ・スペーサ(内径3mm, 厚さ3mm)　※Arduinoマイコン取り付け用 |
| | ・十字穴付き皿小ねじ(M3×8)　2個　※電池ボックス取り付け用 |
| | ・平座金　(2mm)　6個　※サーボ取り付け用　2個 |
| | 　　　　　　　　　　　　　※光センサ取り付け用　4個 |
| | ・平座金　(3mm)　16個 |
| | 　※光センサブラケット取り付け用　4個 |
| | 　※ボールキャスタブラケット取り付け用　8個 |
| | 　※ギヤボックス取り付け用　2個 |
| | 　※タイヤ固定用　2個 |
| | ・ばね座金　(3mm　6個) |
| | 　※ボールキャスタブラケット取り付け用　6個 |
| | 　※ギヤボックス取り付け用　2個 |
| | 　※タイヤ固定用　2個 |
| | ・ナット　(M2)　4個　※サーボ取り付け用　2個 |
| | 　　　　　　　　　　　※光センサ取り付け用　2個 |
| | ・ナット　(M3)　12個 |
| | 　※光センサブラケット取り付け用　4個 |
| | 　※ボールキャスタブラケット取り付け用　6個 |
| | 　※ギヤボックス取り付け用　2個 |

| 駆動部 | ・車輪(PLA樹脂)　2個 |
|---|---|
| | ・Oリング(P50A　内径49.7mm 線径5.7mm)　2個 |
| | ・ギヤボックス(タミヤ製ダブルギヤボックスNo.168)　1個 |
| | ・セラミックコンデンサ(0.01μF)　2個 |
| | ・2芯ケーブル　適量 |
| センサ | ・光センサ(EE-SF5：オムロン製，反射形)　2個 |
| | ・光センサブラケット(PLA樹脂)　2個 |
| | ・超音波センサ(HC-SR04)　1個 |
| | ・超音波センサブラケット(PLA樹脂)　1個 |
| | ・マイクロサーボ(SG-90)　1個 |
| マイコン・ドライブ回路部 | ・マイコン(Arduino UNO)　1個 |
| | ・ドライブ回路基板　1枚 |
| | ・トグルスイッチ　(基板用小型3P，1回路2接点)　1個 |
| | ・タクトスイッチ　(a接点)　2個 |
| | ・DCモータドライバ(DRV8835)　2個 |
| | ・LED(φ5)青2個，緑1個※D12，D13，電源確認用 |
| | ・カーボン抵抗(1/4W，330Ω)　2個　※光センサ用 |
| | ・カーボン抵抗(1/4W，100Ω)　3個　※LED用 |
| | ・カーボン抵抗(1/4W，10kΩ)　2個　※プルダウン用 |
| | ・カーボン抵抗(1/4W，30kΩ)　2個　※光センサ用 |
| | ・ピンソケット(リード長15mm)　1×6　1個 |
| | ・ピンソケット(リード長15mm)　1×8　2個 |
| | ・ピンソケット(リード長15mm)　1×10　1個 |
| | ・分割ロングピンソケット(1×40)　1個 |
| | ・スズメッキ線(0.6mm)　適量 |
| | ・10Pリボンケーブル(フラットカラーケーブル)　適量 |
| | ・電解コンデンサ(1000μF)　1個 |
| | ・セラミックコンデンサ(1μF)　1個 |

# 総合実習13 ライントレースカー本体の製作

## 実習内容

**1.** 3D CADを用いて部品のモデリングを行う。

**2.** 加工機に合わせたプログラムを作成し，部品製作を行う。

**3.** 組み立てを行う。

## 準 備

**材 料** p.316・317表2参照

**機 械** レーザ加工機，3Dプリンタ(アルミ材で製作する場合：放電加工機，旋盤，せん断機，ボール盤)

**工 具** タップ，やすり(アルミ板で製作する場合：ドリル，ホールソー，パンチ，ハンマ)

## 順序・内容

**1** ライントレースカー車体の製作

① 図9①に示す各部品の寸法を参考に3D CADでモデリングを行う。

② 図9①の部品はレーザ加工機または放電加工機により製作する(図6)。

③ 2.4mmの穴にタップでねじ切りを行う(図7)。

> **注** 車体の板厚が3mmと薄いため，ねじ切りは慎重に行う。

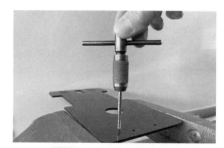

**図6 レーザ加工機で製作した車体**　　**図7 ねじ切りのようす**

**2** 光センサブラケット，ボールキャスタブラケット，車輪，超音波センサブラケットの製作

① 図9②～⑥に示す各部品の寸法を参考に3D CADでモデリングを行う(図8)。3Dプリンタで製作する場合はデータの拡張子を「STL」で保存する。

② STLデータから3Dプリンタ用のデータに変換するソフト(スライサー)により造形に関わる設定を行う(図10)。

**図8 3D CADでモデリング**

① 車 体

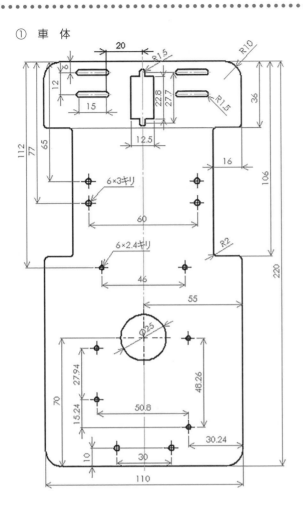

② 光センサブラケット

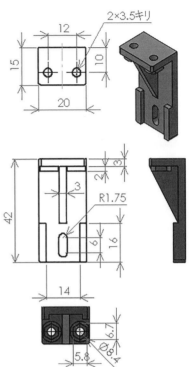

③ ボールキャスタブラケット

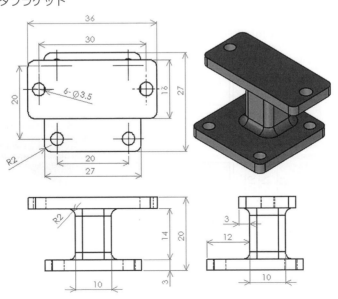

④ 車　輪

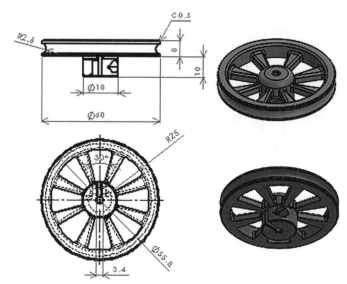

⑤ 超音波センサブラケット

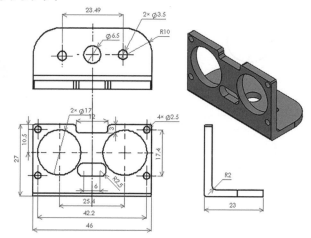

⑥ 電池ケース（9V角型電池）

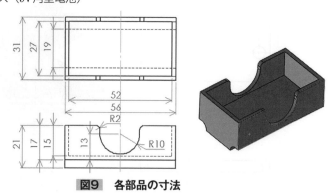

**図9** **各部品の寸法**

③　3Dプリンタで造形する（図11）。

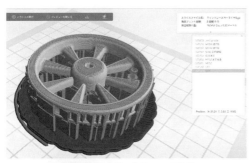

**図10　スライサーの画面**

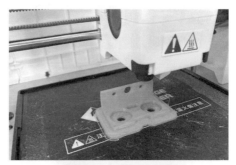

**図11　造形のようす**

④　車輪の固定は，ボス部とタイヤ部の間にスリットを入れ，締め付けられるしくみとなっている（図12）。旋盤で加工して製作する場合は，六角穴付き止めねじで固定を行う。

M3×12のネジで固定

**図12　3Dプリンタで造形した車輪の固定**

③　組立

①　図13に使用する部品を示す。表2の部品表を参考にねじ止めで組み立てる。9V角形電池ケースは両面テープで接着する。

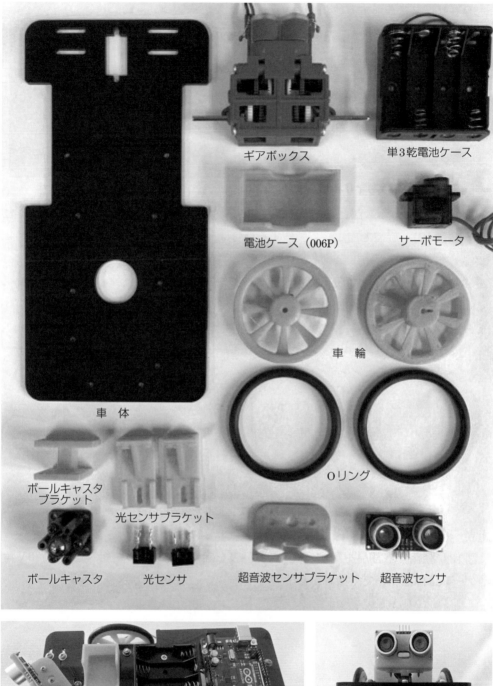

ギアボックス　　　　　単3乾電池ケース

電池ケース（006P）　　　サーボモータ

車　輪

車　体

Oリング

ボールキャスタ
ブラケット

光センサブラケット

ボールキャスタ　　光センサ　　　超音波センサブラケット　　超音波センサ

**図13**　使用部品と組み立てた車体

# 総合実習14　ライントレースカー制御基板の製作

## 実習内容

1. 基板の製作を行う。
2. センサとモータの取り付けを行う。

## 準 備

**材　料**　p.316・317の表2参照

**工　具**　はんだ，はんだごて，ニッパ，ラジオペンチ，ワイヤストリッパ

## 順序・内容

1　回路図

　制御基板の回路図を図14に示す。

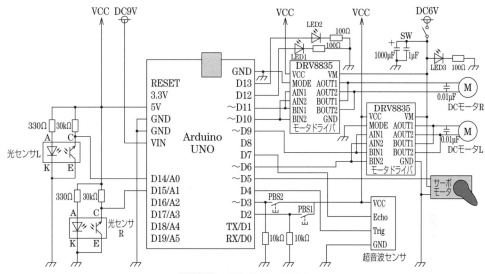

**図14**　制御基板の回路図

2　基板へのはんだ付け

① 図14の制御基板の回路図を参考に電子部品のはんだ付けを行う。

　　完成した基板を図15に示す。抵抗，LED，基板スイッチなど高さの低い部品からはんだ付けをすることにより，部品を基板に密着させやすくなる。また，LEDなど極性のあるものは取り付ける向きに注意する。

② 光センサ，超音波センサ，モータドライバの配線を行う。

　光センサなどについては，基板にピンヘッダ（モータドライバICはソケット）をはんだ付けし，センサ側のケーブルには，脱着できるようにピンソケット（モータドライバICはピンヘッダ）を取り付ける（図16）。

**図15　制御基板**

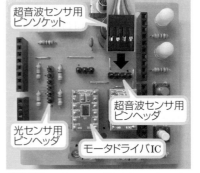

超音波センサ用ピンソケット

超音波センサ用ピンヘッダ

光センサ用ピンヘッダ

モータドライバIC

**図16　ピンヘッダとピンソケット**

　はんだ付け作業の要領とはんだ付けの悪い例とよい例を図17に示す。

はんだ付け作業

1) プリント基板上の銅面をはんだごてで加熱する。
2) 温度が上昇したら，はんだを押し当てて溶かし込む。
3) 部品を基板に押し付け密着させて固定する。

注 図17のはんだ付けの例を参考に正確に固定する。

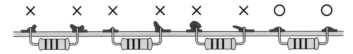

**図17　はんだ付けの悪い例とよい例**

3 光センサの取り付けと配線

　光センサの配線については図18に示すとおりに行う。ブラケットの凹み側に装着し，光センサが傾かないようにねじで固定する。

4 モータのはんだ付け

　ノイズ対策として，電解コンデンサ（0.01μF）をモータの端子間に並列に取り付ける。さらに，モータの端子とモータドライバ間をケーブルで接続する（図19）。

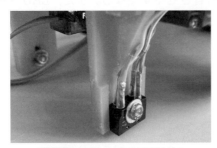

**図18　光センサの取り付け**

**図19　モータのはんだ付け**

5　動作確認

　Arduino UNOに制御基板を装着しテストを行う。走行は乾電池の電源で動くが，走行前に誤配線やショート箇所が無いか目視やテスタで確認し，その後は安定化電源ですべての動作確認を行う。動作確認の例は以下のとおりである。また，図20に動作確認用のプログラムを示す（プログラム解説は実習15を参照）。

◇BS1とBS2を両方押すと左モータと右モータが逆転

◇BS1を押すと左モータが50％のスピードで正転・サーボモータは45°

◇BS2を押すと右モータが50％のスピードで正転・サーボモータは135°

◇左センサが黒ラインを読むとLED1（D12）が点灯

◇左センサが黒ラインを読むとLED2（D13）が点灯

```
#include <Servo.h>
#define lightsensor_L 0  // 光センサ左（lightsensor_L）は"A0"に置換
#define lightsensor_R 1  // 光センサ右（lightsensor_R）は"A1"に置換
#define BS1 2        // BS1は"2"に置換
#define BS2 3        // BS2は"3"に置換
#define motor_L1 6      // 左モータ（motor_L1）は"6"に置換
#define motor_L2 9      // 左モータ（motor_L2）は"9"に置換
#define motor_R1 10     // 右モータ（motor_R1）は"10"に置換
#define motor_R2 11     // 右モータ（motor_R2）は"11"に置換
#define LED1 12      // LED1は"12"に置換
#define LED2 13      // LED2は"13"に置換
Servo servo;
int level_L, level_R;  // 変数「level_L, level_R」はint 型
void setup()      // 初期化の処理するプログラムを入力
{
  pinMode(BS1, INPUT);    // BS1（D2）=入力
  pinMode(BS2, INPUT);    // BS2（D3）=入力
  pinMode(motor_L1, OUTPUT); // motor_L1（D6）=出力
  pinMode(motor_L2, OUTPUT); // motor_L2（D9）=出力
  pinMode(motor_R1, OUTPUT); // motor_R1（D10）=出力
  pinMode(motor_R2, OUTPUT); // motor_R2（D11）=出力
  pinMode(LED1, OUTPUT);    // LED1（D12）=出力
  pinMode(LED2, OUTPUT);    // LED2（D13）=出力
  servo.attach(5, 500, 2400);
  pinMode(5, OUTPUT);
}
void loop() // 繰り返し実行する処理プログラムを入力
{
  level_L = analogRead(lightsensor_L); // 光センサのデータを　level_Lに代入
  level_R = analogRead(lightsensor_R); // 光センサのデータを　level_Rに代入
  if (digitalRead(BS1) == HIGH && digitalRead(BS2) == HIGH) // もしBS1と
BS2が両方ONならば，以下を実行する。
  {
    digitalWrite(motor_L1, LOW);
    digitalWrite(motor_L2, HIGH); //左モータ逆転
```

**図20　動作確認プログラム**

```
                    Arduino Nano                    ▼
  digitalWrite(motor_R1, LOW);
  digitalWrite(motor_R2, HIGH);         //右モータ逆転
  servo.write(90);                      //サーボモータ90°の位置
} else if (digitalRead(PBS1) == HIGH) // もしPBS1 がONならば，以下を実行する。
{
  analogWrite(motor_L1, 128);
  digitalWrite(motor_L2, LOW);   //左モータ50%のスピードで正転
  digitalWrite(motor_R1, HIGH);
  digitalWrite(motor_R2, HIGH);
  servo.write(45);                      //サーボモータ45°の位置
} else if (digitalRead(PBS2) == HIGH) // もしPBS2 がONならば，以下を実行する。
{
  digitalWrite(motor_L1, HIGH);
  digitalWrite(motor_L2, HIGH);
  analogWrite(motor_R1, 255);
  digitalWrite(motor_R2, LOW);   //右モータ50%のスピードで正転
  servo.write(135);              //サーボモータ135°の位置
} else if (level_L > 400) {      //もし，左センサは黒ならば
  digitalWrite(LED1, HIGH);      // LED1 点灯
  digitalWrite(motor_L1, HIGH);
  digitalWrite(motor_L2, HIGH);
  digitalWrite(motor_R1, HIGH);
  digitalWrite(motor_R2, HIGH);
} else if (level_R > 400) {      //もし，右センサは黒ならば
  digitalWrite(LED2, HIGH);      // LED2 点灯
  digitalWrite(motor_L1, HIGH);
  digitalWrite(motor_L2, HIGH);
  digitalWrite(motor_R1, HIGH);
  digitalWrite(motor_R2, HIGH);
} else {
  digitalWrite(LED1, LOW); // LED1 消灯
  digitalWrite(LED2, LOW); // LED2 消灯
  digitalWrite(motor_L1, LOW);
  digitalWrite(motor_L2, LOW);   //左モータ停止
  digitalWrite(motor_R1, LOW);
  digitalWrite(motor_R2, LOW);   //右モータ停止
  servo.write(90);               //サーボモータ90°の位置
  }
}
```

**図20　動作確認プログラム**

# 総合実習15　ライントレースカー制御プログラムの作成

### 実習内容

**1.** ライントレースカーの制御を通してArduinoマイコンの使い方を学習する。

**2.** 光センサを用いたライントレースカーの制御方法を学習する。

### 使用機器

パソコン　ライントレースカー本体　（ライントレース用のコース）

### 順序・内容

**1** ライントレース用のコース準備

　図21のコースは白地に黒のラインで構成され，スタートから直線，左カーブ，右カーブとある。さらに，黒ラインを囲むように壁(高さ150 mm程度)があり，超音波センサを使った走行ができる。光センサまたは超音波センサを使用して，スタートからゴールまでの時間などを競えるコースとする。

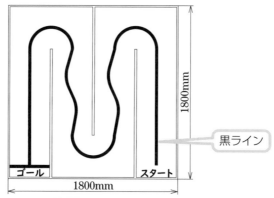

図21　ライントレース用のコース

**2** コースの上で光センサ入力を確認する。

　光センサが読み取る数値は，コース白地，黒ラインの種類，部屋の明るさや環境により異なるため，実際にライントレースカーを走行するコースの上で，以下の確認をする必要がある。

　① 光センサの高さを確認する。今回使用する光センサ(EE-SF5)の標準検出距離は，5 mmである(図22)。

　② 光センサは黒ラインを挟むように光センサの幅を確認する(図23)。

　③ シリアルモニタを使い，光センサの動作確認と白と黒の値を確認する(図24下の囲み)。
　　 値を確認すると，黒ラインの値は950，白地の値は35となり，中間の493をしきい値として設定し，493以上で"黒"，492以下で"白"と判断可能な制御プログラムを作成することができる。

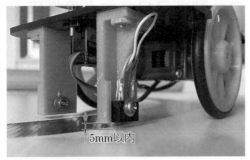

5mm以内

**図22** 光センサの高さ調整

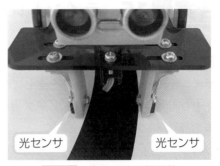

光センサ　　　　　　　光センサ

**図23** 光センサの幅調整

```
Arduino Uno

senser_atai_test.ino                                          ...
    1    // 光センサの値を確認するプログラム
    2    #define senser_L 0      // 置き換え（analogPin0 → "0"）
    3    #define senser_R 1      // 置き換え（analogPin1 → "1"）
    4    int level_L, level_R;   // 変数「level_L, level_R;」はint 型
    5    void setup()            // 初期設定
    6    {
    7      Serial.begin(9600);
    8    }
    9    void loop()  // メインの処理
   10    {
   11      level_L = analogRead(senser_L);  // AD 変換．デジタル値をvalue0 に代入
   12      level_R = analogRead(senser_R);  // AD 変換．デジタル値をvalue1 に代入
   13      Serial.print("level_L=");
   14      Serial.print(level_L);
   15      Serial.print("  level_R=");
   16      Serial.println(level_R);
   17      delay(300);
   18    }
```

出力　シリアルモニタ ✕

メッセージ（'COM3'のArduino Unoにメッセージを送信するにはE　改行なし　▼　　9600 baud　▼

```
level_L=947  level_R=36
level_L=949  level_R=35
level_L=949  level_R=35
level_L=948  level_R=34
level_L=948  level_R=37
```

左センサ（Level＝L）＝黒
右センサ（Level＝R）＝白

**図24** 光センサの値確認プログラムとシリアルモニタ

3 ライントレースプログラムの作成

① 光センサで白，黒を判断しプログラムでモータの動作を制御する。光センサとライント
レースカーの動きを表3に示す。

**表3　光センサとライントレースカーの動作**

| パターン | 光センサ左 | 光センサ右 | 左モータ | 右モータ | ライントレースカーの動き |
|---|---|---|---|---|---|
| a | 白 | 白 | 正転 | 正転 | 直進 |
| b | 白 | 黒 | 正転 | 停止 | 右前進 |
| c | 黒 | 白 | 停止 | 正転 | 左前進 |
| d | 黒 | 黒 | 停止 | 停止 | 停止 |

② 表3の動作，p.315図5モータの動きと制御信号を参考にプログラムを作成する。

　BS1を押してスタートし，ゴールまでライントレースする一連のプログラムを図25に示す。

```
//ライントレースプログラム
#include <Servo.h>
#define lightsensor_L 0   // 光センサ左(lightsensor_L)は"A0"に置換
#define lightsensor_R 1   // 光センサ右(lightsensor_R)は"A1"に置換
#define BS1 2        // BS1 は "2" に置換
#define BS2 3        // BS2 は "3" に置換
#define motor_L1 6      // 左モータ(motor_L1)は"6"に置換
#define motor_L2 9      // 左モータ(motor_L2)は"9"に置換
#define motor_R1 10     // 左モータ(motor_L1)は"10"に置換
#define motor_R2 11     // 左モータ(motor_L1)は"11"に置換
#define LED1 12       //LED1 は "12" に置換
#define LED2 13       //LED2 は "12" に置換
int level_L, level_R;   // 変数「level_L, level_R」はint 型
Servo servo;
void setup() // 初期設定  ↓
{
  pinMode(BS1, INPUT);      // BS1(D2)=入力
  pinMode(BS2, INPUT);      // BS2(D3)=入力
  pinMode(motor_L1, OUTPUT); // motor_L1(D6)=出力
  pinMode(motor_L2, OUTPUT); // motor_L2(D7)=出力
  pinMode(motor_R1, OUTPUT); // motor_R1(D9)=出力
  pinMode(motor_R2, OUTPUT); // motor_R2(D10)=出力
  servo.attach(5, 500, 2400);
  pinMode(5, OUTPUT);
  Serial.begin(9600);
}
void loop() // メインの処理  ↓
{
  level_L = analogRead(lightsensor_L); // 光センサ左のアナログデータを  level_L に代入
  level_R = analogRead(lightsensor_R); // 光センサ右のアナログデータを  level_R に代入
  int s1 = digitalRead(BS1);        // BS1 の値をintで宣言したs1 に代入
  if (s1 == HIGH)           // s1がHIGH(BS1 がON)ならば, { }内の条件へ進む
  {
    while (1) // ループ処理
    {
      level_L = analogRead(lightsensor_L); // 光センサ左のアナログデータを  level_L に代入
```

**図25　ライントレースプログラム**

```
⊘ ➡ ⊕   Arduino Nano          ▼

    level_R = analogRead(lightsensor_R);   // 光センサ右のアナログデータを   level_R に代入
    if (level_L < 499 && level_R < 499) {   //左センサと右センサが白と判断すると以下を実行
      analogWrite(motor_L1, 128);
      digitalWrite(motor_L2, LOW);   //左モータを約50%(128/255)の速さで正転
      analogWrite(motor_R1, 128);
      digitalWrite(motor_R2, LOW);   //右モータを約50%(128/255)の速さで正転
      digitalWrite(LED1, HIGH);
      digitalWrite(LED2, HIGH);
      servo.write(90);
    } else if (level_L > 500 && level_R < 499) {   //左センサは黒、右センサは白と判断すると以下を実行
      digitalWrite(motor_L1, HIGH);
      digitalWrite(motor_L2, HIGH);   //左モータ停止
      analogWrite(motor_R1, 128);
      digitalWrite(motor_R2, LOW);   //右モータを約50%(128/255)の速さで正転
      digitalWrite(LED1, LOW);
      digitalWrite(LED2, HIGH);
      servo.write(90);
    } else if (level_L < 499 && level_R > 500) {   //左センサは白、右センサは黒と判断すると以下を実行
      analogWrite(motor_L1, 128);
      digitalWrite(motor_L2, LOW);   //左モータを約50%(120/255)の速さで正転
      digitalWrite(motor_R1, HIGH);
      digitalWrite(motor_R2, HIGH);   //右モータ停止(ブレーキ)
      digitalWrite(LED1, HIGH);
      digitalWrite(LED2, LOW);
      servo.write(90);
    } else {   //左センサと右センサが黒と判断すると以下を実行
      digitalWrite(motor_L1, HIGH);
      digitalWrite(motor_L2, HIGH);   //左モータ停止(ブレーキ)
      digitalWrite(motor_R1, HIGH);
      digitalWrite(motor_R2, HIGH);   //右モータ停止(ブレーキ)
      digitalWrite(LED1, LOW);
      digitalWrite(LED2, LOW);
      servo.write(90);
    }
  }
}
  Serial.print("level_L=");
  Serial.print(level_L);
  Serial.print(" level_R=");
  Serial.println(level_R);
  delay(300);
}
```

**図25 ライントレースプログラム**

**研究**

　BS1を押してスタートすると，100％の速さで走行し，BS2でスタートすると30％の速さ
で走行できるようにプログラムをつくってみよう。

# 総合実習16 超音波センサによるプログラムの作成

### 実習内容

**1.** 超音波センサのしくみを理解し制御方法を学習する。

**2.** 超音波センサを用いたライントレースカーの制御方法を学習する。

### 使用機器

パソコン　ライントレースカー本体　（ライントレース用のコース）

### 順序・内容

1 超音波センサの制御

① 超音波センサについて　超音波センサ(HC-SR04)は，図26に示すとおり，接続端子は$V_{cc}$, Trig(トリガー)，Echo(エコー)，GNDの4本がある。しくみは，Trig(トリガー)から超音波を出力し，計測対象物に当たって跳ね返ってきた超音波をEcho(エコー)が入力用の信号として受信するまでの往復時間[μs](Duration)で距離を計測する。超音波センサの原理を図27に示す。

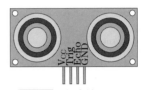

**図26　超音波センサ**

② 距離の算出について　往復時間から計測対象までの距離を算出するために以下の式を用いる。正確な距離を算出するためには，温度を考慮した音速から算出する必要があるが，ここでは温度を考慮せず，音速は約340[m/s]とする。また，往復時間[μs]を半分にし，単位をセンチメートル[cm]に換算するために100/1 000 000をかけている。

$$距離 = 340 \times \frac{往復時間}{2} \times \frac{100}{1\,000\,000} \quad [cm]$$

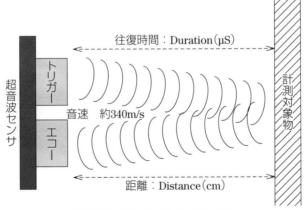

**図27　超音波センサのしくみ**

| プログラム | 解　説 |
|---|---|
| #define echoPin 4 | Echo Pinを"4"に置換 |
| #define trigPin 7 | Trigger Pinを"7"に置換 |
| double Duration = 0; | 受信した間隔　Duration　に0を代入(初期化) |
| double Distance = 0; | 距離　Distance　に0を代入(初期化) |
| void setup() { | |
| Serial.begin( 9600 ); | |
| pinMode( echoPin, INPUT ); | echoPin(D4)=入力 |
| pinMode( trigPin, OUTPUT ); | trigPin(D7)=出力 |
| } | |
| void loop() { | |
| 　digitalWrite(trigPin, LOW); | 超音波を停止 |
| 　delayMicroseconds(2); | 2us待つ |
| 　digitalWrite( trigPin, HIGH ); | 超音波を出力 |
| 　delayMicroseconds( 10 ); | 10us待つ |
| 　digitalWrite( trigPin, LOW ); | 超音波を停止 |
| 　Duration = pulseIn( echoPin, HIGH ); | echoPinに入力されるパルスを検出する |
| 　if (Duration > 0) { | |
| 　　Duration = Duration/2; / | 往復距離を半分にする |
| 　　Distance = | |
| Duration*340*100/1000000; | 音速340m/sをかけて距離を算出する |
| 　　Serial.print("Distance:"); | シリアルモニタへの表示設定 |
| 　　Serial.print(Distance); | |
| 　　Serial.println(" cm"); | |
| 　} | |
| 　delay(500); | |
| } | |

④ 距離を20cm一定に保ち，直進・後退をする追従プログラムを作成する。動作イメージを図28に，動作プログラムを図29に示す。

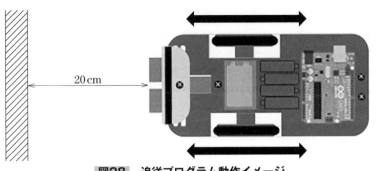

**図28** 追従プログラム動作イメージ

```
//実習16超音波センサによる追従プログラム
#include <Servo.h>
#define echoPin 4      // Echo Pinを"4"に置換
#define trigPin 7      // Trigger Pinを"7"に置換
#define motor_L1 6     // 左モータ(motor_L1)は"6"に置換
#define motor_L2 9     // 左モータ(motor_L2)は"9"に置換
#define motor_R1 10    // 左モータ(motor_L1)は"10"に置換
#define motor_R2 11    // 左モータ(motor_L1)は"11"に置換
#define LED1 12        // LED1 は "12" に置換
#define LED2 13        // LED2 は "13" に置換
Servo servo;
double Duration = 0; //受信した間隔 Duration に0を代入(初期化)
double Distance = 0; //距離 Distance に0を代入(初期化)
void setup() {
  Serial.begin(9600);
  pinMode(echoPin, INPUT);    // echoPin(D1)=入力
  pinMode(trigPin, OUTPUT);   // trigPin(D4)=出力
  pinMode(motor_L1, OUTPUT);  // motor_L1(D6)=出力
  pinMode(motor_L2, OUTPUT);  // motor_L2(D9)=出力
  pinMode(motor_R1, OUTPUT);  // motor_R1(D10)=出力
  pinMode(motor_R2, OUTPUT);  // motor_R2(D11)=出力
  pinMode(LED1, OUTPUT);      // LED1(D12)=出力
  pinMode(LED2, OUTPUT);      // LED2(D13)=出力
  servo.attach(5, 500, 2400); //
  pinMode(5, OUTPUT);
}
void loop() {
  digitalWrite(trigPin, LOW);      //超音波を停止
  delayMicroseconds(2);            // 2us待つ
  digitalWrite(trigPin, HIGH);     //超音波を出力
  delayMicroseconds(10);           // 10us待つ
  digitalWrite(trigPin, LOW);      //超音波を停止
```

**図29** ライントレースプログラム

```
Duration = pulseIn(echoPin, HIGH);  //echoPinに入力されるパルスを検出
if (Duration > 0) {
  Duration = Duration / 2;                //往復距離を半分にする
  Distance = Duration * 340 * 100 / 1000000;  // 音速を340m/sをかけて距離を出す
  Serial.print("Distance:");              //シリアルモニタへの表示設定
  Serial.print(Distance);
  Serial.println(" cm");
  servo.write(90);
}
if (Distance < 20) {  //  20cm以内になると後退
  digitalWrite(motor_L1, LOW);
  analogWrite(motor_L2, 128);  //左モータのスピード約50%（128/255）の速さで逆転
  digitalWrite(motor_R1, LOW);
  analogWrite(motor_R2, 128);  //右モータのスピード約50%（128/255）の速さで逆転
  digitalWrite(LED1, HIGH);    // LED1 に"HIGH"を出力
  servo.write(90);
} else if (Distance > 25) {    //  22cm以上になると前進
  analogWrite(motor_L1, 128);
  digitalWrite(motor_L2, LOW);//左モータのスピード約50%（128/255）の速さで正転
  analogWrite(motor_R1, 128);
  digitalWrite(motor_R2, LOW);//右モータのスピード約50%（128/255）の速さで正転
  digitalWrite(LED2, HIGH);   // LED2 に"HIGH"を出力
  servo.write(90);
} else {                 //  それ以外（20cmの場合）は停止
  digitalWrite(motor_L1, HIGH);
  digitalWrite(motor_L2, HIGH);  //左モータ停止
  digitalWrite(motor_R1, HIGH);
  digitalWrite(motor_R2, HIGH);  //右モータ停止
  digitalWrite(LED1, HIGH);    // LED1 に"HIGH"を出力
  digitalWrite(LED2, HIGH);    // LED2 に"HIGH"を出力
  servo.write(90);
}
delay(500);
}
```

**図29　ライントレースプログラム**

研　究

1. 超音波センサが取り付けられたサーボモータを0°・90°・180°の位置で距離を測定し，距離の一番遠い方向へ進むプログラムをつくってみよう。
2. ライントレースで使用したコースを，超音波センサのみで，スタートからゴールまで走行するプログラムをつくってみよう。

**■監修**

東京都立産業技術高等専門学校教授
富永一利

東京都立産業技術高等専門学校教授
松澤和夫

**■編修**

元千葉県立市川工業高等学校教諭
堂田　健

宮崎県立佐土原高等学校教諭
永野雄作

元東京都立総合工科高等学校教諭
吉原秀彦

実教出版株式会社

**■協力**

東京都立産業技術高等専門学校准教授
工藤正樹

表紙デザイン──難波邦夫
本文基本デザイン──㈱ウエイド

写真提供・協力──京都機械工具㈱, ㈱バイナス, 白光㈱,
フジ矢㈱, ㈱ミツトヨ, 三菱自動車工業㈱, 三菱電機㈱,
ミノル工業㈱, モノタロウ, ㈱ロブテックス

# 機械実習 3

## 材料試験・熱処理・工作測定・内燃機関・流体機械・電気電子・シーケンス制御・総合実習

ⓒ著作者　富永一利　松澤和夫
　　　　　ほか5名（別記）

●編者　実教出版株式会社編修部

●発行者　実教出版株式会社
　　　　　代表者　小田　良次
　　　　　東京都千代田区五番町5

●印刷者　大日本印刷株式会社
　　　　　代表者　北島義斉
　　　　　東京都新宿区市谷加賀町1-1-1

●発行所　実教出版株式会社
　　　　　〒102-8377 東京都千代田区五番町5
　　　　　電話〈営業〉(03) 3238-7777
　　　　　　　　〈編修〉(03) 3238-7854
　　　　　　　　〈総務〉(03) 3238-7700
　　　　　https://www.jikkyo.co.jp/

002502023　　　　　　　　　　　　　　　　ISBN978-4-407-36307-4

# 電気・電子実習で使用する工具

## はんだこて
### Soldering iron

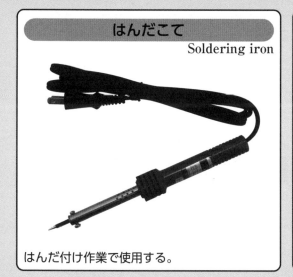

はんだ付け作業で使用する。

## はんだ吸取器
### Desoldering pump

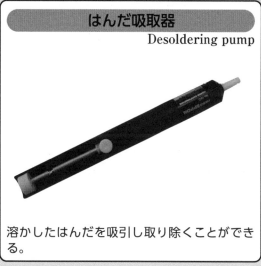

溶かしたはんだを吸引し取り除くことができる。

## ニッパ
### Cutting nippers

配線や電子部品の端子部の切断に使用する。

## ラジオペンチ
### Needle-nose pliers

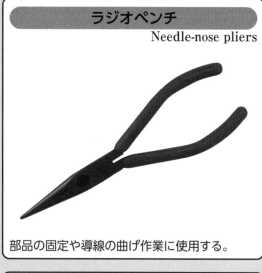

部品の固定や導線の曲げ作業に使用する。

## ケーブルストリッパ
### Cable stripper

電線や導線をおおっている被膜をむくための専用工具。

## 圧着工具
### Crimping pliers

小型コンタクトピンのかしめに使用する。

# 国際単位系（SI）とギリシア文字

```
         ┌─ SI 単位 ─┬─ 7個の基本単位
SI ──────┤           └─ 多数の組立単位（固有の名称をもつものも含む）
         └─ SI 単位の10の整数乗倍 (注)
```

(注) SI 単位の10の整数乗倍を構成するための倍数および接頭語の名称・記号が定められている。

## ◆ SI 基本単位

| 基本量 | 単位の名称 | 単位の記号 |
| --- | --- | --- |
| 時間 | 秒 | s |
| 長さ | メートル | m |
| 質量 | キログラム | kg |
| 電流 | アンペア | A |
| 熱力学温度 | ケルビン | K |
| 物質量 | モル | mol |
| 光度 | カンデラ | cd |

## ◆ SI 基本単位

| 乗数<br>(単位に乗せられる倍数) | 接頭語の名称 | 接頭語の記号 |
| --- | --- | --- |
| $10^{18}$ | エクサ | E |
| $10^{15}$ | ペタ | P |
| $10^{12}$ | テラ | T |
| $10^{9}$ | ギガ | G |
| $10^{6}$ | メガ | M |
| $10^{3}$ | キロ | k |
| $10^{2}$ | ヘクト | h |
| $10$ | デカ | da |
| $10^{-1}$ | デシ | d |
| $10^{-2}$ | センチ | c |
| $10^{-3}$ | ミリ | m |
| $10^{-6}$ | マイクロ | μ |
| $10^{-9}$ | ナノ | n |
| $10^{-12}$ | ピコ | p |
| $10^{-15}$ | フェムト | f |
| $10^{-18}$ | アト | a |

## ◆ SI 基本単位

| 基本量 | 単位の名称 | 単位の記号 |
| --- | --- | --- |
| 平面角 | ラジアン | rad |
| 周波数 | ヘルツ | Hz |
| 力 | ニュートン | N |
| 圧力, 応力 | パスカル<br>(ニュートン毎平方メートル) | $Pa(N/m^2)$ |
| エネルギー,<br>仕事, 熱量 | ジュール<br>(ニュートンメートル) | $J(N \cdot m)$ |
| 仕事率, 動力,<br>電力 | ワット<br>(ジュール毎秒) | $W(J/s)$ |
| トルクおよび<br>力のモーメント | ニュートンメートル | $N \cdot m$ |
| 引張強さ<br>降伏点 | ニュートン<br>毎平方<br>ミリメートル | $N/mm^2$ |
| 加速度 | メートル<br>毎秒毎秒 | $m/s^2$ |
| 角速度 | ラジアン毎秒 | rad/s |
| 速度 | メートル毎秒 | m/s |
| 回転速度 | 回毎分 | $min^{-1}$<br>(rpm,r/min)<br>※SI以外 |
| 密度 | キログラム毎<br>立方メートル | $kg/m^3$ |
| 粘度 | パスカル秒 | $Pa \cdot s$ |
| 動粘度 | 平方メートル<br>毎秒 | $m^2/s$ |
| 電位差（電圧）<br>起電力 | ボルト | V |
| セルシウス温度 | セルシウス度 | ℃ |